飞机结构与系统

主　编　王　江　陈婵娟

副主编　江　游　周建波　陈剑峰　赵迎春

参　编　刘清平　沈　潜　赵　卓

主　审　陈　律　何汉青

北京理工大学出版社
BEIJING INSTITUTE OF TECHNOLOGY PRESS

内 容 提 要

本书主要讲述飞机基本结构与系统，其编写过程中强调"认知规律与岗位知识技能需求有机结合"的原则，遵循"以学生为主体、以提升学生能力为导向、以教师为主导、以波音 737 飞机实物为载体、以飞机航线检查典型任务驱动为导向"的编写理念，结合民用航空器基础执照培训考试大纲要求编写。本书内容包括飞机总体介绍、飞机结构、飞机液压系统、飞机操纵系统、飞机起落架系统、飞机燃油系统、飞机气源系统、飞机空调与增压、飞机氧气系统、设备与装饰 10 个项目。

本书主要供航空装备类及航空运输类相关专业学生使用，同时可供从事飞行器制造技术、飞行器维修技术、飞行器数字化装配与调试等工作的高素质技术技能人才使用。

图书在版编目（CIP）数据

飞机结构与系统 / 王江，陈婵娟主编 .-- 北京：
北京理工大学出版社，2024.3
ISBN 978-7-5763-3363-3

Ⅰ.①飞… Ⅱ.①王…②陈… Ⅲ.①飞机－结构设计②飞机系统 Ⅳ.① V221

中国国家版本馆 CIP 数据核字（2024）第 032361 号

责任编辑：阎少华	**文案编辑：**阎少华	
责任校对：周瑞红	**责任印制：**王美丽	

出版发行 / 北京理工大学出版社有限责任公司

社 址 / 北京市丰台区四合庄路 6 号

邮 编 / 100070

电 话 / （010）68914026（教材售后服务热线）
　　　　　（010）68944437（课件资源服务热线）

网 址 / http：//www.bitpress.com.cn

版 印 次 / 2024 年 3 月第 1 版第 1 次印刷

印 刷 / 河北鑫彩博图印刷有限公司

开 本 / 787 mm×1092 mm 1/16

印 张 / 18.5

字 数 / 419 千字

定 价 / 79.00 元

前　言

党的二十大报告中指出，实施科教兴国战略，强化现代化建设人才支撑。教育、科技、人才是全面建设社会主义现代化国家的基础性、战略性支撑……人才是第一资源。要培养人才就要办好人民满意的教育。作为服务航空产业的一员，建好一门课，编好一本实用、好用，机务工作者爱用的教材是当务之急。好的教材承载的是航空专业知识和技能，传承的是航空人的责任和职业精神，使命必达的航空报国之心。为国家育人才，为航空育工匠。

飞机的结构要求在满足强度、疲劳特性的同时追求轻量化。为了安全可靠，飞机结构及系统往往有很多备份设计，在制造、维护、修理全寿命周期中都需要按照严格的程序规定和使用要求进行相关操作，了解飞机的结构与系统，对飞机制造、维修及运行人员至关重要。

本书主要供航空装备类及航空运输类相关专业教学使用，同时面向航空器制造、维修及维护保障行业中的航空航天产品装配调试人员、航空航天工程技术人员、民用航空器维修与适航工程技术人员等职业群体，可供从事飞行器制造技术、飞行器维修技术、飞行器数字化装配与调试等工作的高素质技术技能人才使用。本书在编写过程中强调"认知规律与岗位知识技能需求有机结合"的原则，遵循"以学生为主体、以提升学生能力为导向、以教师为主导、以波音737飞机实物为载体、以飞机航线检查典型任务驱动为导向"的编写理念，结合民用航空器基础执照培训考试大纲要求编写，力求突出以下特色。

1. 项目知识与技能点的设计全面、系统，知识技能结合紧密、相辅相成、编排合理。理论知识是实践经验的总结，实践是知识应用改进验证的唯一检验标准。知识与实际操作技能有机结合在一起。项目清晰、任务明确、内容精练、重点突出，能有效指导生产制造、使用、维护人员的实践操作。

2. 本书内容配套有丰富的线上资源，将航线实际维护教学视频等丰富的教学资源、虚拟在线资源制作成二维码链接，打造立体化数字教材，为翻转课堂教学模式改革提供帮助，满足学习者"线上线下"的学习需求。

3. 针对高等院校航空类专业突出实践教学要求，配套编写认知与系统检查测试工卡，辅助专业实训教学任务开展。

4. 精选企业典型工作任务案例作为实训教学内容，实现教学实践与企业生产过程的精准对接，注重职业素养培育和工匠精神传承，全面提升学习者的岗位职业能力。

5. 课程思政特色明显，利用经典故事展示大国工匠、制造强国、航空报国等思政内容，在团队合作、规范标准、诚实守信等方面重点体现。

本书由教育教学经验丰富的骨干教师和项目实践经验丰富的企业专家共同编写，对教材的全面性、系统性、合理性等方面进行了大量的研讨。主要编写人员有长沙航空职业技术学院王江、江游，江苏航空职业技术学院陈婵娟、周建波、赵迎春、陈剑峰；江苏航空职业技术学院刘清平，长沙航空职业技术学院沈潜、赵卓参与编写；感谢长沙航空职业技术学院机电学院院长陈律主审、顺丰航空有限公司机务工程部培训中心负责人何汉青的悉心指导。本书在编写过程中得到了飞行器维修技术教学资源库联建院校教师的帮助和指导，在此表示感谢！

由于编者水平有限，时间仓促，本书难免有不足和错误之处，恳请广大读者批评指正。

编　者

目 录 Contents

项目 1
01
飞机总体介绍

【学习目标】

知识目标

熟悉民用飞机的一般型号尺寸参数；

掌握飞机区域划分与站位。

技能目标

能区分飞机的型号；

能准确定位飞机的区域；

能准确找到飞机的各部分位置。

C919 适航取证

素质目标

培养自主学习能力、团结协作与安全规范意识；培养热爱祖国、热爱航空和责任担当、敬重装备的机务工匠精神。

【任务描述】

阅读任务，在工作手册中完成任务

查找、了解运输航空中航线运营的主要飞机类型。以波音737飞机为例，查找飞机各区域结构及部件，说出各部分名称。

【知识链接】

波音737（B737）系列飞机分为四大类型：初始型（Original）——波音737-100/200型；经典型（Classic，CL）——波音737-300/400/500型；第三代波音737NG；第四代波音737 MAX。图1-1为波音737系列飞机图谱。

波音737NG与早期的波音737相比，主要的改进方面包括重新设计了机翼，增加了载油量和提高了空气动力学效率，使之可以飞得更高、更远；波音737NG驾驶舱的仪表板采用了大屏幕显示器，改进了客舱的顶板及侧壁板，使旅客感到更加宽敞、舒适。当今中国民航波音737机队，大多选用了第三代波音737NG系列飞机。本书将重点以波音737-800飞机为例。

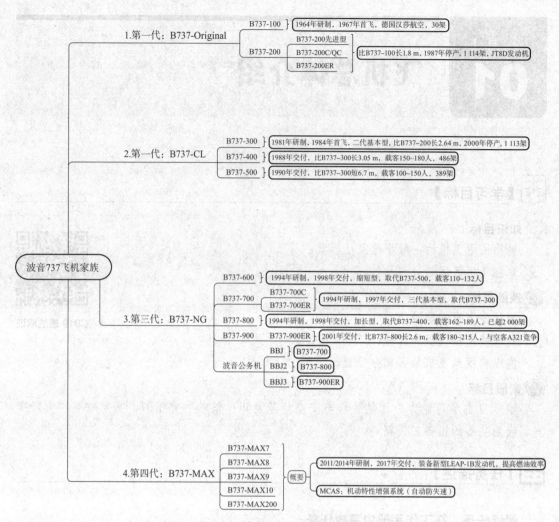

图 1-1 波音 737 飞机系列图谱

■ 1.1.1 飞机尺寸和布局

波音 737-800 型飞机总体尺寸如下：

总长：129 ft 6 in；①

总高：40 ft 10.5 in；

机身长度：124 ft 9 in；

机身高度：9 ft 4 in；

机身宽度：12 ft 4 in；主轮距：18 ft 9 in；

前后轮距：51 ft 2 in。

不同机型，或者较大改型尺寸都会发生变化，如图 1-2 所示为 B737-MAX 型飞机外形尺寸。

---

① 1 ft=0.304 8 m；1 in=0.025 4 m。

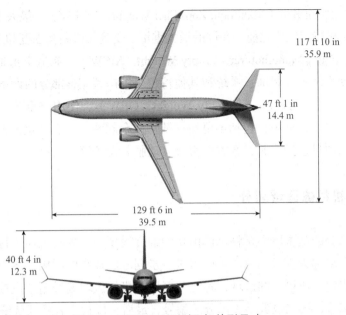

117 ft 10 in
35.9 m

47 ft 1 in
14.4 m

129 ft 6 in
39.5 m

40 ft 4 in
12.3 m

图 1-2　B737-MAX 型飞机外形尺寸

■ 1.1.2　客货舱布局

不同的机型及不同的客舱布局，导致飞机的最大载客量不尽相同。

有些波音 737-800 飞机上采用两级客舱布局，最大载客量为 167 人，其中公务舱 8
人，经济舱 159 人。

客舱前后各有 2 个登机 / 勤务门。客舱中部左右各有 2 个翼上应急出口。

前后登机门附近共有 6 个乘务员座椅，前面 2 个后面 4 个。客舱前后共有 4 个卫生间，
前部 1 个，后部 3 个。客舱内共有 3 个厨房。

货舱位于客舱地板下面，分为前后 2 个货舱，均为散货舱。

驾驶舱座椅布局为 2 人制机组，除机长和副驾驶座椅外，驾驶舱内还安装了第一观察
员和第二观察员座椅。

■ 1.1.3　飞机基本参数及数据

（1）最大滑行重量（Maximum Taxi Weight，MTW）。最大滑行重量为飞机在地面
滑行时受飞机结构强度和适航要求限制的最大重量，包括飞机在地面起动、运行等待和滑
行中消耗的燃油重量。

（2）最大起飞重量（Maximum Take Off Weight，MTOW）。最大起飞重量为起飞时
飞机结构强度和适航要求限制的最大重量。

（3）最大着陆重量（Maximum Landing Weight，MLW）。最大着陆重量为着陆时飞
机结构强度和适航要求限制的最大重量。

（4）最大无燃油重量（Maximum Zero Fuel Weight，MZFW）。最大无燃油重量为在可用燃油装载在飞机特定区段之前，允许的最大重量，受到飞机结构强度和适航要求的限制。

（5）制造空重（Manufacturer's Empty Weight，MEW）。制造空重是指飞机净重，包括飞机结构、动力装置、装饰、系统和其他特定飞机构型完整部分的设备项目。

（6）使用空重（Operational Empty Weight，OEW）。使用空重等于制造空重加上标准项目和使用项目。标准项目包括不可用燃油（残余燃油）、发动机滑油、应急设备、厨房结构等；使用项目包括手册、客舱厨房可移动服务设备等。

1.1.4 飞机机体区域划分

机体区域划分的基本原则是将机体由粗到细逐级划分。先将机体进行大范围划分，划分得出的每个区域称为主区；每个主区再进一步划分成较小的区域，每个区域称为分区；再将分区进一步划分成更小的区域，称之为区域。机体区域编号用三位数字表示，第一位数字表示主区编号，第二位数字表示分区编号，最后一位数字表示区域编号。

经过以上对机体主区、分区和区域的编号，整个机体都成为用具体编号表示的区域，这给飞机结构的检查、维护和修理带来很大方便。另外，这些编号还可以用于管理、维护、记录系统，使飞机维护、记录、管理大大简化。

1. 区域划分概述

波音 737 飞机被划分成 8 个主区，以便发现和识别飞机部件，如图 1-3 所示。

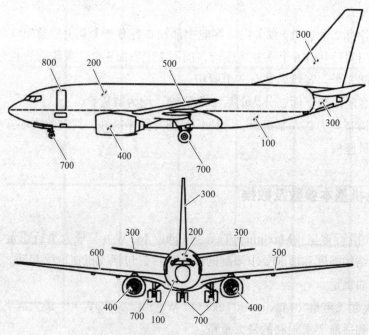

图 1-3 飞机机体主区

100：下部机身（以地板分界）；200：上部机身（以地板分界）；300：尾翼和机身 48 生产段；400：发动机和整流吊架；500：左机翼；600：右机翼；700：起落架和舱门；800：客舱货舱门。

每个主区进一步划分成较小的区域，称为分区。飞机各分区位置见表1-1。

表1-1 飞机主区与分区范围

主区	分区	区域说明	主区	分区	区域说明
100 下部 机身	110	机身站位130.00～360.00	300 尾翼和 机身48生 产段	310	机身：机身站位1 016.00-1 217.00
	120	机身站位360.00～540.00		320	垂直尾翼（垂尾）和方向舵
	130	机身站位540.00～727.00		330	左水平安定面和升降舵
	140	机身站位727.00～1 016.00		340	右水平安定面和升降舵
	190	机翼——机身整流罩			
200 上部 机身	210	驾驶舱：机身站位178.00～259.50	400 发动机和 整流吊架	410	左发动机
	220	客舱：机身站位259.50～360.00		420	右发动机
	230	客舱：机身站位360.00～639.00		430	左发动机整流吊架
	240	客舱：机身站位639.00～1 016.00		440	右发动机整流吊架

主区	分区	区域说明
500 左机翼	510	机翼前缘，前梁前部，整流吊架内部，包括整流罩接口盖板区域
	520	机翼前缘，前梁前部，整流吊架外部
	530	机翼内梁区域（燃油箱），22号翼肋内侧，机翼站位643.50
	540	后缘襟翼滑轨整流罩
	550	机翼后缘，后梁后部，外后缘襟翼内侧
	560	机翼后缘，后梁后部，内后缘襟翼外侧，固定后缘内侧
	570	固定后缘，外襟翼外侧，翼尖内侧，机翼纵剖线658.17

主区	分区	区域说明
600 右机翼	610	机翼前缘，前梁前部，整流吊架内部，包括整流罩接口盖板区域
	620	机翼前缘，前梁前部，整流吊架外部
	630	机翼内梁区域（燃油箱），22号翼肋内侧，机翼站位643.50
	640	机翼后缘，襟翼滑轨整流罩
	650	机翼后缘，后梁后部，外后缘襟翼内侧
	660	机翼后缘，后梁后部，内后缘襟翼外侧，固定后缘内侧
	670	固定后缘，外襟翼外侧，翼尖内侧，机翼纵剖线658.17

主区	分区	区域说明	主区	分区	区域说明
700 起落架 和舱门	710	前起落架（前起）和舱门	800 舱门	820	货舱门
	730	左主起落架（主起）和舱门		830	左客舱门
	740	右主起落架和舱门		840	右客舱门

分区 820 表示货舱门，830 表示左客舱门，840 表示右客舱门。飞机舱门区域编号如图 1-4（a）所示：左侧登机门和应急出口是从前向后顺序编号，前、后登机门的区域编号分别为 831 和 834，左侧翼上应急出口的编号分别是 832 和 833（波音 737-800 型飞机每侧有两个应急出口门，其他 NG 系列飞机每侧有一个应急出口门）；前、后服务门的编号分别为 841 和 844，右侧翼上应急出口的编号分别是 842 和 843，前、后货舱门编号为 821 和 822。前起落架舱的前部是前舱，前起落架舱的后部是电子电气（EE）舱。其他接近门的位置如图 1-4（b）。

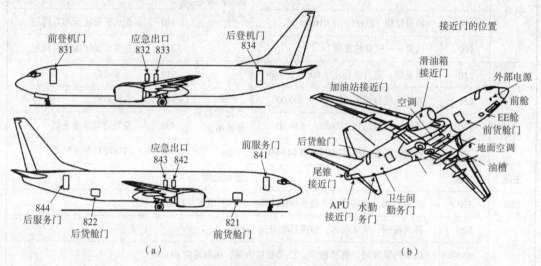

图 1-4　飞机舱门区域编号及其他接近门的位置

（a）飞机舱门区域编号；（b）其他接近门的位置

2. 机身分段

图 1-5 所示为波音 737-800 型飞机机身分段，41 段机身站位为 130～360；43 段机身站位为 360～540；44 段机身站位为 540～727；46 段机身站位为 727～887；47 段机身站位为 887～1 016；48 段机身站位为 1 016～1 217。

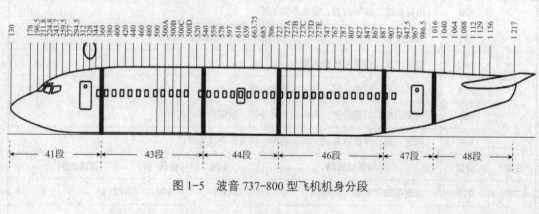

图 1-5　波音 737-800 型飞机机身分段

3. 驾驶舱仪表板

如图 1-6 所示，驾驶舱的仪表板可分为机长仪表板（P1）、中央仪表板（P2）、副驾驶仪表板（P3）、舱顶仪表板（P5）、遮光板仪表板（P7）、后电子仪表板（P8）、前电子仪表板（P9）。

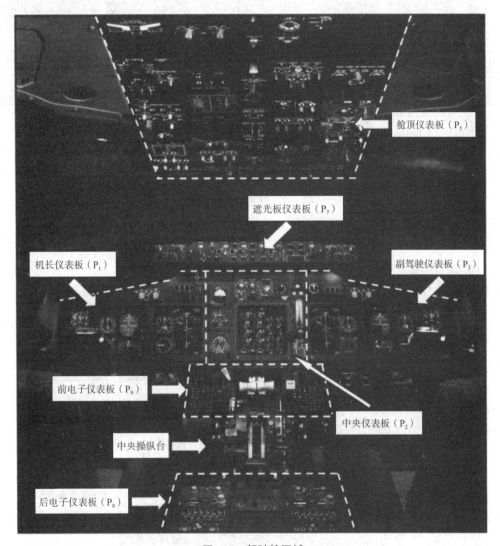

图 1-6　驾驶舱区域

舱顶仪表板（P5）板分为前顶板和后顶板。遮光板仪表板（P7）位于正、副驾驶的前方，P7 板上主要有自动飞行的方式控制板、电子飞行仪表系统（EFIS）控制板及警告／警示标牌。后电子仪表板（P8）位于中央操纵台的后部，由音频控制板、无线电通信板、导航控制板、ATC/TCAS 控制板、防火面板等组成。P1、P2、P3 和 P5 面板功能控制区如图 1-7 和图 1-8 所示。

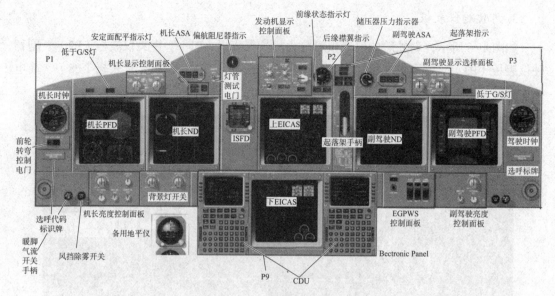

图 1-7 驾驶舱的仪表板

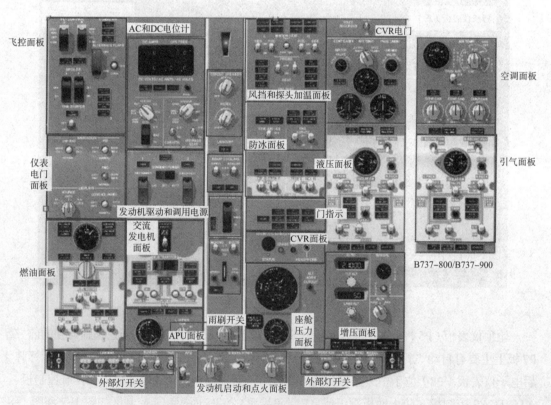

图 1-8 驾驶舱顶仪表板

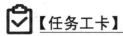 【任务工卡】

工卡 1—飞机外部检查

工卡标题	飞机外部检查		
版本	R1		
工时	30 min		
工具/设备/材料：	手电筒、螺钉旋具、反光背心、清洁布		
1. 工作任务		工作者	检查者
依据工艺规程与技术条件，绕机检查 B737 飞机			
2. 工作准备		工作者	检查者
（1）准备相关修理资料			
（2）准备好跳开关、地面插销			
（3）工作步骤		工作者	检查者
第一步去保险，然后取下堵帽			
波音 737 飞机绕机检查路线图			

波音 738 飞机概述

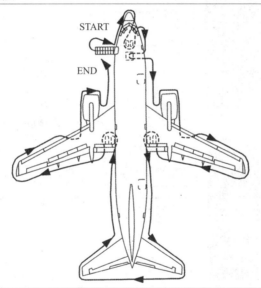

步骤 1	检查结果：
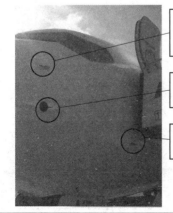 检查主驾驶皮托管的探针是否完好无损 检查迎角探测器叶片 检查TAT总温探头是否正常	 签名：

步骤 2	检查结果：
检查前电子舱门 检查前起落架舱门机构和连杆是否正常（两侧） 检查结果： （1）减震支柱上没有液压油液泄漏（支柱未完全压缩）； （2）刹车指示灯是否正常； （3）前起落架轮胎； （4）震动装置已安装	 签名：
步骤 3	检查结果：
检查前轮摩擦带缓冲器是否到位（左、右）	 签名：
步骤 4	检查结果：
检查雷达罩是否损坏； 检查防雷条是否状态良好 检查两个雨刮器都是否安装到位 检查挡风玻璃状况是否良好	 签名：
步骤 5	检查结果：
检查故障应急手柄的位置 检查皮托管探针和迎角探测器叶片是否畅通无阻 检查飞机图形处理器（GPU）是否正确连接。如果不使用，请检查门是否正确关闭	 签名：

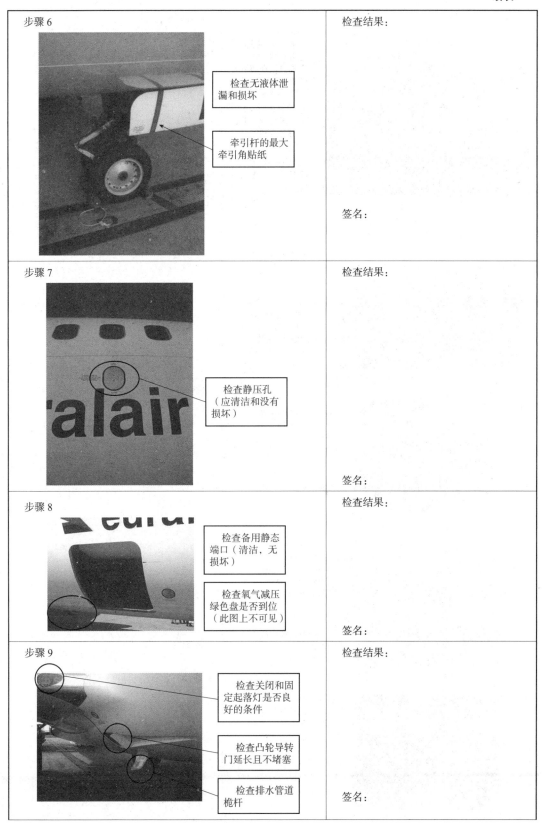

步骤6	检查结果:
检查无液体泄漏和损坏 牵引杆的最大牵引角贴纸	 签名:
步骤7	检查结果:
检查静压孔（应清洁和没有损坏）	 签名:
步骤8	检查结果:
检查备用静态端口（清洁，无损坏） 检查氧气减压绿色盘是否到位（此图上不可见）	 签名:
步骤9	检查结果:
检查关闭和固定起落灯是否良好的条件 检查凸轮导转门延长且不堵塞 检查排水管道桅杆	 签名:

步骤 10		检查结果：
	检查机翼表面是否有冰、雪或霜冻。检查前沿襟翼	
	检查齿轮支柱是否未完全压缩，车门是否到位	
	检查轮胎是否状况良好，无结构损坏	签名：
步骤 11		检查结果：
	检查旋涡是否到位	
	检查整体传动发电机（IDG）检修门是否完全关闭，发动机发动机罩是否锁住	签名：
步骤 12		检查结果：
	检查压力加油舱	
		签名：
步骤 13		检查结果：
	检查机翼尖白色闪光灯和绿色位置灯是否良好，整流罩是否到位	
	检查机翼尖放电刷	签名：
步骤 14		检查结果：
	检查凸轮通风口是否不堵塞	
		签名：

		检查结果:
步骤 15	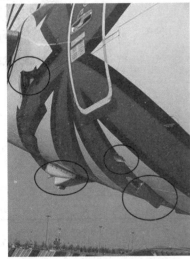 检查接地锁紧销；检查轮胎的状况；检查支柱延伸度（未完全压缩），约3个手指宽	签名:
步骤 16	 检查辅助动力装置（APU）进气门状态是否良好（打开），检查负压安全阀（关闭） 检查减压阀是否状况良好（上下） 检查流出阀是否状况良好（全开） 检查尾板（正在查看绿色警告贴纸。如果没有，请呼叫维修人员）	检查结果: 签名:
步骤 17	识别驾驶舱各操作面板	检查结果: 签名:

对照工作单逐个检查，填写绕机检查结果			
4. 结束工作		工作者	检查者
（1）清点工具设备等			
（2）清理工作现场			

【学习目标】

知识目标

熟悉民用飞机的一般结构组成；

熟悉飞机机身、机翼、尾翼组成构件。

运 20 静力试验

技能目标

能识别飞机各结构构件；

能分析飞机外荷载；

能判断飞机的失稳形式。

素质目标

培养自主分析问题、解决问题的能力及航空安全规范意识；培养不怕吃苦、甘于奉献的精神。

【任务描述】

阅读任务，在工作手册中完成任务

查找了解运-20有多重，运-20飞机盘旋过载为3g时，飞机整体承受多大的荷载。

【知识链接】

飞机有五个主要的结构部件，即机身、机翼、尾翼、动力装置和起落架（起落装置），如图2-1所示。

图 2-1 飞机结构组成

飞机机身结构由前机头、前机身段、中机身段、后机身段和尾部组成。机身部件由许多小的构件组成，包括长桁、框架、隔框、肋、蒙皮和其他构件。各个构件之间通过支架、铆钉、螺栓、螺钉和螺母相互连接。这些构件的主要作用就是承受荷载或抵抗应力。

2.1　机身结构

飞机主要有硬壳式机身结构和半硬壳式机身结构两种机身结构形式。

■2.1.1　硬壳式机身结构

机身是飞机结构的主要部件，为乘客、货物和其他设备提供装载的空间。机身由若干个部分组成。这些部分都有相应的编号或描述，如第十一部分或前机身段。硬壳式机身结构使用框架组件和舱壁来塑造机身，飞机蒙皮直接铆接在框架上。这种结构使蒙皮能够承受机舱压力，要求蒙皮足够坚固，以保持机身刚性。硬壳式机身结构最大的问题是既要使蒙皮具有足够的强度，同时也要使蒙皮不要超重。硬壳式机身结构如图2-2所示。硬壳式机身采用框圆（formers）、隔框（bulkheads）形成机身的外形，蒙皮（skin）承受主要的应力。硬壳式机身结构没有纵向加强件，因而蒙皮必须具有足够的强度以维持机身的刚性。其主要问题是重量较大，现代飞机较少采用这种结构。

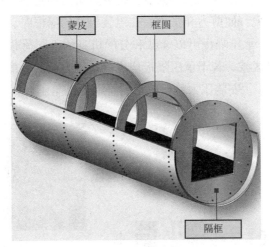

图2-2　硬壳式机身结构

■2.1.2　半硬壳式机身结构

在半硬壳式机身结构中，蒙皮由纵梁、隔框和桁条来承受荷载。与硬壳式机身结构相比，蒙皮被安装在框架上，加强夹板被铆接在框架上，这种结构使机身更加灵活，具有较好的强度刚度比。因此，半硬壳式机身结构在承受大量荷载时，仍然可以保持完整。半硬壳式机身结构如图2-3所示。

图2-3 半硬壳式机身结构

2.1.3 机身主要框架部件

机身主要框架由隔框、承压隔板、桁条、地板梁、地板与蒙皮之间的剪切带、龙骨梁各部件组成。

隔框的作用是保持飞机外形,支撑蒙皮,提高飞机的稳定性,也有助于承载和分配由结构应力引起的不同荷载,如剪力和张力。在组装机身的隔框时,通常两个隔框之间的间隔为50.8 cm(20 in)。承压隔板可以承载和分配机身的不同荷载,它们位于机身的前端及尾部、轮舱和机翼等区域。若干承压隔板构成机身压力舱的一部分,例如,前承压隔板和后承压隔板(图2-4)。安装压力舱壁的目的是承受机舱压力。

图2-4 承压隔板

桁条是支撑机身蒙皮的纵向结构件,它们位于飞机蒙皮的内侧。由于机身需要承受弯曲力、剪切力、扭转力和机舱压力,所以桁条被设计用来传递和承载荷载。桁条和其他板材件连接在一起,仅避开窗户和门等结构。角片通常在内蒙皮连接桁条和隔框。这些角片的主要作用是将荷载从蒙皮传递到隔框上，减少压应力。地板梁水平放置，与蒙皮相邻。如图 2-5、图 2-6 所示，它们连接在机身隔框上，帮助承载压力荷载。地板梁能够承受机舱压力，也能承受座椅导轨传递的荷载。

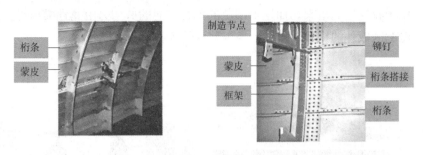

图 2-5　蒙皮、桁条、框架（一）

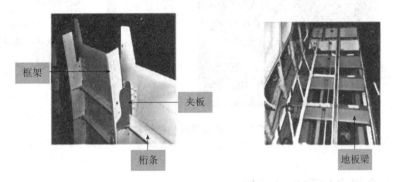

图 2-6　蒙皮、桁条、框架（二）

连接客舱地板与蒙皮的抗剪加强带，沿机身两侧延伸，与地板梁水平。它们连接到地板梁、隔框和蒙皮桁条上，为分配客舱压力荷载提供了额外的路径（图 2-7）。

机身的外表面主要是由蒙皮来构成。蒙皮的加强结构件也是机身结构中占比较大的一项，因此它们都是机身结构中的重要部分。由于桁条和隔框的间隔是固定的，所以蒙皮承受了大部分的主要荷载。因此，蒙皮有助于防止屈曲和保持机身横截面形状的完整。

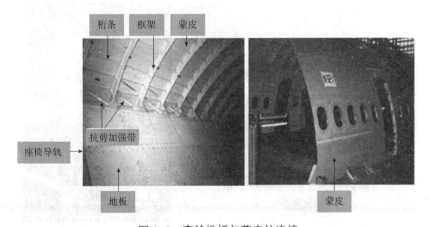

图 2-7　客舱地板与蒙皮的连接

龙骨梁位于中央翼下方、两主轮舱之间的机身中心线上，它对于机身、机翼和起落架都是一个重要的支撑部件。龙骨梁是由抗压缘条和抗剪腹板组成，其中抗剪腹板上装有加强筋。

由于龙骨梁的存在，轮舱区域的结构（图 2-8）不需要蒙皮和桁条系统，并能够在机身上开口，便于收放主起落架，而这个部位的垂直方向的剪切力由龙骨梁承受。此外，龙骨梁还将与轮舱区域外的机身蒙皮和桁条一起承受各种荷载。

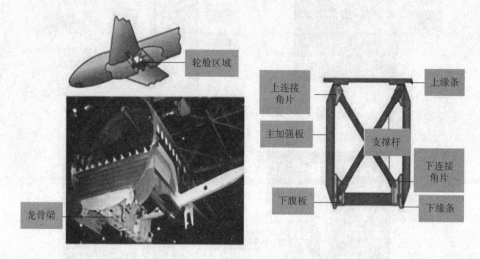

图 2-8　轮舱区域框架结构

2.1.4　中央机身段和机身尾段

中央机身段是将中央翼盒与主起落架连接在一起的结构部件（图 2-9）。飞机舱底以下为非增压区域，由中心翼盒的上蒙皮和主起落架上方的翼盒延伸压力封严形成压力边界。前后压力边界是由位于中央翼盒前部和主起落架舱后部的承压隔板（有时也叫承压隔框）形成的。

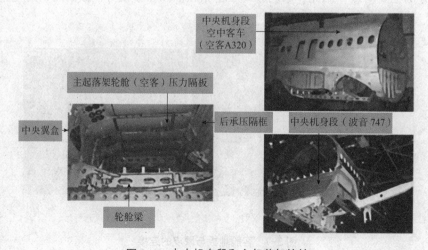

图 2-9　中央机身段和主起落架轮舱

2.2 机翼与尾翼结构

2.2.1 机翼结构

机翼的主要功能是产生升力，使飞机保持飞行状态。机翼还用来储存飞行所需的燃料，并安装燃油系统部件。它们还用于安装发动机、飞行控制及其他系统。机翼结构通常有左大翼、中央翼和右大翼三个主要区域。它们连接在一起形成机翼的主体，主体的功能是将各种荷载传递给机身结构。机翼结构如图2-10所示。

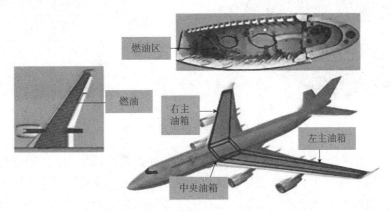

图 2-10　飞机机翼油箱

飞机左、右翼盒的主要组成部分包括作为燃油箱侧壁的后翼梁及前翼梁、翼肋、上/下桁条和上/下蒙皮（图2-11）。机翼箱内的区域被划分为相互独立的隔舱，用于储存燃料。

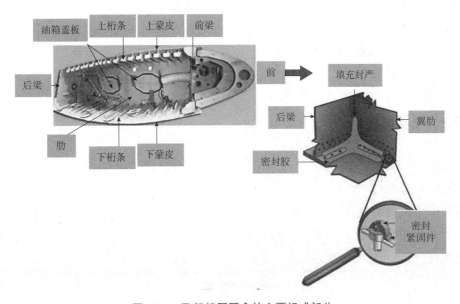

图 2-11　飞机机翼翼盒的主要组成部分

机翼的外表面由蒙皮面板和蒙皮内表面上的加强桁条构成。机翼受力为正过载时，上蒙皮面板由铝锌合金制成主要承受压缩荷载。下蒙皮面板由铝铜合金制成主要承受拉伸荷载，并将荷载传递到机身结构上。通常，下机翼蒙皮面板在翼肋之间有接近盖板或者开口盖（图2-12）。

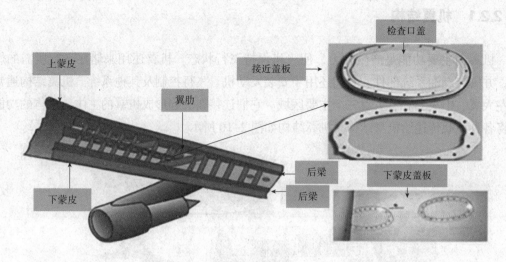

图2-12　接近盖板或开口盖

机翼前/后翼梁通过铆钉、螺栓、角片和十字连接件连接到上/下蒙皮盖板，翼梁的宽度向翼尖方向逐渐减小。前梁是带有垂直加强筋、上/下缘条和梁腹板的一种大梁。垂直加强筋将翼梁腹板的两侧连接起来，并且也会连接到前缘和后缘的肋上，这样的连接方式提高了结构的刚性。缘条通过螺栓连接到梁腹板、垂直加强筋和翼肋上。前梁腹板是一种面板，位于上下机翼蒙皮之间，形成翼盒的前端。后翼梁的结构与前翼梁相似。另外，起落架支撑臂有时还被称为"假后翼梁"。起落架支撑臂将后主起落架荷载分配给机翼后翼梁和机身结构。

根据飞机类型的不同，在翼盒内的翼肋有呈对角线排列或平行排列两种形式。翼肋能够承受扭转、压缩和剪切荷载，也能支撑机翼的外形，并且也可以作为油箱的壁面。

2.2.2　飞机尾段

机尾是一个非增压的区域，其组成包括垂直安定面、背鳍和方向舵、水平安定面、升降舵和尾舱（图2-13）。

尾舱作为机身的尾部（图2-14），是由隔框、桁条和蒙皮铆接在一起构成的。尾舱是一个可拆卸的单元，它有一个APU舱，用于拆卸和检查APU的勤务门，包含一个APU进、排气口。

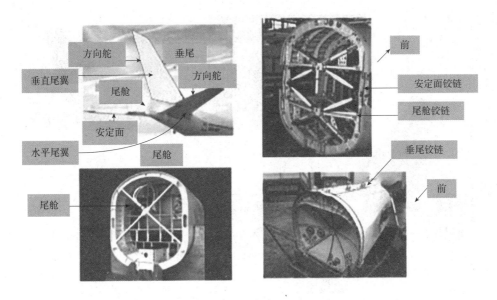

图 2-13　飞机尾段的组成

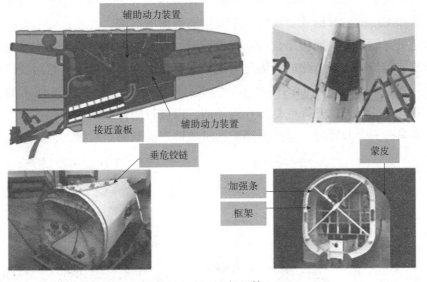

图 2-14　飞机尾舱

■ 2.2.3　水平安定面

　　水平安定面的作用保持纵向平衡和进行俯仰配平控制。另外，在某些飞机上还可以用作配平油箱。有些水平安定面被制造成一个整体结构，也有些是由 3 个独立结构组装而成，图 2-15 所示为整体式水平安定面。这种类型的水平安定面有一个结构盒，该结构盒与中心连接肋拼接在一起，并从这根肋向外侧延伸。它还有一个可移动的前缘，一个铰链式升降舵和一个栓接在结构盒末端的翼尖。

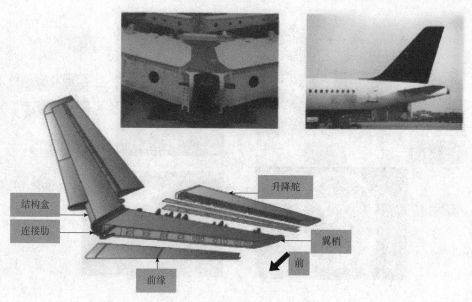

图 2-15　整体式水平安定面

　　三件独立式水平安定面由左、中、右侧三部分组成。外侧部分由前/后扭矩盒、可拆卸的前缘和固定的后缘组成。前缘位于安定面剖面的前端，并通过安定面中心部分将荷载输送至机身。通常，前扭矩盒的结构由前梁、肋和辅助梁构成，其构造类似前梁。后扭矩盒的结构与前扭矩盒相同。固定后缘位于安定面剖面的后端。它用铰链配件支撑铰链式升降舵，并通过安定面的中心部分向机身传递荷载。在图 2-16 所示的飞机安定面上，内侧升降舵和外侧升降舵是分开运动的，以进行俯仰控制。而在其他飞机的安定面上，每侧只有一个升降舵。这些升降舵通过铰链连接到固定后缘上，其结构与安定面一样。

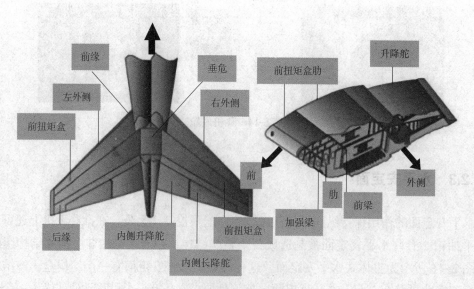

图 2-16　三件独立式水平安定面结构

2.2.4 垂直安定面

垂直安定面位于尾部的顶部。垂直安定面也称为尾鳍，它由前后扭矩盒、尾鳍前缘和一个鳍尖组成。可偏摆的方向舵安装在固定的垂直安定面的后缘。方向舵主要用于进行偏航控制。方向舵结构与升降舵结构相似，如图 2-17 所示，垂直安定面也有一个肋结构。鳍尖位于垂直安定面的上端。尾鳍用于将垂直安定面平滑地连接到机身上，它由机械加工成型的铝蒙皮、小肋和复合材料整流罩构成。

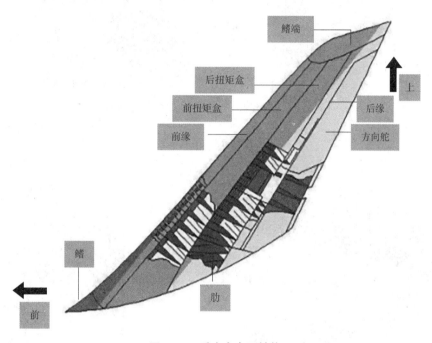

图 2-17　垂直安定面结构

2.3　吊架和吊舱

吊架（图 2-18）位于飞机的每一个机翼下面，具有不同的功能。它支撑着每个机翼上的发动机，是在发动机和机翼之间的支持和配置系统，但其主要功能是将发动机的所有负载传送到扭矩盒。吊架也被称为支柱，通常由框架和蒙皮结构组成，这些结构铆接在一起形成飞机短舱支柱组件。另外，支柱组件中的各个子部件被分为主要结构和次要结构两类。短舱支柱组件由扭矩盒、防火墙和防火密封、整流罩、支柱排水管、风扇整流罩支撑梁和发动机吊点连接件等共同构成。

支柱组件中的扭矩盒属于主要结构，与其他主要结构部件一样，它主要由梁、肋、加强筋和蒙皮组成，扭矩盒上还有一个轴承和发动机吊点连接件。扭矩盒通过 3 个区域连接到机翼上，即 2 个前吊架连接点和 1 个后吊架连接点（图 2-19）。

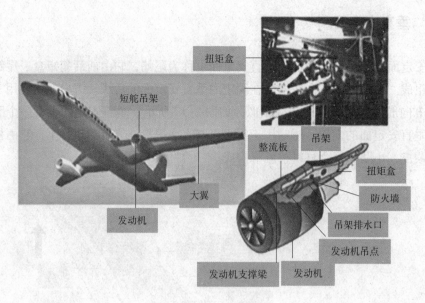

图 2-18 吊架

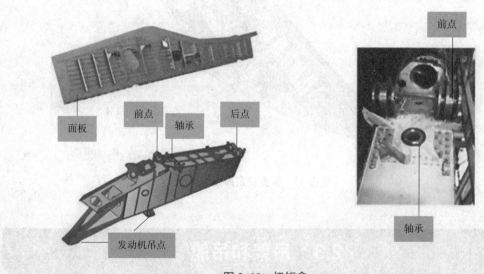

图 2-19 扭矩盒

前吊架连接点上装有 2 组双耳连接片，而双耳连接片又被螺栓固定到机翼前梁的连接点上。后吊架连接点装有 2 个卸扣。这 2 个卸扣被螺栓固定到机翼大梁上的连接点上。前吊架连接点传递重量和横向荷载，后吊架连接点传递重量和纵向荷载。轴承位于前吊架连接件的后面、扭矩盒的上梁之中。轴承在吊架和机翼之间传递横向和纵向荷载，并与固定在下机翼表面的导向接头啮合。它们的位置如图 2-20 所示。

风扇整流罩支撑梁向前延伸至扭矩盒，并通过螺栓与连接杆连接，并将配件连接至扭矩盒的前端（图 2-21）。它通过铰链配件支撑风扇整流罩，并通过横梁将不同的负载分配到扭矩盒上。翼舱整流罩被连接到吊架上，它的作用是在发动机短舱和机翼之间形成一个能够降低气动阻力的表面。

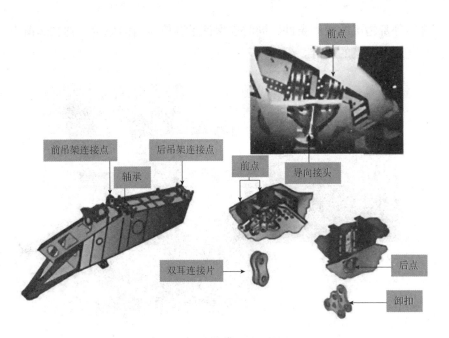

图 2-20　吊架连接点

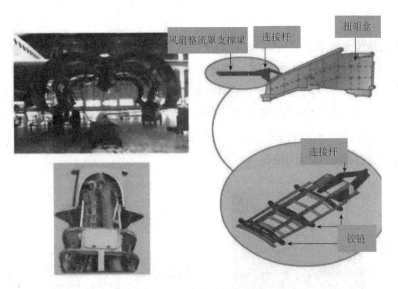

图 2-21　风扇整流罩支撑梁

2.4　开口：窗户、门

■ 2.4.1　窗户

窗户包括驾驶舱窗户、客舱窗户、观察窗等（图2-22）。飞机上的窗户给旅客及机组提供了观察外部情况的便利条件，同时也保证了客舱压力的稳定。驾驶舱窗户（风挡）也用于防止鸟或者冰雹的袭击。

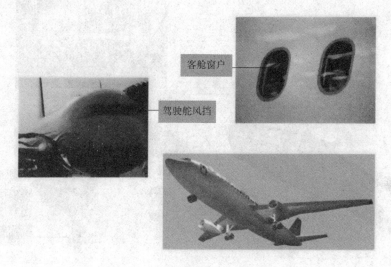

图 2-22　驾驶舱风挡和客舱窗户

1. 驾驶舱风挡

驾驶舱风挡位于飞机的前部（图 2-23）。大多数现代飞机上通常有 6 个驾驶舱风挡，这些风挡均匀分布在驾驶舱的周围。驾驶舱风挡主要是按对称编号为左 1（1L）、右 1（1R）、左 2（2L）、右 2（2R）、左 3（3L）、右 3（3R）。一般来说，2 个前驾驶舱窗口（1 号位）被称为驾驶舱挡风玻璃。侧窗 2 号位于驾驶舱舱室的两侧。在大多数类型的飞机中，它们都可以滑动打开。这些风挡可以用作机组人员的紧急出口，也可以使机组人员在飞机上观察地面周围的情况。

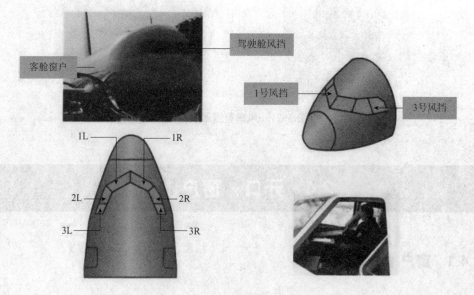

图 2-23　驾驶舱风挡

所有的驾驶舱风挡都是由几层不同的铺层材料构成的，通常是3层材料（图2-24）。热钢化玻璃是非常坚硬的玻璃，用作驾驶舱风挡玻璃的最外层；玻璃的中间层和内层由一种化学强化玻璃制成，这种玻璃是一种特殊的丙烯酸玻璃，既坚硬又有弹性。所有的玻璃层都是由一种叫作聚氨酯的特殊塑料黏合在一起的。在最外层玻璃与中间层之间，有一层加热膜。加热膜是一种透明的导体涂层，当电流通过它时，它会加热窗户，主要用来防冰和除雾。

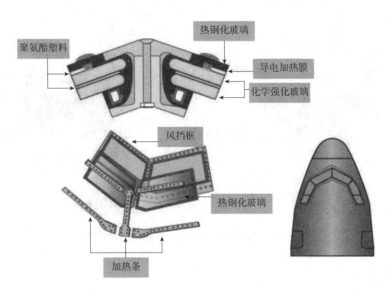

图 2-24　驾驶舱风挡玻璃结构

驾驶舱的3号固定风挡和2号滑动窗通常由2层拉伸亚克力玻璃（丙烯酸有机玻璃）构成（图2-25）。2号滑动窗从驾驶舱内部安装，可以在轨道上移动。

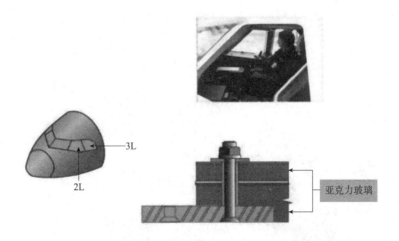

图 2-25　驾驶舱2号和3号窗的结构

直接从外面安装驾驶舱3号固定窗和1号前风挡玻璃到飞机结构的框架上（图2-26）。即使用加强条通过螺栓把玻璃固定到框架上；而3号固定窗的亚克力玻璃是安装在可拆卸框架上，再用螺栓固定框架在机身结构的窗框上，最后在窗户和框架之间安装硅胶密封条，以避免驾驶舱的气压泄漏。

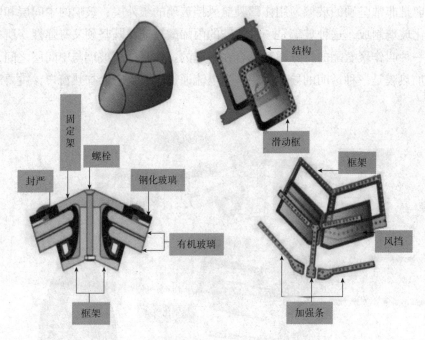

图 2-26　驾驶舱前风挡和 3 号固定窗的安装

2. 客舱窗户

客舱窗户如图 2-27 所示，它们的作用是使乘客便于观察外部，保护乘客免受雨雪等恶劣天气的影响。客舱窗户的玻璃是被密封到窗框内的，并且其玻璃被保持环从蒙皮内侧用螺栓和螺母固定到窗框中。而窗框又被铆接在机身蒙皮内表面上，承受来自飞机结构的荷载（图 2-27）。

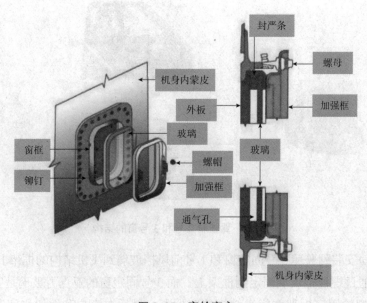

图 2-27　客舱窗户

客舱窗户通常有两层玻璃，分为内层和外层玻璃。属于特殊的亚克力树脂玻璃，主要是承受内、外压差。它们都具有足够的厚度，如果外层玻璃发生损坏，内层玻璃可以承受全部的压差。内层玻璃在靠近底部的中心有一个小通风孔。该通风孔确保在正常操作期间，内、外层玻璃之间的压力与座舱压力相同。有些机型的飞机客舱窗户共有三层玻璃，外层和中间层玻璃被称为结构层玻璃用来承受内、外压差，而最内层玻璃用来保护结构层玻璃，防止它们被刮擦或撞击而损坏。

■ 2.4.2 舱门

现代飞机有不同类型的舱门，按其功能可分为主登机舱门、勤务门、货舱门、应急门（图2-28）。

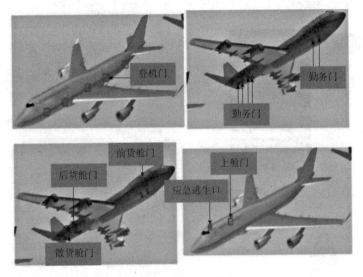

图2-28　飞机舱门的类别

飞机左侧的舱门主要用于快速、安全、高效地让乘客和设备通过的登机门，而右侧的舱门主要用作厨房服务的勤务门。主入口门编号为左1、左2、右1、右2等。

紧急情况下需要快速疏散乘客和机组人员时，所有主要舱门都可用作应急门。对于该飞机上客舱的人员疏散，机翼上的2个附加门可作为应急门，而对于驾驶舱人员疏散，在驾驶舱顶板安装有额外的应急逃生出口。

一些型号的窄体客机上的机翼应急门没有安装滑梯包，而登机门通常有安装滑梯包。当登机门打开后，如果滑梯包处于预位状态，滑梯就会被充气并释放出来，以便让旅客顺着滑梯快速逃离飞机。例如，B737NG窄体客机由于机身高度相对低，在机翼上的应急门打开后，旅客可以顺着机翼后缘滑到地面，因此就不需要安装滑梯包。但是并非所有的窄体客机上都不安装机翼应急门滑梯包，例如空客A320飞机的某些构型就会安装。一般情况下，大型宽体客机由于机身高度较高，机翼离地面的高度也较高，就不适合旅客顺着机翼滑到地面，因此也需在机翼应急门处安装滑梯包，以便旅客快速撤离。

宽体客机的舱门如图 2-29 和图 2-30 所示。货舱主要进行货物装载；散货舱门是散货的装卸通道，通常位置为机身右下侧；其他货舱门是进出前、后货舱的通道，位于机身的右下侧；侧货舱门可用于主要舱室的人员进出或货物装载，位于机身左后侧。当飞机以客货混合型或全货型模式运行时，需要使用侧货舱门。某些大型飞机，还装有机头货舱门，用来进行大型货物的快速装卸。

图 2-29　宽体客机的舱门（一）

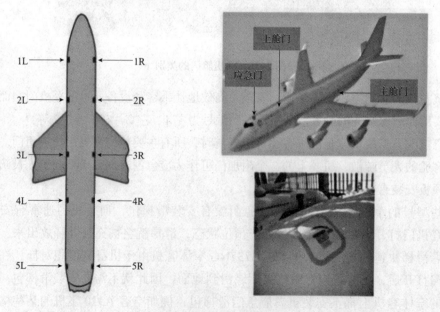

图 2-30　宽体客机的舱门（二）

窄体客机的舱门，如图 2-31 所示为空客 A320 的舱门，其中有 4 个主登机门，这是窄体客机的典型特征。除主入口门外，还有小型应急舱门。根据飞机的型号不同，飞机每一侧的机翼应急门的数量为 1 个或 2 个，它们只在紧急情况下使用，以便人员快速撤离飞机。这前、后货舱为门分别位于右下机身的前端和后端，在后货舱门后面还有一个小的散货舱门。

应急门可分为机翼紧急逃生舱口和头顶应急逃生口。紧急逃生舱口允许乘客在地面和海面上安全、快速地撤离飞机；头顶应急逃生口为机组人员提供的驾驶舱紧急出口。另外，有些宽体客机的上层舱门虽然为登机门，但是也可以作为紧急撤离的舱口，允许乘客安全、快速地从上层客舱疏散。

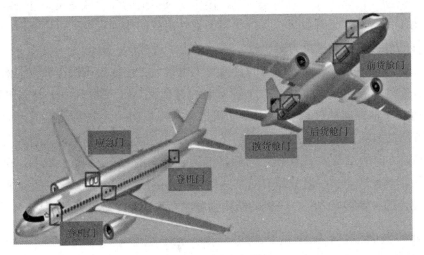

图 2-31　窄体客机舱门

2.5　飞机结构荷载

■ 2.5.1　飞机的外荷载

1. 飞机外荷载分类

飞机外荷载按作用形式可分为集中荷载和分布荷载两种。

集中荷载：荷载集中作用在结构上的某一部位。例如，通过接头作用在机翼结构上的发动机荷载、起落架荷载等；

分布荷载：荷载分布作用在结构的某一范围内。例如，作用在机体表面的气动荷载等。

飞机外荷载按作用性质可分为静荷载和动荷载两种。

静荷载：荷载逐渐加到飞机结构上，或者荷载加到结构上以后，它的大小和方向不变或变化很小。例如，飞机停放时起落架承受的荷载和用千斤顶逐渐将飞机顶起，飞机结构承受的荷载都是静荷载。

动荷载：荷载突然加到飞机结构上，或者荷载加到结构上以后，它的大小或方向有着明显变化。例如，飞机着陆时起落架受到的地面撞击力和飞机在不平地面上滑跑时，产生颠簸，结构承受地面的作用力都是动荷载。

飞机在起飞、飞行、着陆及地面停放等过程中，作用在飞机上的外力称为飞机的外荷载。这些外荷载包括空气动力、惯性力以及飞机在着陆、地面滑行和停放时地面的反作用力。

2. 过载（荷载系数）

飞机在机动飞行或平飞中遇到突风时，作用在飞机上的外荷载除重力外是随时间发生变化的。为了便于确认飞机在某一飞行状态下受外荷载的作用程度，可用当时飞机所受的除重力以外的外荷载同飞机重力做比较，这就产生了过载这一概念。

作用在机体坐标系某方向表面力的合力与飞机重力之比称为飞机在该方向的过载（也称为荷载系数），用 n 表示。飞机在 y 轴方向的过载 n_y 等于飞机升力 Y 与飞机重力 G 的比值；飞机在 x 轴方向的过载 n_x 等于发动机推力与飞机阻力之差与飞机重力的比值；飞机在 z 轴方向的过载 n_z 等于飞机侧向力与飞机重力的比值。飞机在机动飞行或飞行中遇到突风时，y 轴方向的过载 n_y 往往较大，而其他两个方向的过载 n_x 和 n_z 较小，而且对飞机结构强度的影响也较小，一般只需要对某些局部结构强度加以考虑。飞机在 y 轴方向的过载是结构设计的主要指标之一，飞机的结构强度主要取决于 y 轴方向的过载 n_y。

3. 过载的大小

飞机的重心过载可能大于 1，也可能小于 1，或等于零，甚至是负值。这取决于飞行时升力的大小和方向。过载的正、负号与升力的正、负号一致，而升力的正、负号取决于升力与飞机坐标轴 y 的关系，即升力与 y 轴正向一致时取正号，反之取负号。例如，飞行员柔和推杆使飞机由平飞进入下滑的过程中，升力向上，与 y 轴正向一致，但比飞机重力略小，飞机的过载就是小于 1 的正数；当飞机在空中飞行时，如果遇到向下的强大突风，就有可能使飞机升力向下，与 y 轴正向相反，产生负过载。

4. 过载的意义

由以上分析可知，过载表示飞机的外荷载（除重力外）与飞机重力的关系。这种关系是用倍数来表示的，是一个相对值。例如，过载 n_y 就表示飞机的升力 Y 是飞机重力 G（也就是等速直线飞行时飞机的升力）的多少倍数。

如果知道了飞机的过载值，就能很方便地求得飞机所受的实际荷载大小，也就知道了它作用的方向（根据过载的正负来判断），这就便于设计飞机结构，检验其强度、刚度是否满足要求。为了使飞行员和机务人员了解飞机在飞行中受外荷载的大小，通常在飞机上装有过载表（或称为加速度表）。飞行中，飞行员应注意过载表的指示，防止飞机过载超过规定值；着陆后，机务人员如果发现过载表指示的数值过大，就应加强对机体结构的检查，并将过载数值记录在飞机履历本上。

5. 平飞中的受载情况

受力：飞机在匀速直线平飞时，它所受的力有飞机重力 G、升力 Y、阻力 D 和发动机推力 T。为了简便起见，假定这 4 个力都通过飞机的重心，而且推力与阻力的方向相反（图 2-32）。

平衡条件：$Y=G$，$T=D$，$M_Z=0$

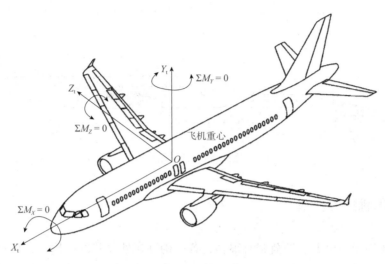

图 2-32　平飞中的受载

6. 机动过载

飞机做机动过载飞行时，n_y 会发生较大的变化（图 2-33）。机动过载可分解为垂直方向机动过载和水平方向机动过载。垂直机动过载出现在以下情况：当驾驶员猛推杆使飞机以较大速度、较小的半径进入俯冲时，n_y 可能为较大的负值；当将飞机从俯冲状态拉起时，n_y 为较大的正值，即 $n_y=Y/G=1/\cos\beta$。

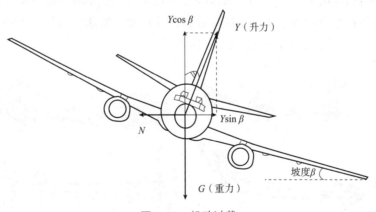

图 2-33　机动过载

7. 突风过载

大气中，空气对流造成的不稳定气流称为突风。从飞机前方或后方吹来，与飞机飞行方向平行的突风叫水平突风；从飞机上方或下方吹来，与飞机飞行方向垂直的突风叫垂直突风。突风会改变气流相对飞机运动速度的大小和方向，从而改变飞机升力的大小。由于突风作用，飞机升力大小的变化用突风过载来表示。

对飞机结构受力影响比较大的是垂直突风。垂直突风主要是改变气流相对飞机运动速度的方向（图2-34），从而产生较大的突风过载 n_y。飞行中，遇到较强烈的垂直向上的突风，会产生较大的正过载增量；遇到较强烈的垂直向下的突风，会产生较大的负过载增量。

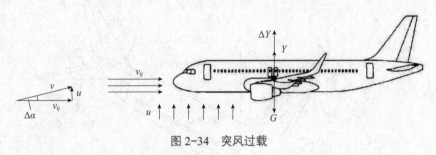

图 2-34　突风过载

2.5.2　飞机的内荷载

飞行中作用于飞机上的外荷载有很多，各个构件在外荷载的作用下，自身会产生反作用力。构件所承受的这些外荷载，统称为外力。当构件受到外力导致材料分子之间的距离发生改变，表面形态发生变化，这时分子间会产生一种抵抗变形、恢复原状的内荷载，叫作内力。单位横截面面积上的内力叫作应力。

拉伸应力是一种抵抗试图拉断物体的应力，例如发动机的推力推动飞机前进，但空气阻力阻止飞机向前，因此导致拉伸；压缩应力是一种抵抗挤压的应力，导致飞机部件缩短或挤压在一起；扭矩是造成扭转的应力，通常发生在方向舵偏转时；剪切应力是一种抵抗材料间发生相对错动的应力，当两个铆接板分别处于受拉状态时，铆钉承受剪切应力。材料的抗剪切强度通常等于或小于其抗拉伸或抗压缩强度。弯曲应力是由压缩力和拉伸力的组合而产生的。飞行受到的应力如图2-35所示。

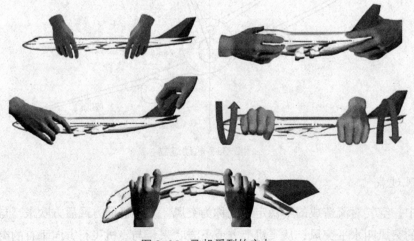

图 2-35　飞机受到的应力

工卡 2—飞机典型结构

工卡标题	飞机典型结构		
版本	R1		
工时	45 min		
工具/设备/材料：	手电筒、螺钉旋具、反光背心、清洁布		波音飞机绕机（787）
1. 工作任务		工作者	检查者
依据工艺规程与技术条件，绕机检查 B737 飞机			
2. 工作准备		工作者	检查者
1 准备相关修理资料			
2 准备好跳开关、地面插销			
3. 工作步骤		工作者	检查者
第一步去保险，然后取下堵帽			

（1）飞机典型结构部件识别

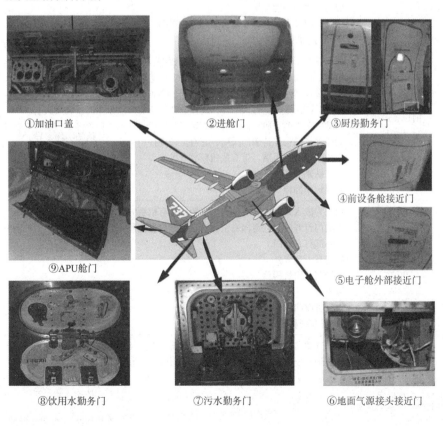

①加油口盖 ②进舱门 ③厨房勤务门 ④前设备舱接近门 ⑤电子舱外部接近门 ⑥地面气源接头接近门 ⑦污水勤务门 ⑧饮用水勤务门 ⑨APU舱门

序号	名称	功能	
①	加油口盖	加油口盖用于接近： —加油面板 —加油总管 —加油接头 —加油关断活门	认知实物差异： 签名：
②	货舱门	有两个货舱门： —前货舱门 —后货舱门 　舱门的形状、设计和操作是相似的，只是大小稍微有点不同。舱门是嵌入式的，打开时舱门向内移动，铰链在顶部。舱门边缘和舱门手柄轴周围有密封垫防止压力损失。手工操作舱门，从货舱内部和外部都可以开、关舱门。舱门内部的平衡机构减小抬起舱门需要的力。平衡机构上的一个上位锁爪保持舱门在完全打开位置。如果平衡机构失效，一个舱门缓冲器确保舱门不会下落太快。也可以使用货舱顶部的一个手动皮带挂钩保持舱门在完全打开位置。舱门上的一段带有把手的松紧绳使放下舱门时比较容易	认知实物差异： 签名：
③	厨房勤务门	飞机上有前、后两个厨房勤务门。通过它可以进入飞机客舱。 厨房勤务门是一个嵌入式舱门。有下列部件： —中间门组件 —上门板 —下门板 舱门内表面盖有衬里。 中间门组件在其底部安装有紧急逃生滑梯。 中间门组件有一个窗	认知实物差异： 签名：
④	前设备舱接近门	舱门是一个嵌入式舱门。舱门后缘有铰链。向内上方移动进入机身。 舱门结构为铝铸件。舱门周围连续的密封垫可防止泄压。 压力负荷通过止动销和止动板从舱门传递到门框。 舱门上的两个铰链臂向后伸，连接⑤在前轮舱前隔板上的铰链接头上。 当舱门关闭时，舱门前缘的导引销对齐舱门。 舱门锁定结构保持舱门关闭，它有下列零件： —弹簧预载的手柄，带有按钮释放开关 —手柄轴和连杆 —锁定销插棒	认知实物差异： 签名：
⑤	电子舱外部接近门	舱门为嵌入式的。它有铸造的框架，外有铝制的蒙皮。 当舱门打开时，它滑向右上方。在完全打开位置，它停在机身内，门框的右侧。从飞机外部打开舱门。 舱门有下列零件： —舱门锁定机构 —舱门滚柱 —机身舱门滚柱滑轨 —舱门密封	认知实物差异： 签名：
⑥	地面气源接头接近门	地面气源接头接近门用于接近地面气源接头，使用地面气源接头能将外部压缩空气源连接到气压总管。它使气流流入总管而防止气流流出总管	认知实物差异： 签名：

序号	名称	功能	
⑦	污水勤务门	污水勤务面板可以排放真空污水系统。污水勤务面板也可使勤务人员清洗污水箱。两个卡锁将污水勤务面板保持在关闭位。 下列是在污水勤务面板上的部件： —污水排放活门组件 —污水排放球形活门控制手柄 —污水箱清洗接头组件	认知实物差异： 签名：
⑧	饮用水勤务门	饮用水勤务门用于接近饮用水勤务面板，饮用水勤务面板可为饮用水系统加水，饮用水勤务面板也可用来排放水箱和部分饮用水系统。有两个扣锁可打开饮用水勤务面板门。 饮用水勤务面板有下列部件： —加水／溢流活门手柄 —水箱排放活门手柄 —压缩机切断电门 —饮用水加水接头	认知实物差异： 签名：
⑨	APU 舱门	APU 舱门在 APU 舱的下部，用以勤务和维护	认知实物差异： 签名：

对照工作单逐个检查，填写绕机检查结果		
4.结束工作	工作者	检查者
（1）清点工具设备等		
（2）清理工作现场		

03 飞机液压系统

【学习目标】

知识目标

熟悉民用飞机的一般液压系统组成；

掌握飞机液压系统工作原理。

技能目标

能识别各液压系统部件；

能对飞机液压系统进行操作测试；

能分析排除典型液压故障。

液压系统概述

素质目标

培养自主学习能力及团结协作与安全规范意识；培养热爱祖国、热爱航空、敬重装备的机务工匠精神。

【任务描述】

阅读任务，在工作手册中完成任务

查找、了解运输航空中航线运营的主要飞机液压系统的原理图及液压系统各部件。以 B737 飞机为例，查找飞机液压系统各元件类别，阐述各液压工作系统的原理。

【知识链接】

3.1　液压传动原理

液压传动是一种以液体为工作介质，利用液体静压能来完成传动功能的一种传动方式，也称容积式传动，液压传动建立在帕斯卡原理基础之上。帕斯卡原理及应用如图 3-1 所示，在装满液体的密闭容器内，在边界处对液体施加压力（物理学意义上的"压强"概念，在液压工程上被称为"压力"）时，液体能把这一压力大小不变地向四面八方传递。

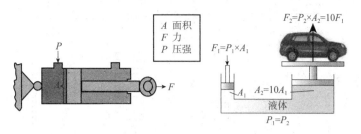

图 3-1 帕斯卡原理及应用

3.2 传动特性

分析液压传动模型，可知液压传动具有如下特性：

（1）液压传动以液体作为传递能量的介质，系统必须是封闭的。

（2）压力取决于负载。

（3）输出速度取决于流量。

（4）液压传动的主要参数是压力 P[①] 和流量 Q。

（5）液压传动中的液压功率等于压力与流量的乘积。

3.3 液压系统的组成

3.3.1 按液压元件的功能划分

液压系统由一些液压必要的功能元件组成，一般包括以下四种功能元件：

（1）动力元件。动力元件指液压泵，它将电动机或发动机产生的机械能转换成液体的压力能。

（2）执行元件。执行元件指液压作动筒和液压马达，它们将液体的压力能转换为机械能。

（3）控制元件。控制元件即各种阀，它们调节系统内各部分液体的压力、流量和方向，以满足工作要求。

（4）辅助元件。辅助元件是除上述三项组成元件之外的其他元件，包括油箱、油滤、散热器、蓄压器及导管、接头和密封件等。

3.3.2 按系统的功能划分

液压系统可分为液压源系统和工作系统两大部分，如图 3-2 所示。

---

① B737 飞机的压力约为 20 700 kPa（3 000 psi），A350、B787 飞机的输出压力约为 34 500 kPa（5 000 psi）。

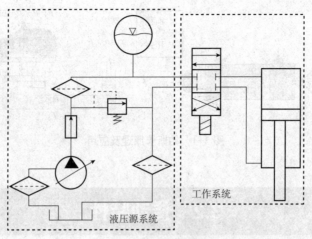

图 3-2　液压系统组成

工作系统

液压源系统

3.4　液压油

■ 3.4.1　液压油特性

液压油主要的特性包括润滑性、黏性、压缩性、防火特性、机械稳定性和化学稳定性。

1. 润滑性

油液的润滑性，是指液体能够在两个附件的摩擦面之间形成一层"油膜"的特性。这层"油膜"覆盖着附件的表面，使它们的摩擦面不直接接触，因而可减小附件之间的摩擦力，并降低附件表面的磨损。飞机的液压系统是利用液压油来润滑的，所以液压油必须有良好的润滑性。

2. 黏性

当流体在外力作用下流动时，由于分子间内聚力的作用，产生阻碍其分子相对运动的内摩擦力，这种现象称为流体的黏性。只有流体在运动时黏性才会显示出来，静止的流体不显示黏性。黏性只能阻碍、延缓流体内部的相对运动，但不能消除这种运动。黏性是流体最重要的特性之一，是其内部流动阻力的一种表现，通常用黏度来表示。

3. 压缩性

油液的压缩性，是指液体所受的压力增大时其体积缩小的一种性质。一定体积的液体，在压力增量相同的情况下，体积的缩小量越小，则说明其压缩性越小。一般认为液体是不可压缩的。

为了迅速传递压力，液压油的压缩性应尽可能小一些。液压油本身的压缩性是可以满足这一要求的。但是，如果液压油中含有气泡，其压缩性将显著增大，这样就会引起传压迟缓，甚至使液压系统的工作受到破坏。因此，要求液压油中不含有气泡。

4. 防火特性

衡量防火特性的指标为闪点、燃点和自燃点。

（1）闪燃指液体表面产生足够的蒸气与空气混合形成可燃性气体时，遇火源产生短暂的火光，发生一闪即灭的现象。发生闪燃的最低温度称为闪点。

（2）燃点是指可燃液体表面上的蒸气和空气的混合物与火接触而产生火焰并能继续燃烧不少于 5 s 的温度。

（3）自燃点是指可燃物质在助燃性气体中加热而没有外来火源的条件下起火燃烧的最低温度。

在实际使用中，通常用闪点和燃点来表征液压油发生爆炸或燃烧的可能性大小，航空液压油要求具有良好的防火性能。航空矿物基和航空合成基液压油耐燃性指标见表 3-1。

表 3-1　航空矿物基和航空合成基液压油耐燃性指标

名称	型号	闪点 /℃	燃点 /℃	自燃点 /℃
航空矿物基液压油	MIL-H-5606	93 ~ 107	124	246
航空合成基液压油	BMS3-11	254	316	593

5. 机械稳定性

油液的机械稳定性，是指液体在长时间的高压作用（主要是挤压作用）下，保持其原有的物理性质（如黏性、润滑性等）的能力。油液的机械稳定性越好，在受到长时间的高压作用后，其物理性质的变化就越小。

液压油应具有良好的机械稳定性。因为液压油经常要在高压作用下通过一些附件的小孔和缝隙，如果它的机械稳定性不好，在使用过程中，黏度会很快减小，以致影响系统的工作。

6. 化学稳定性

化学稳定性主要是指油液抗氧化的能力，是选择液压油另一个非常重要的因素。油液在使用过程中，不可避免地会接触到空气、水分、盐分及其他杂质，尤其在长时间的运行过程中，温度也会上升。有些油液还会与锌、铅、铜等金属发生化学反应，产生酸性物质。这些不利因素，都会导致液压油的氧化加剧，黏性增大，杂质增多，油液变质，进而造成部件的黏滞、渗漏或者由于润滑性能下降，造成的部件磨损。因此，液压油必须具备良好的化学稳定性。

■ 3.4.2　液压油类型

1. 植物基液压油

植物基液压油（如 MIL-H-7644）主要由草麻油和酒精组成，有刺鼻的酒精味且易燃，通常被染成蓝色，用于最初较老式的飞机，必须使用天然橡胶密封件。

2. 矿物基液压油

矿物基液压油（如MIL-H-5056）是从石油中提炼出来的，具有刺激性的气味且可燃，通常被染成红色，必须使用合成耐油橡胶密封件。

3. 磷酸酯基液压油

磷酸酯基液压油（如MIL-H-8446）是由多种磷酸酯和添加剂，用化学方法合成。其润滑性较好、凝固点低、防火性能好，广泛用于民航机上。现在应用较多的牌号为Skydrol R-500A的液压油为透明紫色，其他牌号的液压油颜色为绿色或琥珀色。磷酸酯基液压油的密度比水稍大；具有较宽的使用温度范围（−65 ～ 225℉）；非常易于从大气中吸收水分而被污染，因此必须严格密封。另外，它对聚氯乙烯、普通合成橡胶、油漆等非金属材料有很强的腐蚀性，液压系统中必须采用异丁橡胶或乙烯—丙烯合成橡胶密封件。常用航空液压油的特性和应用见表3-2。

表3-2　航空液压油的特性和应用

名称	颜色	耐燃性	黏度	密封材料	应用
植物基液压油	蓝色	易燃	大	天然橡胶	老式客机
矿物基液压油	红色	可燃	中	合成耐油橡胶	现代大型民航客机起落架减震支柱
磷酸酯基液压油	紫色	难燃	小	异丁橡胶或乙烯—丙烯合成橡胶	现代大型民航客机

3.5　液压泵的基本原理

液压泵是液压系统的动力源，均为容积式泵，其工作原理是利用容积变化进行吸油和压油。容积式液压泵的工作原理如图3-3所示。

柱塞依靠弹簧紧压在偏心凸轮上，偏心凸轮由发动机或电动机带动旋转，使柱塞做往复运动，导致密封工作腔的容积发生变化。当工作腔容积变大时形成部分真空，大气压力迫使油箱中的油液经供油管顶开单向吸油阀，进入工作腔，这就是吸油过程；当工作腔的容积变小时，吸入的油液受到挤压，产生压力，顶开单向压油阀流到下游系统中去，这就是压油过程。偏心凸轮不停旋转，使泵不停地吸油和压油，以此将发动机（或电动机）输入的机械能转换成液压能。

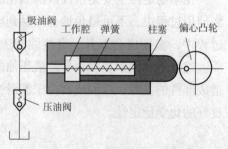

图3-3　容积式液压泵的工作原理

3.6 液压泵的种类

液压泵有多种分类方法，例如按其结构形式可分为齿轮泵、叶片泵和柱塞泵，各种泵的原理及优、缺点见表3-3。

表3-3 各种泵的原理优、缺点

名称	原理描述	原理图	优、缺点
齿轮泵	齿轮泵主要由两个啮合的齿轮组成，它们在一个油室内转动。主动齿轮由发动机附件齿轮箱或其他动力装置驱动，从动齿轮与主动齿轮啮合并由其带动。油泵的吸油口与油箱连接，排油口与压力管路连接。当主动齿轮转动时，带动从动齿轮转动，在吸油腔中的齿轮逐渐退出啮合，吸油腔容积增大，形成部分真空，油箱中的油液在油箱内气压作用下，克服吸油管阻力被吸进来，并随齿轮转动；当油液进入排油腔时，由于轮齿逐渐进入啮合，排油腔容积逐渐减小，将油液从排油口挤压出去。齿轮不断旋转，油液便不断地吸入和排出	排油口 / 主动齿轮 / 从动齿轮 / 吸油口	优点：齿轮泵体积较小、结构较简单、对液压油的清洁度要求不严、价格较低。 缺点：泵轴受不平衡力，磨损严重，泄漏较大
叶片泵	叶片泵分为双作用叶片泵和单作用叶轮泵。叶片泵转子旋转时，叶片在离心力和压力油的作用下，尖部紧贴在定子内表面上。这样两个叶片与转子和定子内表面所构成的工作容积，先由小到大吸油后再由大到小排油，叶片旋转一周，完成一次吸油与排油	吸油口 / 排油口	优点：流量均匀、运转平稳、噪声小、压力和容积效率比齿轮泵高。 缺点：结构比齿轮泵复杂
径向柱塞泵	柱塞沿转轴径向分布，转动时，依靠离心力和液压力将柱塞压在定子的内表面上；由于定子的偏心作用，柱塞将做往复运动，油液的进出通过泵体和配流轴上的流道，并由配流轴上的吸油口控制。变量机构形式与叶片泵类似		优点：效率高、运转平稳、流量均匀性好、噪声小。 缺点：对污染较敏感、径向尺寸大、结构复杂、自吸能力差、泵轴受不平衡力作用，易磨损
轴向柱塞泵	轴向柱塞泵的柱塞平行于转轴，沿圆周分布，利用柱塞在柱塞腔内往复运动所产生的容积变化来吸、排油		优点：额定压力高、结构紧凑、效率高、流量调节方便。 缺点：结构复杂、材料和加工精度要求高、价格高、油液清洁度要求高

3.7　轴向变量柱塞泵基本原理

发动机驱动泵通常是斜盘式柱塞泵，安装在飞机发动机附件齿轮箱上，发动机转子通过附件齿轮箱驱动油泵运转，对液压系统进行增压。

■ 3.7.1　斜盘式变量轴向柱塞泵

斜盘式变量轴向柱塞泵的结构如图 3-4（a）所示，主要分为转轴与缸体构成的驱动转子组件、柱塞滑靴组件、斜盘组件、变量控制阀组件、变量柱塞组件、壳体和配流盘等组件。工作时，发动机齿轮箱或电动机驱动转轴和缸体旋转，柱塞随缸体转动，并被配流盘和斜盘带动做周期性往复运动，从配流盘吸油区抽吸油液，经过配流盘排油区时压缩油液排出高压口。高压口压力被引至变量控制阀，作用在阀端面上与调压弹簧相互作用：若压力高于设定压力，变量控制阀打开高压腔与变量柱塞腔的通道，使高压油液进入变量柱塞腔并作用于变量柱塞，变量柱塞驱动斜盘摆角减小，使每个柱塞排出的油量减小，综合表现为系统流量减小，系统压力降低至设定的压力；若压力低于设定压力，变量控制阀打开壳体与变量柱塞腔的通道，使变量柱塞腔高压油液进入壳体，减小变量柱塞腔的压力，斜盘弹簧力大于变量柱塞的液压作用力，驱动斜盘摆角增大，使每个柱塞排出的油量增大，综合表现为系统流量增大，系统压力升高至设定压力。图 3-4（b）所示为某型飞机典型斜盘式变量轴向柱塞泵外形。

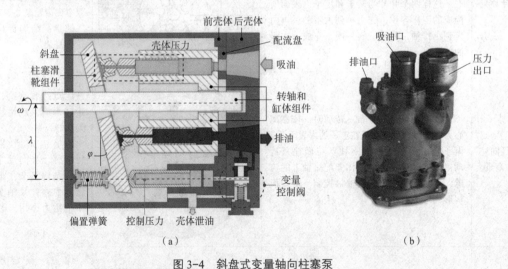

图 3-4　斜盘式变量轴向柱塞泵

（a）斜盘式变量轴向柱塞泵结构图；（b）斜盘式变量轴向柱塞泵外形

■ 3.7.2　斜轴式变量轴向柱塞泵

斜轴式变量轴向柱塞泵的工作原理和典型产品外形如图 3-5 所示。传动轴的轴线与缸体轴线有一定的倾角，柱塞与传动轴圆盘之间用相互铰接的连杆相连。当传动轴沿图示方向旋转时，连杆带动柱塞连同缸体一起绕缸体轴线旋转，柱塞同时在缸体的柱塞孔内做往复运动，使柱塞孔底部的密封腔容积不断发生增大和缩小的变化，通过配流盘上的窗口实现吸油和压油。

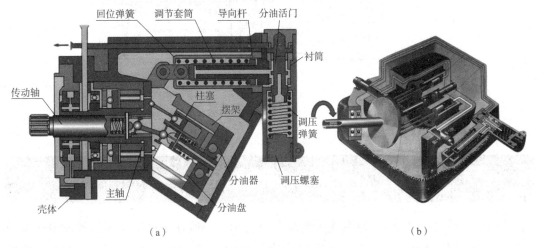

图 3-5　斜轴式变量轴向柱塞泵
（a）斜轴式变量轴向柱塞泵的工作原理；（b）斜轴式变量轴向柱塞泵实物形

在变量形式上，斜盘式变量轴向柱塞泵是斜盘摆动变量，斜轴式变量轴向柱塞泵则为摆缸变量，因此，后者变量系统响应较慢。关于斜轴式泵的排量和流量可参照斜盘式泵的计算方法进行计算。与斜盘式泵相比较，斜轴式泵缸体所受的不平衡径向力较小，结构强度较高；缸体轴线与驱动轴的夹角较大，变量范围大；外形尺寸较大，结构也较复杂。

斜轴式变量轴向柱塞泵体积较大和响应较慢的缺点，限制了它在航空液压系统中的应用，目前主要应用在一些老式飞机上，如 VICKERS 公司的 AS66411 斜轴式变量柱塞泵作为 DC-9 和 MD-80 系列主液压系统的发动机驱动泵（EDP）使用。

3.8　电动马达驱动泵

电动马达驱动泵（EMDP）由交流电动马达驱动，因此也被称为电动马达泵或交流控制泵（图 3-6）。它和发动机驱动泵（EDP）的工作原理基本类似，不同之处主要在于驱动柱塞泵的动力来源不一样。电动马达驱动泵是由电动马达带动泵的传动轴转动的。对于双发飞机，为了确保单发停车时液压系统仍能可靠供压，电动马达驱动泵通常由对侧发动机的发电机供电。以 B737 液压源系统为例，A 系统的 EDP 由左发动机驱动，EMDP 由右发动机带动的发电机供电，B 系统的 EDP 由右发动机驱动，EMDP 由左发动机带动的发电机供电。

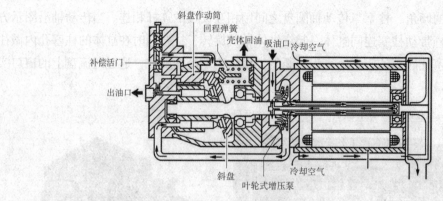

斜盘作动筒
回程弹簧
壳体回油　吸油口　冷却空气
补偿活门
出油口
斜盘
叶轮式增压泵
冷却空气

图 3-6　电动马达驱动泵

3.9　辅助增压

辅助增压的主要作用是为主液压系统提供备用，一般在主液压系统失效或地面维护时使用。常见的辅助增压源有冲压空气涡轮（Ram Air Turbine，RAT）、动力转换组件（PTU）、空气驱动泵和地面液压车。

3.9.1　冲压空气涡轮

冲压空气涡轮（RAT）可用于提供应急液压力源以作动飞行操纵系统，同时也可以为飞机提供紧急供电。正常情况下，RAT 被收回机身，以保持飞机气动外形。当满足一定条件时，如空速大于 100 节（kn，1 kn = 0.514 m/s），且交流主电源全部失效时，RAT 可以自动放出；RAT 也可以通过驾驶舱的释放按钮人工放出。RAT 的收回通常只能在地面完成。

RAT 的作动筒内部有一个机械锁，使其保持在收回位置。工作时，作动筒内部的机械锁解锁，在弹簧力的作用下放出 RAT 组件；当组件放出后，冲压空气驱动涡轮叶片转动，从而带动液压泵运转，为飞机提供液压压力。冲压空气涡轮外形及控制按钮与结构分别见图 3-7、图 3-8 所示。

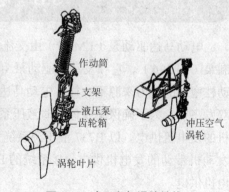

作动筒
支架
液压泵
齿轮箱
涡轮叶片
冲压空气涡轮

图 3-7　冲压空涡轮外形及控制按钮　　　图 3-8　冲压空气涡轮结构

3.9.2 动力转换组件

1.定量单向 PTU

定量单向 PTU 即采用液压马达和液压泵背对背安装的形式，液压泵和液压马达均可采用斜轴柱塞和直轴柱塞元件。斜轴式柱塞元件静摩擦力较小，功率密度较大，启动特性相比直轴柱塞元件有所改善，因而在 PTU 中得到了广泛应用，图 3-9 和图 3-10 给出了采用直轴及斜轴柱塞元件的 PTU 代表产品。设计 PTU 时须保证液压泵侧和液压马达侧不会发生串油，这对 PTU 能够可靠、高效地工作至关重要。

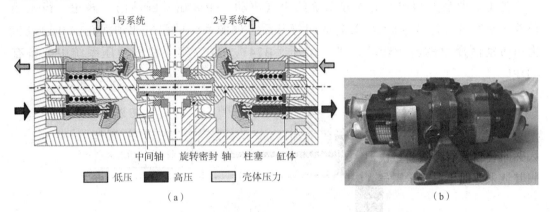

图 3-9　采用两个直轴柱塞元件的单向定量 PTU

（a）结构剖面；（b）产品外形

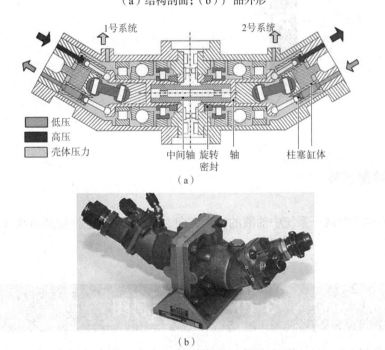

图 3-10　采用 2 个斜轴柱塞元件的单向定量 PTU

（a）结构剖面；（b）产品外形

2. 定量双向 PTU

定量双向 PTU 在结构上与定量单向 PTU 相差不大，只是在液压泵和液压马达尺寸设计上有所区别。由于一侧元件既要作为液压泵使用，又要作为液压马达使用，功率传递方向相反时，PTU 也随之反向，因此，需认真考虑配流盘、滑靴、缸体及系统上的设计。在系统中，两侧出口均需设置优先阀、开关阀、流量调节阀及单向阀。

■ 3.9.3 空气驱动泵

空气驱动泵（ADP）由气源系统的引气驱动，主要由关断活门、涡轮、齿轮箱和液压泵组成（图 3-11）。关断活门打开后，气源系统的引气驱动涡轮，并通过齿轮箱带动液压泵的转子转动，进行增压。B747、B777 等飞机的液压系统中配备有 ADP。

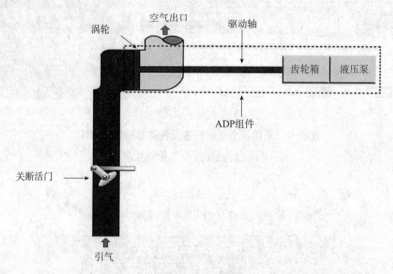

图 3-11　空气驱动泵

■ 3.9.4 控制部件

控制部件用于对液压系统中油液的流动方向、压力和流量进行控制和调节，也称为液压控制阀。

3.10　方向控制阀

方向控制阀用于控制油液的通断和改变油液的方向，可分为单向阀和换向阀。

3.10.1 单项阀

单向阀的主要特点是油液只能沿一个方向流通，不能反流。单向阀的工作原理如图 3-12 所示，油液只能从左侧进入，克服弹簧力后向右侧流动。

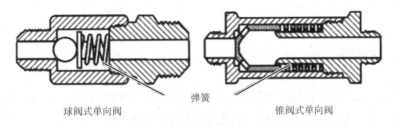

球阀式单向阀　　　　弹簧　　　　锥阀式单向阀

图 3-12　单向阀

3.10.2 换向阀

换向阀用于控制系统中油液的流动方向，某些换向阀还可以控制油路的通断。按运动形式可将换向阀分为转阀、滑阀和梭阀。如图 3-13 所示，三种换向阀分别通过旋转、滑动和液压压力变化控制油路的变化。

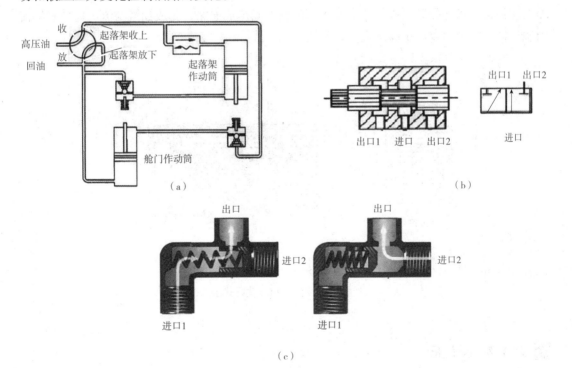

图 3-13　换向阀

（a）转阀；（b）滑阀；（c）梭阀

3.11 压力控制阀

压力控制部件用于调节或限制系统压力，飞机上常见的压力控制部件有溢流阀、减压阀、优先活门等。

3.11.1 溢流阀

溢流阀通过阀口溢流作用使被控制系统或回路的压力维持恒定，从而实现稳压、调压或限压作用，按结构形式分为直动式溢流阀和先导式溢流阀。

（1）在直动式溢流阀中，当系统压力小于弹簧预调压力时，弹簧将阀芯保持在关闭位；当系统压力超过弹簧预调压力时，可将压力管路内的油液排入回油管［图3-14（a）］。直动式溢流阀构造简单，调压精度低，只适用于低压小流量系统。

（2）在先导式溢流阀中，压力油进入压力腔后作用在主阀和导阀的感压柱塞上，感压柱塞顶在钢珠上［图3-14（b）］。当压力低于导阀弹簧调定压力时，钢珠将导阀腔与回油腔封闭，导阀腔内油液不能流动，因此主阀被保持在关闭位；当压力上升至导阀弹簧调定压力时，感压柱塞将钢珠顶开，导阀腔与回油腔之间的油路连通，油液推动主阀，压缩主阀弹簧，迅速打开主阀，压力腔和回油腔之间形成通路，完成油液溢流。先导式溢流阀调压精度高，主要用于高压大流量系统。

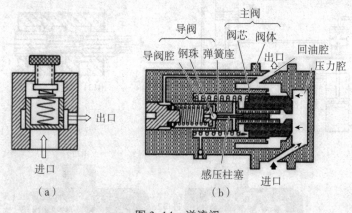

图3-14 溢流阀
（a）直动式溢流阀；（b）先导式溢流阀

3.11.2 减压阀

减压阀主要用于单一增压源系统中的压力调节，利用阀口的节流作用降压。常见的减压阀有定值减压阀和定差减压阀两种。

直动式定值减压阀与直动式溢流阀的结构相似，差别在于减压阀的控制压力来自出口压力，且阀口常开［图3-15（a）］。在定差减压阀中，作用在阀芯弹簧的调定压力是由进口（高压）和出口（调定压力）分别作用在阀芯两端的压力差来平衡的，所以阀口的开度仅受进、出口压力差调节，从而保持进、出口压差为恒定［图3-15（b）］。

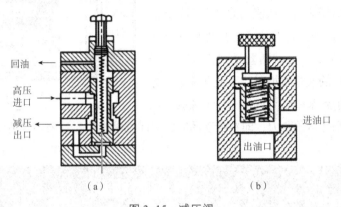

（a）　　　　　　　　　（b）

图3-15　减压阀

（a）直动式定值减压阀；（b）定差减压阀

3.11.3　优先活门

优先活门一般安装在重要部件的下游。当系统压力不足时，切断向活门下游次要部件供油，从而确保重要部件优先得到供压。如图3-16所示，当上游的压力低于预定值时，活门关闭，切断下游供压；当优先活门上游压力达到压力预定值时，活门打开，下游得到供压。除此之外，优先活门还可作为顺序控制元件。

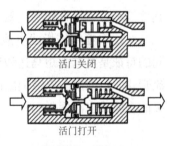

活门关闭

活门打开

图3-16　优先活门

3.12　流量控制阀

流量控制元件简称流量阀，其作用是调节和控制液压系统管路中的液体流量，以调节和控制执行机构的运动速度。飞机上常见的流量阀有节流阀和液压保险阀。

3.12.1　节流阀

节流阀使用小孔节流原理（图3-17）进行工作。当油液流经节流孔时，流速增加，油液在节流孔上下游产生压差，由于节流孔的局部阻力，油液压力下降，能量损耗，以起到降压节流的作用。

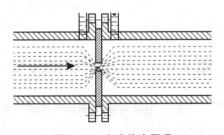

图3-17　小孔节流原理

3.12.2 液压保险阀

液压保险阀作为液压系统的安全装置，可以防止下游部件或管路损坏时，系统的油液全部漏光。如图 3-18 所示，油液经进口流入液压保险，经过内部节流孔流向下游。传动活塞靠弹簧保持在开位，当流经节流孔的流量增加时，节流孔前后压差增大；当流量增加到某一临界流量时，节流孔前后压差克服传动活塞弹簧预紧力，向右推动活塞，关闭油液出口，油液不再流动。

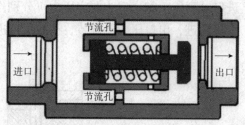

图 3-18　液压保险

3.13　电液伺服阀

电液伺服阀是电液伺服系统中的关键元件，它的主要作用是通过电气信号控制阀芯的运动，最终输出与电气信号成比例的负载流量或压力，实现电液转化和功率放大的功能。电液伺服阀本身就是一个综合电液伺服系统，涉及电、磁、机械、液压及其控制等方面，其性能和可靠性直接决定系统的性能和可靠性。

对比双喷嘴挡板式电液伺服阀与射流管式电液服阀（图 3-19），可以得出伺服阀共同的特征是具有力矩马达和滑阀放大级，不同的是伺服阀前置级，分别为喷嘴挡板式和射流管式。目前航空电液伺服阀系统中出现了一种取消前置级并采用力矩马达直接驱动滑阀级的直驱式电液伺服阀。

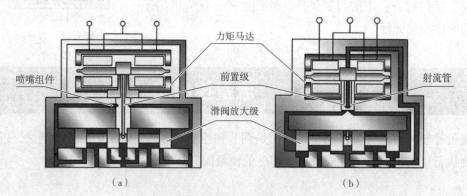

图 3-19　两种航空用典型电液伺服阀结构

（a）双喷嘴挡板式电液伺服阀；（b）射流管式电液伺服阀

3.13.1 电液伺服阀的组成

航空用电液伺服阀主要由电气机械转化模块、机械液压转化（功率放大）模块和反馈模块三部分组成。

1. 电气机械转化模块

电气机械转化模块主要作用是将输入的电信号转化为机械运动，实现电能转化为机械能，从而驱动液压放大器运动，完成机械能向液压能转化。电液伺服阀中力矩马达（输出为转角）或力马达（输出为位移）是将电能转化为机械能的元件，主要利用电磁原理来工作：一般由永久磁铁或激励线圈产生的固定磁场与电信号在控制线圈中产生的控制磁场相互作用，产生与控制信号相对应的力或力矩，控制运动部分产生转角或位移。现将力矩马达或力马达分为两类：动圈式和动铁式。动圈式的运动部分是控制线圈；动铁式的运动部分是衔铁。动圈永磁式力马达与动铁永磁式力矩马达的结构分别如图 3-20 和图 3-21 所示。

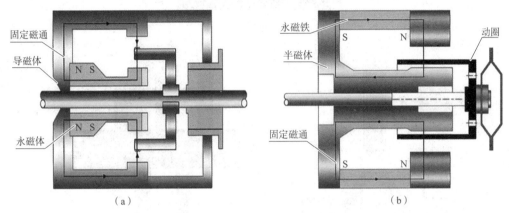

图 3-20　动圈永磁式力马达

（a）内磁式；（b）外磁式

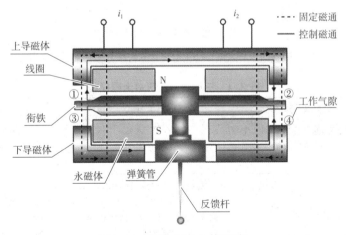

图 3-21　动铁永磁式力矩马达

2. 机械液压转化（功率放大）模块

机械液压转化模块实质是起液压放大器的作用，把力矩马达的力矩或力马达的力转化为液压放大器的负载流量和压力，实现功率放大。航空用电液伺服阀常用液压放大器如

图 3-22 所示。表 3-4 列举了三种常用液压放大器的工作原理、优、缺点及使用场合。

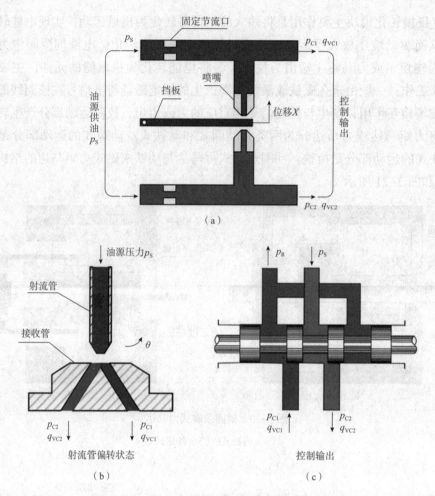

图 3-22　常用液压放大器

（a）喷嘴挡板放大器；（b）射流管放大器；（c）滑阀放大器

表 3-4　三种常用液压放大器比较

比较项	双喷嘴挡板式	射流管式	滑阀式
工作原理	通过 2 个固定节流口和 2 个可变节流口组成液压全桥，按节流原理工作	按动量转换原理工作	按节流原理工作
优、缺点	优点：结构简单、体积小、运动件惯性小、无摩擦、灵敏度高。 缺点：中位泄漏大、负载刚度大、输出流量小、易堵塞、抗污染能力差	优点：喷嘴与接收器之间的间隙大、不易被污染物堵塞、抗污染能力强、具有失效对中功能、效率高、可靠性高。 缺点：结构复杂、加工调试难、运动零件惯性大、射流管的引压管刚度小、易振动	优点：允许位移大、线性好、输出流量大、流量增益高。 缺点：结构相对复杂、体积大、装配要求高、运动件惯量大、液动力大、要求驱动力大
使用场合	适合小信号工作，常用作两级伺服阀前置放大级	常用作两级伺服阀前置放大级	常用作两级和三级伺服阀功率放大级，还可与直线力马达连接构成直驱式电液伺服阀

3. 反馈模块

航空电液伺服阀用到的反馈形式有滑阀位置反馈、压力负反馈和电反馈三种。典型的两级双喷嘴挡板式滑阀位置反馈电液伺服阀，主要通过反馈杆将滑阀位移反馈到前置放大级，进而调节滑阀开口大小；压力负反馈伺服阀是对输出压力进行控制，使输出压力与控制信号成相应比例，喷嘴挡板处根据输入信号产生压差，作用在滑阀阀芯上，输出负载压力，其反馈原理主要是将负载压力反馈到阀芯两端，调节滑阀开口大小；电反馈伺服阀主要将滑阀位移和输出信号通过传感器转化为电信号进行反馈。三种典型反馈伺服阀的特点及使用场合对比见表3-5。

表3-5　三种典型反馈伺服阀的特点及使用场合对比

对比项	滑阀位置反馈	压力负反馈	电反馈
特点	（1）衔铁挡板组件工作在零位附件，具有良好的线性度； （2）性能稳定、抗干扰能力强、零漂较小； （3）滑阀阀芯处于浮动状态，附加摩擦力小，驱动力较大，抗污染能力强； （4）力反馈回路包围力矩马达限制了阀的动态响应	（1）压力反馈具有接近线性的增益，因为反馈增益主要由喷嘴挡板输出压力的作用面积和反馈面积决定； （2）阀芯台阶较多，加工困难； （3）一般用对力矩马达充退磁的方法调整阀的压力增益	（1）省去前置级结构； （2）内泄漏少、效率高； （3）抗污染能力强； （4）静动态性能好； （5）体积较大，控制精度不高
使用场合	应用在伺服阀对输出压力或流量的控制	应用在伺服阀对输出压力的控制	直驱式电液伺服阀

3.13.2　电液伺服阀的分类

随着电液伺服阀的发展，各方面的性能指标不断提升，产品形式也越来越丰富，本节仅对常用的电液伺服阀进行分类，见表3-6。

表3-6　常用电液伺服阀分类

分类形式	伺服阀形式
液压放大器级数	单级、两级、三级
前置级结构	喷嘴挡板阀、射流管阀
反馈形式	滑阀位置反馈、压力负反馈、电反馈

1. 按液压放大器级数分类

电液伺服阀按照液压放大器级数进行分类，主要有单级、两级和三级伺服阀。单级电液伺服阀以滑阀式放大器居多，如 Moog DDV 直驱型电液伺服阀，其优点是结构简单，缺点是容易受到液动力的干扰，稳定性很大程度上取决于负载特性，不易稳定，适用于小流量和负载动态变化不大的场合。

两级电液伺服阀有两级液压放大器，喷嘴挡板阀、射流管阀或射流元件经常用作伺服阀的第一级，第二级经常用滑阀式放大器，实现功率放大。航空电液伺服阀经常采用两级的形式。三级电液伺服阀应用很少，一般在要求流量很大的情况才使用。

2. 按前置级结构分类

电液伺服阀主要根据电液伺服阀的第一级放大器结构形式不同来进行分类。双喷嘴挡板阀第一级放大器形式在航空电液伺服阀广泛应用，但受到抗污染能力差、泄漏量大的缺点限制，而射流管阀和射流元件作为第一级的电液伺服阀，具有抗污染能力强、可靠性高及失效对中的明显优势，应用逐渐增多。

3. 按反馈形式分类

电液伺服阀根据所采用的反馈形式的不同，主要分为滑阀位置反馈、压力负反馈和电反馈三种形式。应用较多的是滑阀位置反馈伺服阀；压力负反馈伺服阀一般为飞机上特定部位使用，如飞机刹车液压伺服系统；电反馈伺服阀的研究起步较晚，其直驱式电液伺服阀已成功应用于军用飞机上。

3.14　液压油箱

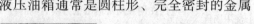

液压存储系统部件主要是飞机液压油箱。液压油箱通常是圆柱形、完全密封的金属罐。油箱内上部为增压空气，下部为液压油。油箱的主要作用是存储液压油，并留有足够保证液压油膨胀的空间，油液体积变化是由液压油工作过程中温度升高热膨胀引起的。除此之外，液压油箱还具有散热、分离油液中的空气和沉淀油液中的杂质等作用。常见的液压油箱如图 3-23 所示。

图 3-23　飞机液压油箱

■ 3.14.1　油箱外部部件

典型的飞机液压油箱的外部部件如下（图 3-24）：

（1）溢流阀。溢流阀也叫"释压活门"，位于液压油箱顶部，当液压油箱内部增压空气超过阈值时，溢流阀打开，释放多余气压，保护油箱结构；当油箱内压力小于阈值时，溢流阀关闭。

（2）目视窗口。地面维护时，通过窗口查看油箱内部液压油量。

（3）回油口。系统回油通过回油管路

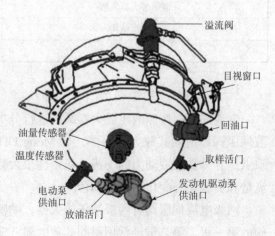

图 3-24　液压油箱

和回油口返回液压油箱。通常，回油口位于油箱中部，这有利于系统回油和油箱内部的液压油进行充分混合，迅速降温，同时也可以防止回油把油箱底部的杂质冲击扬起，通过供油口吸入增压驱动泵。

（4）取样活门。定期通过取样活门收集液压油箱内部油液样本，进行实验室分析，检测油液内部的杂质、水分、颗粒物等，如发现超标，需更新系统内的液压油。

（5）发动机驱动泵供油口。向发动机驱动泵供油。

（6）放油活门。对油箱进行放油。

（7）电动泵供油口。向电动马达驱动泵供油。

（8）温度传感器。探测液压油箱内液压油温度，并向驾驶舱及计算机提供液压油温度数值或发出过热警告。

（9）油量传感器。探测液压油箱内液压油量，并向驾驶舱及计算机提供液压油量数据或发出低油量警告。

3.14.2 油箱内部部件

液压油箱内部的上半部通常是增压气体，下半部是液压油，图 3-25 所示为典型的液压油箱内部结构。每个油箱都有两根供油管，位于油箱底部。飞机飞行时，高度突然下降可能会导致液压油在惯性的作用下移动到油箱顶部，切断液压油的供给。为防止这种情况发生，液压油箱中接近油箱底部的位置装有一块金属挡板用于保证油箱底部有足够液压油，防止供油中断。此外，这个金属挡板还可以保障飞机在极端加速或减速情况下仍能可靠供油。

液压油箱底部的两根供油管分别用于向发动机驱动泵和电动马达驱动泵供油。为了提高系统的供油可靠性，在设计供油管路时要考虑当发动机驱动泵供油管路发生严重泄漏时，能够保存一定量的油液供给电动马达驱动泵使用。因此，油箱的发动机驱动泵供油接头位置高于电动马达驱动泵供油接头位置，即在发动机驱动泵的吸油管路上设置立管。

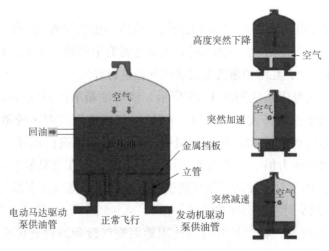

图 3-25　典型液压油箱内部结构

3.14.3　油箱增压系统

油箱增压系统的作用是保证下游液压泵的进口压力。高空中由于空气稀薄，油箱内部的气压可能会降低，导致高空气穴现象，不能连续向油泵供油。油箱增压可以防止油液出现气塞现象。油箱增压的方式包括液压压力增压和空气增压。

1. 油箱液压压力增压

油箱液压压力增压的方法是通过高压油作用在油箱的活塞上，在活塞上施加压力，为油箱中的液压油增压。油箱增压的压力大小取决于两个活塞的面积比，如果两个活塞面积比为 60 : 1，则当系统压力约为 20 700 kPa（3 000 psi）时，油箱内油液的增压压力可以达到约 345 kPa（50 psi），如图 3-26 所示。

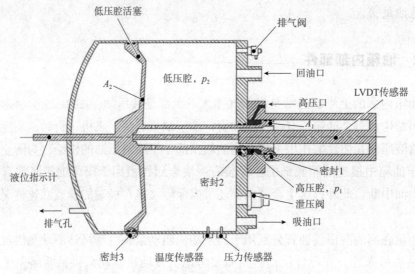

图 3-26　油箱液压压力增压

2. 油箱空气增压

现代飞机通常使用气源系统或发动机引气对液压油箱进行增压，称为油箱空气增压。油箱增压组件是空气增压系统的主要部件，内部通常有单向阀、气滤、减压阀和地面增压接头等。为了保障安全，在维护前需要对液压油箱进行释压。

典型的油箱空气增压系统如图 3-27 所示，液压油箱增压空气可以来自左发高压压气机引气、飞机气源系统（发动机引气、APU 引气或地面气源）或地面增压接头，飞机在空中正常飞行时使用左发高压压气机引气对液压油箱进行增压。地面维护时可以通过压力表读取油箱压力值，当油箱增压压力不足时，会在驾驶舱显示油箱低压警告。

（1）节流阀。用于对左发高压压气机引气进行降压，同时在下游气管发生破损漏气后限制空气流量，减小对左发引气的消耗。

（2）地面增压接头。在维护时可以使用地面充气设备通过此接头对液压油箱进行增压。

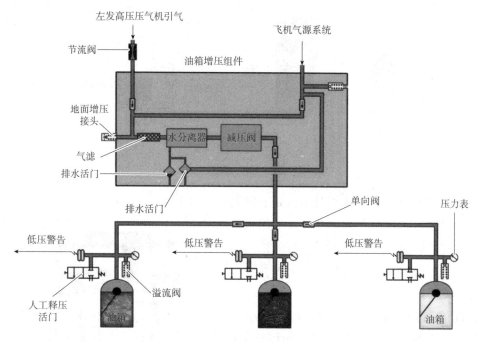

图 3-27 液压油箱增压系统

（3）气滤。过滤增压空气中的杂质，防止对液压油造成污染。

（4）水分离器、排水活门。用于从增压空气中分离并排除水分。

（5）减压阀。对发动机高压压气机引气进行进一步降压，以满足液压油箱增压需求。

（6）单向阀。用于防止空气反流。

（7）人工释压活门。每个油箱有单独的人工释压活门，在进行相关的液压系统维护工作前，通过此活门进行释压，以保障安全。

（8）溢流阀。用于油箱内压力过大时释放多余压力，保护油箱结构。

3.15　油滤

油液污染是造成液压系统故障的重要原因之一，可以使用油滤（图 3-28）过滤油液中的金属微粒和其他杂质，使液压油保持必要的清洁度。用于过滤的滤芯安装在滤杯内，再通过油滤壳体安装到飞机结构上并连接管路，拆下滤杯可以更换滤芯。

飞机液压系统油滤内部通常设有旁通活门、堵塞指示器和自封活门，以提高油滤的工作可靠度和维护便利性。油滤随着使用时间增长而逐渐被堵塞时，滤芯进口和出口压差增大，旁通活门在此压差作用下打开，保障下游系统供油。自封活门可在拆下滤杯时自动将进口油路和出口油路堵住，便于滤芯的更换操作。堵塞指示器可指示油滤的堵塞情况，提醒维护人员及时更换滤芯。

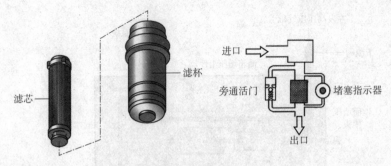

图 3-28　油滤

如图 3-29 所示，过滤器组件由滤碗、衬套（内置自封装置）、滤芯和磁性插头等组成。被滤芯除去的杂质保存于滤碗中，被磁性插头吸引沉淀于滤碗底部，通过磁性插头可观察系统中的金属屑。

该过滤器用于过滤回到油箱的 Skydrol 500 航空液压油，可在 $100 \sim 500$ psi 压强条件下工作。滤芯由不锈钢过滤介质制成的褶组成并用环氧树脂黏结到不锈钢端盖和孔芯上，其过滤精度为 $10~\mu m$。该过滤器的流量可达到 75 L/min，依据 ARP24A 标准测得过滤器压降小于 20 psi，其结构与工作原理如图 3-30 所示。

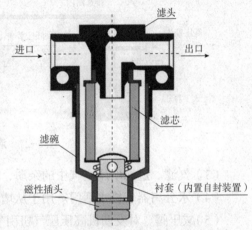

图 3-29　过滤器组件

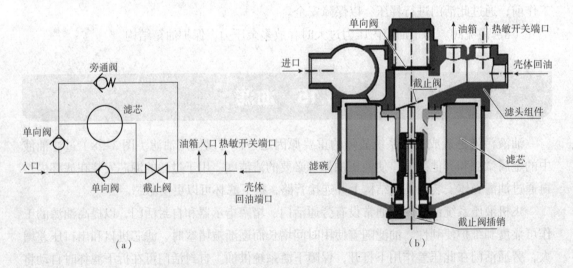

（a）　　　　　　　　　　（b）

图 3-30　回油过滤器
（a）流体流动与阀门功能原理；（b）过滤组件剖面

3.16　储压器

大多数现代飞机的液压系统都安装有系统储压器，主要用于维持系统压力，减缓系统压力脉动和协助液压泵共同供油，增大输出功率。储压器内部分为两个腔室：一端为液压油，另一端为氮气。当液压泵流量瞬时增加时，一部分油液进入储压器，由于储压器内气体容易压缩，而且体积较大，相对压缩量较小，所以这部分油液进入储压器所引起的压力变化很小。当液压泵流量瞬时变小或大功率液压用户工作时，储压器可输出一部分油液，同理这时压力变化也很小。飞机液压系统采用的储压器有活塞式（图3-31）、隔膜式和气囊式（图3-32）三类。

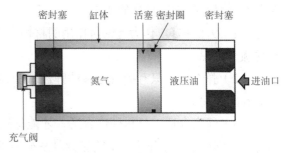

图 3-31　活塞式储压器结构

维护手册对储压器内部的氮气压力有相关要求，氮气压力过高会导致储压器内储存的油量减少，压力过低则会导致部分油液因无法排出而不能参与工作。为保证储压器的正常工作，维护人员需定期按手册要求对其进行维护。

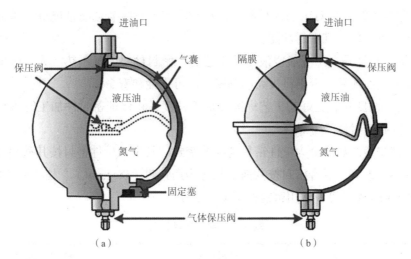

图 3-32　气囊式/隔膜式储压器结构

（a）气囊式；（b）隔膜式

首先在系统液压泵关闭的情况下，操作液压系统，将储压器内部的油液排空，检查内部氮气压力，再根据手册要求进行充气。

在检查氮气压力时，若压力表安装在储压器充气端，操作液压用户直至压力不再下降时的读数即为内部氮气压力；若压力表安装在供压管路上，则在压力下降过程中，压力降至某一数值 P_0，然后突然从 P_0 降至 0，那么 P_0 即为储压器内部氮气压力。

3.17 密封装置

在液压系统的使用和维护中，最难解决且遇到最多的问题就是漏油。漏油不但影响系统的工作效率，严重时还可能危及飞机安全。密封就是防止油液从两个配合零件表面的间隙中流出。飞机上最常见的密封装置是O形密封圈。由于工作环境恶劣，对航空液压密封材料的特性提出了更高的要求。

（1）致密性好。作为起密封作用的材料，必须组织均匀、严密，不能包含任何气孔，以防流体泄漏。

（2）弹性大。只有拥有足够的弹性，密封件才能在受压力时因弹性存在而使密封件紧贴在密封面上。

（3）硬度合适。材料硬度合适，才能保证密封件紧贴在密封面上，将密封面沟壑都填充上，同时不至于压力过大将密封件从缝隙中挤出密封槽。

（4）温度适宜。由于航空液压的宽温（-55 ～ 135 ℃）特性，密封材料必须可以在此温度变化范围内正常工作，不发生物理或化学变化导致泄漏或失效。

（5）介质不相容。密封件不能与液压油有任何物理或化学反应，如溶解或改变密封件内部结构等。

（6）摩擦系数低。对于动密封而言，小的摩擦力意味着动态性能好、可靠性高，避免摩擦生热严重而影响其密封性能。

（7）抗老化性强。由于航空液压环境恶劣，密封件要能抵制热、光、辐射、应力、臭氧等带来的负面效果，否则将极大影响密封的可靠性和寿命。

（8）工艺性良好。良好的工艺标准和加工精度，将保证密封件加工时不会产生过多质量瑕疵，提高密封件的可靠性。

密封类型按零件数量分为单件密封与组合密封。其中，单件密封按其截面形状分为O形密封、唇形密封等，组合密封按截面形状分为斯特封（Stepseal）、格莱圈（Glydring）和VL密封（VLseal）等。常用密封类型见表3-7。

表3-7 常用密封类型

密封类型	外观	使用环境	密封特点描述
O形密封		35 MPa（有挡圈），-70 ～ 260 ℃	历史最古老的密封，现在依然在用。用作静密封效果良好，但用作动密封时泄漏量多、寿命较短。国内80%以上战机使用O形圈作动密封
唇形密封		200 MPa（有挡圈），-70 ～ 260 ℃	仅迟于O形密封出现的一种密封，在其内圈可填入不同弹性材料，如O形圈和金属弹片等。泄漏量小，寿命略长

密封类型	外观	使用环境	密封特点描述
斯特封		80 MPa（有挡圈），−55 ～ 260 ℃	单作用、O 形圈施力的活塞杆密封，用于动密封。密封效果好，摩擦较小，极其耐磨
格莱圈		21 MPa（有挡圈），−54 ～ 200 ℃	双作用、O 形圈施力，用于密封活塞和活塞杆，用于动密封。密封效果好，摩擦较小，极其耐磨
VL 密封		35 MPa（有挡圈），−54 ～ 200 ℃	单作用、O 形圈施力的活塞杆密封。密封效果好，摩擦小，没有蠕动，极其耐磨。寿命极长，结构稳定，是最新型的液压密封形式

3.18　散热器

在中低压系统中，一般不配备专用的散热器，油液在油箱和金属管道内就可以完成散热。而在大功率高压系统中，往往需要专用的散热器对油液进行冷却，飞机上常见的液压油散热器有液冷式和气冷式两种，分别使用飞机燃油和充压空气作为冷却介质，对液压油进行冷却。

3.19　液压作动筒

飞机作动系统依靠作动器将液压能转化为机械能。作动器作为执行机构一般由控制阀、管路、作动筒等元件集成，核心元件为作动筒，作动筒性能的好坏直接影响作动器的工作性能。

3.19.1　作动筒原理

图 3-33 所示为作动筒的结构简图，作动筒主要由筒体、活塞、活塞杆、端盖、密封件等组成。其基本工作原理是利用作动筒两腔油液压差所产生的作用力差值来驱动负载（包括作动筒的摩擦力）动作，通过容积控制实现作动筒的速度控制。作动筒输入参数为流量和压力，输出参数为力和作动速度。

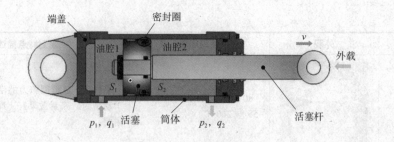

图 3-33　作动筒结构简图

筒体与端盖构成密闭容腔，承载压力油，因此要求作动筒外筒具有较高的强度，具体数值取决于作动筒供油压力；作动筒常用的材料有 15-5PH、30CrMnSiA 等合金钢与结构钢，壁厚取决于作动筒工况及加工工艺。另外，由于筒体与活塞、密封件间存在摩擦，筒体内壁多镀有涂层，如镀硬铬等，表面粗糙度多为 $Ra0.1$、$Ra0.4$。端盖承载很高的压强，目前常用螺纹连接与焊接的方式来完成筒体与端盖的连接。

3.19.2　作动筒分类

作动筒按筒体固定还是活塞固定可分为筒体固定动活塞型、活塞固定动筒体型；按活塞杆数量可分为单杆型、双杆型；按活塞数量又可分为单活塞型、串接活塞型（双活塞共杆）、串联活塞型（双活塞分离）。以下是几种飞机上常见的作动筒。

（1）单作用式作动筒（图 3-34）。单作用式作动筒的活塞在液压作用下只能向一个方向运动。高压油从进油口进入，迫使活塞向右运动，压缩弹簧，作动筒右腔的空气通过通气孔排出。油液释压后，弹簧伸张并推动活塞向左运动，作动筒左腔的油液被挤出进油口，同时，空气通过通气孔进入作动筒右腔。此类作动筒常用于飞机刹车系统。

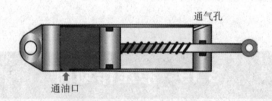

图 3-34　单作用式作动筒

（2）双作用式作动筒（图 3-35）。双作用式作动筒可以利用油液推动部件做往复运动。高压油液从左侧进油口进入作动筒时，活塞向右运动，作动筒右腔内的油液从右侧进油口返回油箱；高压油从右侧进油口进入作动筒时，则活塞的运动方向与上述相反。此类作动筒常用于飞机起落架系统和飞控系统。

（3）串联作动筒（图 3-36）。可视为 2 个双向双杆作动筒通过共用同一活塞杆串联在一起。串联作动筒拥有 2 套进、出油口，2 个作动筒可分别工作（单独一个作动筒工作时，另一作动筒处于旁通状态），也可以联合工作。串联作动筒具有输出作动力较大、工作余度较高、结构紧凑等优点，目前大量应用在飞控舵机控制上。与之相对应的还有并联式作动筒，具有冗动系统的一种余度设计方案，这里不再详述。

（4）齿轮齿条式作动筒（图3-37）。齿轮齿条式作动筒可以看作双作用式作动筒的变异，利用传动活塞驱动齿条，再由齿条带动与之啮合的齿轮转动。此类作动筒将活塞的直线往复运动变为齿轮的转动，常用于飞机前轮转弯系统。

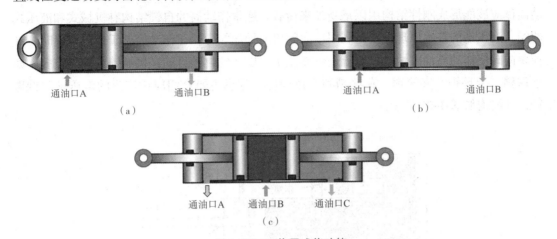

图 3-35　双作用式作动筒

（a）双向单杠作动筒；（b）双向双杆作动筒；（c）双向三位置作动筒

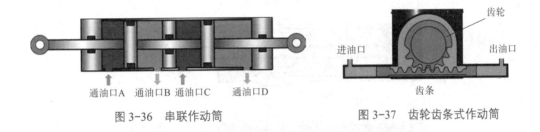

图 3-36　串联作动筒

图 3-37　齿轮齿条式作动筒

■ 3.19.3　作动筒缓冲装置

为确保作动器有良好的性能，作动筒还需配备一些辅助元件，如作动筒的缓冲装置（防止作动筒活塞因作动速度过快而撞击筒体端盖）（图3-38）、作动筒自锁装置（保证作动器在某些位置的可靠固定）。

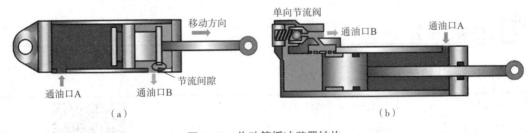

图 3-38　作动筒缓冲装置结构

（a）带节流间隙的作动筒；（b）带单向节流阀的作动筒

3.19.4 作动筒自锁辅助装置

当飞机作动器处于某些极限位置时，常需要进行作动固定，例如：起落架放下后，作动筒体应该能形成刚性结构用以承受外来荷载。通常作动筒的自锁结构有机械式和液压式两类。液压锁的基本原理主要是利用单向阀单向导通能力，在作动筒处于极限位置时，液控单向阀使作动筒油腔油液只能流进不能流出，以达到自锁目的；机械锁则种类较多，如钢珠锁、卡环锁、夹筒锁、花瓣锁和摩擦锁等。这里主要介绍应用广泛的液压锁和钢珠锁，其结构如图 3-39 所示。

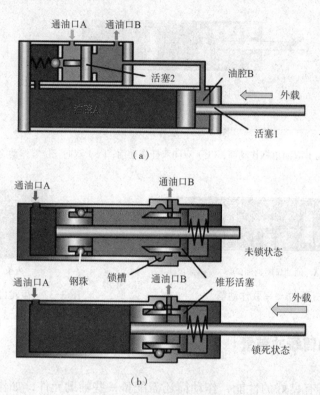

图 3-39　液压锁和钢珠锁

（a）带液压锁的作动筒结构；（b）带钢珠锁的作动筒结构

☑【任务工卡】

✍ 工卡 3—飞机液压系统

工卡标题	飞机液压系统部件识别与检查	
版本	R1	
工时	30 min	
工具 / 设备 / 材料	手电筒、螺钉旋具、反光背心、清洁布	飞机液压系统描述（737NG）

1. 工作任务	工作者	检查者
依据工艺规程与技术条件，环绕飞机找出飞机液压系统各部件		
2. 工作准备	工作者	检查者
（1）准备相关资料		
（2）准备好跳开关、地面插销		
3. 工作步骤	工作者	检查者
打开相关盖板，进入飞机相关位置，识别液压部件		

进入飞机相关区域识别并检查液压部件。
步骤 1

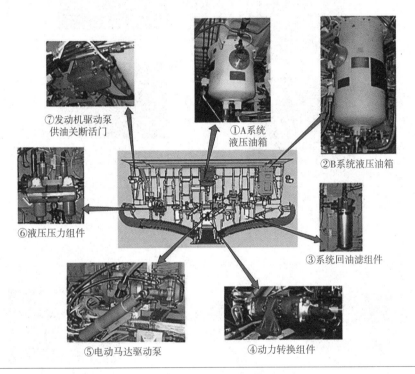

⑦发动机驱动泵
供油关断活门

①A系统
液压油箱

②B系统液压油箱

⑥液压压力组件

③系统回油滤组件

⑤电动马达驱动泵

④动力转换组件

检查结果：

步骤 2

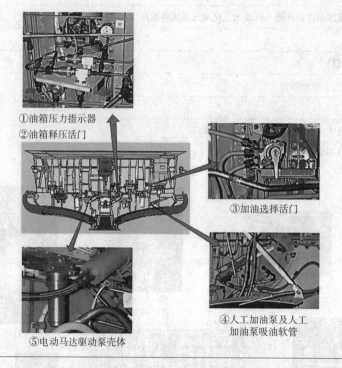

①油箱压力指示器
②油箱释压活门
③加油选择活门
④人工加油泵及人工加油泵吸油软管
⑤电动马达驱动泵壳体

检查结果:

步骤 3

①热交换器
④备用液压系统电动马达驱动泵
③备用液压油箱
②备用液压系统压力组件

检查结果:

步骤 4

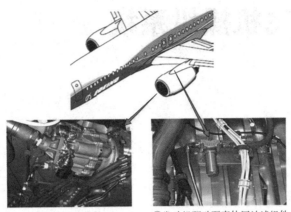

①发动机驱动泵　　　　②发动机驱动泵壳体回油滤组件

检查结果：

对照工作单逐个检查，填写检查结果		
4.结束工作	工作者	检查者
（1）清点工具设备等		
（2）清理工作现场		

04 飞机操纵系统

📖 【学习目标】

💭 **知识目标**
　熟悉民用飞机的操纵系统组成；
　掌握飞机操纵系统工作原理。

🎓 **技能目标**
　能识别操纵系统部件；
　能对飞机操纵系统进行简单操作测试；
　能分析排除典型液压故障。

飞行操纵系统概述

🔰 **素质目标**
　培养自主学习能力、团结协作与安全规范意识；培养热爱祖国、热爱航空和责任担当、敬重装备的机务工匠精神。

✅ 【任务描述】

阅读任务，在工作手册中完成任务

　　查找、了解运输航空中航线运营的主要飞机类型。以 B737 飞机为例，查找飞机操纵系统各元件类别，阐述各工作系统原理。

◎ 【知识链接】

4.1　飞行操纵系统概述

　　飞机飞行操纵系统是飞机上的主要系统之一，它的工作性能好坏直接影响飞机飞行的性能，对于民航飞机来说，更在很大程度上影响飞机的安全性和乘坐品质。

4.1.1 飞行操纵系统的定义

为了改变飞机在空中的姿态和轨迹，就需要改变作用在飞机上的力及力矩的大小、方向和空间分布。当预定的航迹发生变化，或者飞机受到气流的干扰偏离了原来的航迹时，就需要通过控制飞机舵面进行偏转，以改变飞机的飞行姿态。

4.1.2 坐标轴和运动姿态

飞行控制系统用于控制飞机的飞行姿态，可以改变作用在飞机三个不同轴线上的力，三个轴线分别为横轴、纵轴、和立轴（图 4-1）。

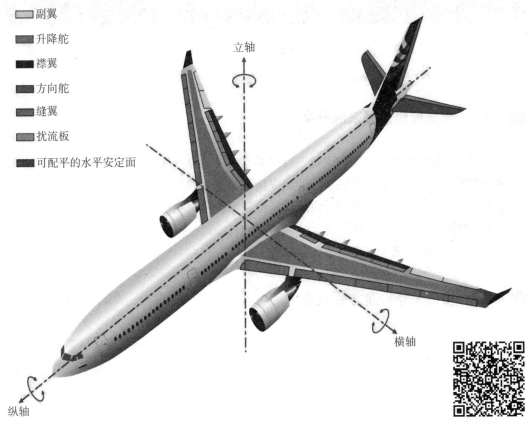

图 4-1　坐标和运动姿态　　　　　彩图 4-1

根据定义，飞行操纵系统可分为三个环节：

（1）中央操纵机构，用于产生操纵指令，包括手操纵机构和脚操纵机构。

（2）传动机构，用于传递操纵指令。

（3）驱动机构，用于驱动舵面运动。

表 4-1 给出了飞行操纵系统各环节的详细信息。

表 4-1 飞行操纵系统构成

中央操纵机构		传动机构		驱动机构		舵面	
手操纵机构	⇨	机械传动	⇨	人力驱动	⇨	主操纵	副翼
							升降舵
		电传操纵		液压助力			方向舵
脚操纵机构						辅助操纵	襟翼、缝翼
		光传操纵		电动助力			扰流板
							水平安定面

4.2 飞行操纵系统分类

飞行操纵系统分类的方法较多，一般按照操纵信号来源、信号传递方式和驱动舵面运动的方式三种方法分类。

4.2.1 根据操纵信号来源分类

根据操纵信号的来源，现今飞机飞行操纵系统可以分为人工飞行操纵系统和自动飞行控制系统两大类。人工飞行操纵系统的操纵信号是由驾驶员发出的；而自动飞行控制系统的操纵信号是由系统本身产生的。自动飞行控制系统是对飞机实施自动和半自动控制，协助驾驶员工作或自动控制飞机对扰动的响应，如自动驾驶仪、发动机油门自动控制、结构振动模态抑制系统都属于自动飞行控制系统。

4.2.2 根据信号传递方式分类

根据操纵信号传递的方式，操纵系统可以分为机械操纵系统和电传操纵系统。机械操纵系统的操纵信号由钢索、传动杆等机械部件传动；而电传操纵系统的操纵信号通过电缆传动。目前，正在研究的传动方式为光传操纵系统，其操纵信号为在光缆中的光信号。

4.2.3 根据驱动舵面运动的方式分类

根据驱动舵面运动的方式，操纵系统可分为简单机械操纵系统和助力操纵系统。简单机械操纵系统依靠驾驶员体力克服铰链力矩驱动舵面运动，分为软式操纵系统和硬式操纵系统。简单机械操纵系统构造比较简单，主要由驾驶杆、脚蹬、钢索、滑轮、传动杆、摇臂等主要元件组成。

随着飞机尺寸和重量的增加以及飞行速度的不断提高，即使使用了气动补偿，驾驶杆力仍不足以克服铰链力矩。20 世纪 30 年代末出现了液压助力器，实现了助力操纵。目前，飞机舵面的驱动装置除了传统的液压助力器外，还有电动驱动装置。

另外，根据舵面类型不同，操纵系统还可分成主操纵系统和辅助操纵系统。主操纵系统包括副翼操纵、升降舵操纵和方向舵操纵；辅助操纵系统包括襟翼、缝翼增升装置、扰流板操纵和水平安定面配平操纵。

4.3 　中央操纵机构

飞机主操纵系统是由中央操纵机构、传动系统和驱动装置组成的。由驾驶员手脚直接操纵的部分叫作中央操纵机构，它分为手操纵机构和脚操纵机构两大部分。

4.3.1 　手操纵机构

1. 机械 – 手操纵机构

（1）驾驶杆式手操纵机构（原理图如图 4-2 所示）。前推或后拉驾驶杆时，驾驶杆绕着轴线 a-a 转动，经传动杆 1 和摇臂 1 等构件的传动，可操纵升降舵；左右压杆时，驾驶杆绕轴线 b-b 转动，这时扭力管和摇臂 2 都随之转动，经传动杆 2 等构件的传动，即可操纵副翼。

驾驶杆式手操纵机构虽然要操纵两个舵面——升降舵和副翼，但两者不会互相干扰。也就是说，单独操纵某一舵面时，另一舵面既不随之偏转，也不妨碍被操纵舵面的动作。

从图 4-2 中可以看出，当驾驶杆前后运动时扭力管并不转动，因而不会去传动副翼；驾驶杆左右摆动时，除了扭力管转动外，驾驶杆下端还要带着传动杆 1 左右摆动。因为传动杆 1 与摇臂 1 的连接点 c 位于轴线 b-b 上，驾驶杆左右摆动时，传动杆沿着以 b-b 线为中心轴、以 c 点为顶点的锥面运动。由于圆锥体的顶点 c 到底部周缘上任一点（如 1、2、3、4、5 各点）的距离是相等的，并且 c 点采用的是可自由转动的球形接头，所以当驾驶杆左右摆动时，摇臂 1 不会绕其支点前后转动，因而升降舵不会偏转。

（2）驾驶盘式手操纵机构（结构图如 4-3 所示）。驾驶盘在操纵时，通过内部的齿轮传动装置带动驾驶杆内的一根扭力管转动，扭力管通过一个万向接头带动副翼操纵钢索轮，提供操纵副翼的信号，前推或后拉驾驶盘时，可操纵升降舵。

驾驶盘式手操纵机构也能保证操纵升降舵与操纵副翼时互不干扰。左右转动驾驶盘时，通过叶片状的万向节头传递扭矩，驾驶杆不动，所以，不会使升降舵偏转；而前推或后拉驾驶盘时，由于有叶片状的万向接头，副翼控制钢索轮不会转动，钢索不会绷紧或放松，所以既不会使副翼偏转，也不会影响驾驶盘的前后动作。

上述两种手操纵机构相比，驾驶杆式构造较简单，便于驾驶员一手操纵驾驶杆，一手操纵油门手柄，但是它不便于用增大驾驶杆倾斜角度的办法来减小操纵副翼时的杆力；驾驶盘式构造较复杂，但可通过增大驾驶盘的转角，使操纵副翼省力，当然，这时使副翼偏转一定角度所需的时间要相应增长。因此，前者多用于机动性较好且操纵时费力较小（或装有助力器）的飞机，后者多用于操纵时费力较大且机动性要求较低的中型和大型飞机。

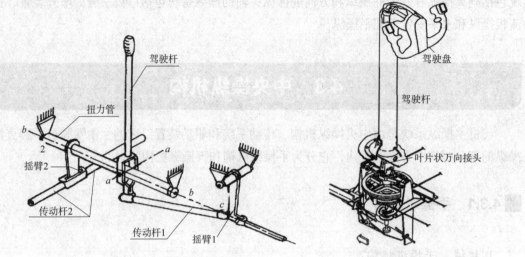

图 4-2　驾驶杆式手操纵机构的原理　　　　图 4-3　驾驶盘式手操纵机构结构

2. 电传 – 手操纵机构

（1）侧杆式电传操纵机构。空客系列飞机的电传操纵系统采用"侧杆"操纵机构。"侧杆"是"侧杆操纵器"的简称，是一种以力信号为输入、电信号为输出的小型侧置手操纵机构，如图 4-4 所示。

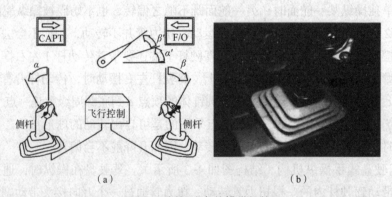

（a）　　　　　　　　　　　　　　　（b）

图 4-4　侧杆式电传操纵机构

（a）侧杆操纵器的原理；（b）某型飞机侧杆操纵器外形

这种手操纵机构代替了传统的驾驶杆（或驾驶盘）。通过前后、左右摆动发出互不干扰的电信号，电传操纵系统使飞机产生纵向和横向运动。其具体结构、力特性与驾驶员的生理特点、操纵感觉、飞机操纵性能有关。

侧杆操纵器重量轻、空间尺寸小，改善了驾驶员观察仪表的工作条件，克服了重力加速度给驾驶员带来的不必要困难，在操纵时，侧杆的输入杆力与舵面偏转角一一对应，机长和副驾驶的操纵信号在舵面上产生叠加效果。

侧杆操纵机构之间没有机械连接装置，当机长（或副驾驶）操纵飞机时，另一侧的侧杆不会发生联动。另外，当自动驾驶仪操纵飞机舵面运动时，侧杆不会随动，驾驶员无法根据侧杆的状态判断飞机控制情况。

（2）驾驶盘式电传操纵机构。波音公司在 B777 飞机上开始采用电传操纵系统，其手操纵机构仍然采用传统的驾驶盘结构，如图 4-5 所示。驾驶员操纵驾驶盘时，杆力传感器将操纵信号变为电信号。由于两个驾驶盘之间存在机械连接，当机长（或副驾驶）操纵飞机时，另一侧的驾驶盘会同步随动，便于掌控飞机操纵动态。当自动驾驶仪衔接后，自动驾驶的操纵信号可通过反向驱动作动器操纵驾驶盘，驾驶员可根据驾驶盘的动态监控驾驶仪操纵情况。

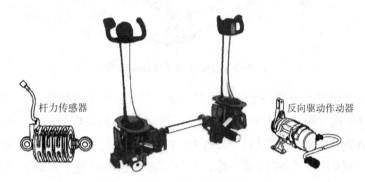

图 4-5　驾驶盘式电传操纵机构结构

■ 4.3.2　脚操纵机构

脚操纵机构有脚蹬平放式和脚蹬立放式两种类型。平放式与驾驶杆配合使用，立放式与驾驶盘配合使用。

（1）脚蹬平放式脚操纵机构（图 4-6）。脚蹬平放式脚操纵机构的脚蹬安装在由两根横杆和两根脚蹬杆组成的平行四边形机构上。驾驶员蹬脚蹬时，两根横杆分别绕转轴 O 和 O' 转动（转轴固定在座舱底板上），经钢索（或传动杆）等的传动，使方向舵偏转。平行四边形机构的作用是保证在操纵方向舵时，脚蹬只做平移而不转动（如图中双点画线所示），便于驾驶员操纵。

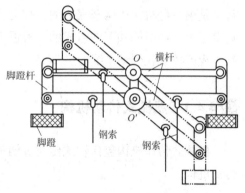

图 4-6　脚蹬平放式脚操纵机构

（2）脚蹬立放式脚操纵机构。图 4-7 所示为现代民航机采用的脚蹬立放式脚操纵机构。脚蹬通过立杆、传动拉杆与方向舵钢索鼓轮相连。机长脚蹬和副驾驶脚蹬通过公共连杆相连，当机长或副驾驶操作方向舵脚蹬时，另一侧脚蹬可同步随动；当机长用左脚向前蹬左脚蹬时，左脚蹬向前，立杆 1 带动传动拉杆 1 向前，从而驱动左摇臂带动鼓轮 1 顺时针转动，驱动方向舵钢索转动，与此同时传动拉杆 2 向后拉，带动右脚蹬向后。

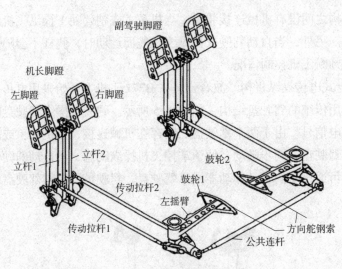

图 4-7 脚蹬立放式脚操纵机构

现代飞机驾驶舱仪表板布局复杂，同时为保证驾驶员正常观察窗外情况，需要确保驾驶员的眼点位置固定。眼点位置固定意味着驾驶员座椅的位置相对固定，因此，为保证不同身高的驾驶员能够正常操纵飞机，脚蹬的水平位置可进行前后微调。当驾驶员调整好座椅位置后，通过摇动脚蹬位置调节手轮，调节脚蹬的前后位置，直到获得最佳腿部操纵空间。

4.4 传动系统

传动系统的作用是将操纵机构的信号传送到舵面或助力器。在简单机械操纵系统中，传动是由一些机械机构来完成的，称为传动机构；而在助力操纵系统和电传操纵系统中，传动是由一些机构和部件组成的，习惯上称为传动装置或传动系统。飞机操纵系统的进步很大程度体现在传动系统的进步上。

4.4.1 机械式传动机构

机械式传动机构包括软式传动机构和硬式传动机构，另外，某些飞机还会采用混合式传动机构。

1. 机械式传动机构的特点

（1）软式传动机构。在软式传动机构中，操纵力只能靠钢索的张力传递，因此必须有两根钢索构成回路，轮流起作用，一根主动，另一根被动。软式传动的优点包括构造简单、尺寸较小、重量较轻、比较容易绕过机内设备。其缺点包括钢索的刚度较小，受力后容易被拉长，使操纵灵敏度变差，并且在飞行中舵面容易产生颤振；钢索在转弯处绕过滑轮，产生较大的摩擦力，容易磨损。

（2）硬式传动机构。在硬式传动机构中，操纵力是由传动杆传递的，既可以受拉又可以受压。传动杆由管件制成，它的拉压应力较小，因此变形也较小，即刚度较大。传动机构中的铰接点可以用滚珠轴承，滚珠轴承可以减小传动机构的摩擦力，并消除间隙。

硬式传动机构的优点包括具有较好的操纵灵敏度，飞行中舵面不容易振动；硬式传动的生存力也较大一些，尤其是副翼的操纵，如一边传动杆完全损坏，仍可用另一边的副翼来进行横向操纵。

硬式传动机构的缺点包括传动杆难"绕"过飞机内部设备；需要大量的铰接而使构造复杂化，整个系统的重量加大。除此以外还必须使传动杆不与发动机发生共振现象。

（3）混合式传动机构。混合式传动机构是根据飞机操纵系统的布置条件，在系统中同时采用软式传动机构和硬式传动机构。混合式传动机构兼有硬式和软式的特点。

在实际应用中，一般来说，对于机动性要求高的飞机（如歼击机），操纵系统应具有很好的跟随性，系统的摩擦、变形要小，故常采用硬式传动机构；而对于民航客机、运输机等机种，更侧重于飞机的安全稳定性，因不用强烈的机动飞行，故对操纵性的要求相对要低一些，从重量及空间利用等方面考虑，常采用软式或混合式传动机构。

■ 4.4.2　软式传动机构主要构件

1. 钢索

钢索是由钢丝编成的。它只能承受拉力，不能承受压力。所以，在软式传动机构中，都用两根钢索构成回路，以保证舵面能在两个相反的方向偏转。

飞机操纵钢索的单体结构是钢丝，通常采用碳素钢或不锈钢制成，碳素钢钢索表面通常包锌镀锡。钢丝的直径决定了钢索的粗细尺寸，一束钢索按螺旋形或锥盘形扭织成股，然后以一股为中心，其余各股汇合编织而成为钢索。钢索的规格型号就是按所具有的钢丝股数和每股钢丝根数来识别，采用两位数编码。第一个数字是股数，第二个数字是每股的钢丝数。最广泛应用的航空钢索有 7×7 和 7×19 两类。

7×7 钢索由 7 股钢丝组成，每股含有 7 根钢丝。以一股为中心股，其余 6 股缠绕在外面，其缠绕方式及钢索直径的正确测量方法如图 4-8 所示，一般范围为 1/16 ～ 3/32 in。这种钢索具有中等柔曲度，一般用于舵面调整片操纵、发动机操纵和控制信息指示等处。

7×19 钢索同样由 7 股钢丝组成，但每股含有 19 根钢丝。编织方法也是以一股为中心股，其余 6 股缠绕在外面，其缠绕方式及钢索直径的正确测量方法如图 4-9 所示，一般范围为 1/8 ～ 3/8 in。这种钢索柔曲度很好，所以通常用于主飞行操纵系统及要在滑轮上经常运动的传动环节上。名义直径相同的钢索，股数越多，它的柔性越好；名义直径相同、股数相同的钢索每股钢丝数越多，柔性就越好。

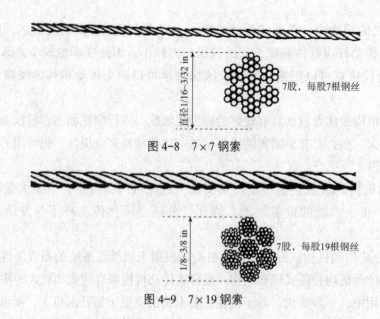

图 4-8　7×7 钢索

7股，每股7根钢丝

直径1/16~3/32 in

图 4-9　7×19 钢索

7股，每股19根钢丝

1/8~3/8 in

钢索在使用中常见的故障有断丝、锈蚀。位于滑轮部位的钢索，在传动中要反复受到弯曲和拉直作用，即经常要受到重复荷载，而且它还可能与滑轮产生相对滑动，因而滑轮部位的钢索比较容易断丝。除了滑轮部位，钢索导向器的位置也是断丝发生较多的地方。因此，在维护工作中应着重检查以上部位。

检查钢索断丝的方法是用擦布沿着钢索长度方向擦拭，并检查擦布被断丝钩住的地方。彻底检查钢索时，要把舵面运动到最大行程的极限位置。这将显露出在滑轮、导向器和滑轮/扇形轮等区域的钢索。当发现下列情况之一时，更换 7×7 钢索：在钢索的 12 in 长度内发现两根钢丝断裂；整根钢索（两终端之间的整个长度）有 3 根或 3 根以上钢丝断裂；在被腐蚀的钢索上有一根钢丝断裂。当发现下列情况之一时，更换 7×19 钢索：在钢索的 12 in 范围内，有 4 根钢丝断裂；整根钢索有 6 根及以上钢丝断裂；被腐蚀的钢索上有一根钢丝断裂。

钢索锈蚀可以通过目视检查发现。如果发现钢索表面锈蚀，要卸除钢索的张力，然后将钢索反向扭转，使之张开，目视检查内部的钢索股是否锈蚀。如果内部钢索股锈蚀，表明钢索已经损坏，需要更换钢索；如果内部没有锈蚀，就用编织粗糙的抹布或纤维刷子清除外部锈蚀。切勿用金属丝或溶剂对钢索除锈，因为金属丝内可能混有其他金属颗粒，会导致钢索进一步锈蚀；溶剂会除去钢索内部的润滑剂，这也会使钢索进一步锈蚀。钢索进行彻底清洁之后，涂上防锈剂，以保护和润滑钢索。

2. 减小弹性间隙和钢索预紧的构件

钢索承受拉力时，容易伸长。这样当驾驶员操纵舵面时，舵面的偏转会落后于驾驶杆或脚蹬的动作，就像操纵系统有了"间隙"一样。由于操纵系统的弹性变形而产生的"间隙"通常称为弹性间隙。钢索的弹性间隙太大，就会使操纵的灵敏性变差。

为了减小弹性间隙，操纵系统中的钢索在装配时都是预先拉紧的，预先拉紧的力称为预加张力。有预加张力的钢索能减小弹性间隙，这是因为：第一，钢索被预先拉紧后，就把各股钢丝绞紧，传动时钢索就不容易被拉长；第二，钢索在传动中张力增加得较少。在传动中，有预加张力的钢索的伸长量比无预加张力的钢索的伸长量小。

（1）封闭式钢索。某些大型飞机的操纵钢索传动路线很长并且很直，此时可考虑使用封闭式钢索。封闭式钢索由普通的挠性钢索和挤压在钢索上面的铝管组成，铝管将钢索封闭在里面。封闭式钢索结构具有的优点包括由温度引起的张力变化小于普通钢索；在给定负载下，伸长量也小于普通钢索。

需要更换封闭式钢索的情况包括包覆的铝管已磨透，暴露出磨损的钢索股线；包覆铝管有断裂；存在较大的磨损点。

（2）钢索接头。钢索终端可以采取不同的接头方式，如端杆式、眼圈式、衬套式和挂钩式等（图4-10）。端杆式钢索接头通常为挤压（装配）型。螺杆接头、叉形接头、环形接头与松紧螺套、摇臂机构或系统内的其他连动件相配套。单柄球头和双柄球头常用在扇形操纵盘或因空间限制需要特殊传递方式的部位。

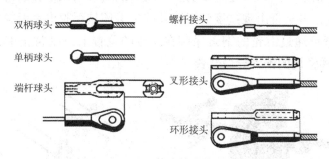

图 4-10　钢索接头的形式

（3）松紧螺套。松紧螺套与螺纹接头相配合，可用来调整钢索的预加张力（图4-11）。它由两个带相反螺纹的钢索螺杆头式接头和一个两端带相反内螺纹的螺套组成。在螺套左螺纹的一端外部，刻有一道槽或滚花。转动螺套，即可使两根螺杆同时缩进或伸出，使钢索绷紧或放松。

松紧螺套装配注意事项包括将螺套两端的接头同时拧上螺纹；调整后检查拧入深度，露在套外的螺纹不得超过三牙；完成工作后，按规定打保险。

（4）钢索连接器。钢索连接器与带柄球接头配合，可使钢索从一个系统中快速地连接或拆卸。图4-12所示为钢索连接器的一种形式。这种式连接器为快卸式，通过压缩弹簧，可进行连接或拆卸。

图 4-11　松紧螺套　　　　　图 4-12　弹簧式钢索连接器（快卸式）

（5）滑轮和扇形轮。滑轮［图4-13（a）］通常用酚醛树脂（胶木）或硬铝制成，用来支持钢索和改变钢索的运动方向，为了减小摩擦在支点处装有滚珠轴承。扇形轮也叫扇形摇臂，如图4-13（b）和图4-13（c）所示，它除了具有滑轮的作用外，还可以改变力的大小，也可以实现软式传动与硬式传动的转换。

图 4-13　滑轮和扇形轮

（a）滑轮；（b）双扇形轮；（c）单扇形轮

（6）钢索导向装置。导索环可以由非金属材料或金属材料制造。在钢索通过隔板或其他金属零件上的孔时，导索环将钢索包起来进行保护。导索环轴线与钢索直线之间的偏斜不能大于 3°。密封导索装置安装在钢索穿过增压隔框等需要密封的地方。密封导索装置紧紧地夹住钢索，足以防止过多的空气压力泄漏，但又不会阻碍钢索的运动。此装置必须定期检查，看是否出现过度磨损以及固定卡环是否脱出。滑轮导向器用来给钢索导向，护挡装置把通过滑轮的钢索保持在应有的位置上，以防止钢索松脱、卡阻。图 4-14 所示为几种常用的钢索导向装置。

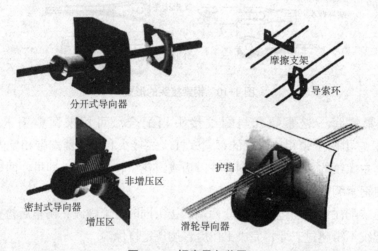

图 4-14　钢索导向装置

（7）钢索张力补偿器。由于飞机机体上的外荷载的变化和周围气温变化的影响，飞机机体结构和飞机操纵系统之间会产生不同程度的相对变形，因而钢索可能会变松或过紧。钢索变松将出现弹性间隙，钢索过紧将产生附加摩擦。钢索张力补偿器的作用是保持钢索的正确张力，不受上述因素的影响。某型飞机的钢索张力补偿器如图 4-15 所示。

滑架承受弹簧的作用可以保持钢索的正确张力。滑管顶端有一个钢索张力指示孔，当这个指示孔刚好

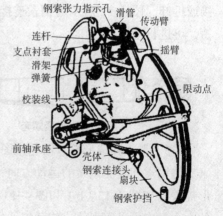

图 4-15　钢索张力补偿器

全部漏出时，钢索的张力是正确的，不需要张力器或其他设备测量张力。

■ 4.4.3 硬式传动机构主要构件

1. 传动杆

传动杆又称为推拉杆。与软式传动机构的钢索相比，传动杆具有以下优点：一是不存在张力随环境变化的情况；二是构造简单，只靠一根管材就能传递拉力和推力。传动杆的杆身由铝合金或钢质管材制成，两端有接头，其中一端的接头通常是可以调整的，典型传动杆构造如图 4-16 所示。在调整传动杆长度时，为了防止接头的螺杆长度调出过多，而使螺纹的结合圈数过少，在管件端部应有检查小孔。把传动杆调长时，接头螺杆的末端不应超过小孔的位置。

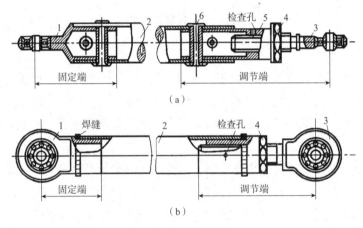

图 4-16　典型传动杆构造
（a）铝铆接传动杆；（b）钢焊接传动杆

1—耳环套筒；2—管件；3—耳环螺栓；4—锁紧螺母；5—耳环套筒；6—空心铆钉

空心的传动杆要求有排水孔，因为潮气能从接头的连接处进入杆的内腔，然后凝聚成水，除可能发生锈蚀和增加杆的重量外，水能结冰膨胀而使杆损坏。排水孔必须足够大，在水结冰之前就可以排除掉，但也不能过大以致过度削弱杆的强度。因此在维护中不应使小孔堵塞或扩孔。由于传动杆一般是细长杆，因此，当受到压力时就可能发生失稳现象，称为失去总稳定性（又称杆轴失稳）。压杆时发生失稳现象就意味着杆已损坏。为了减少传动杆失稳现象的发生，其长度一般不超过 2 m。

2. 摇臂

（1）摇臂的类型。摇臂通常由铝合金材料制成，在与传动杆和支座的连接处都装有轴承。摇臂按臂数可分为单摇臂、双摇臂和复合摇臂三类（图 4-17）。

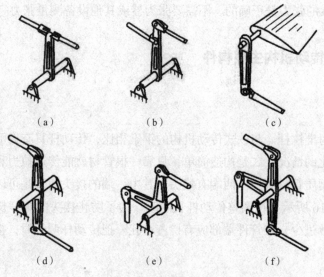

图 4-17　摇臂的类型

（a）～（c）单摇臂；（d）、（e）双摇臂；（f）复合摇臂；

单摇臂最简单的作用是支持传动杆［图 4-17（a）］；当固定在单摇臂上的两根传动杆高度位置不同时，可改变传动力的大小［图 4-17（b）］。［图 4-17（c）］所示的单摇臂为操纵摇臂，其中一端固定在舵面转轴上，另一端与传动杆相连，利用传动杆驱动舵面偏转。

双摇臂相当于两个单摇臂固定在一起，两臂之间的夹角可以是 180°［图 4-17（d）］，有的小于 180°［图 4-17（e）］。双摇臂除了可以支持传动杆外，还可改变传动杆的运动方向和传动力的大小。复合摇臂［图 4-17（f）］除了具有与双摇臂相同的作用外，还可用来同时传动几根传动杆。

以上各种摇臂中，仅起支持作用的单摇臂在传动时不承受弯矩，其他摇臂都要承受弯矩。为了使摇臂在传动时不致产生显著的弹性变形，承受弯矩的摇臂刚度比较大，维护工作中不得任意改换。

（2）摇臂的作用。综上所述，摇臂的主要作用包括支持传动杆；增大或减小传动力；增大或减小传动杆的位移；增大或减小传动杆的运动速度；改变传动杆运动方向；实现差动操纵。

有些飞机的副翼是差动操纵。差动指当驾驶杆左右偏转同一角度时，副翼上下偏转的角度不同。这样做的目的是消除由于副翼偏转造成的两机翼阻力差，消除不必要的偏航。实现差动操纵最简单的机构是差动摇臂。

如图 4-18 所示，差动摇臂的输入臂 OA 经传动杆 AC 与驾驶杆相连，输出臂 OB 经传动杆 BD 与舵面相连，当驾驶杆在中立位置时，输入臂 OA 与传动杆 AC 垂直；输出臂 OB 与传动杆 BD 不成直角，而成 90°—α 角。

当传动杆 AC 从中立位置向前或向后移动同样的距离（$a_0=b_0$）时，输入臂 OA 前、后移动的转角是相等的（$\theta_1=\theta_2$），因而输出臂 OB 前、后移动的转角也相等。但从图中可以看出，这时传动杆 BD 向后移动的距离却大于向前移动的距离（$b>a$），所以舵面向上的偏转角 δ_1 就大于向下的偏转角 δ_2（图 4-18）。

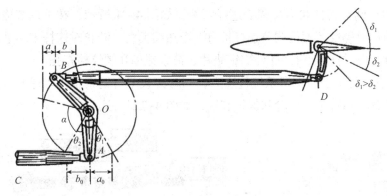

图 4-18　差动摇臂的工作原理

（3）导向滑轮。导向滑轮是由三个或四个小滑轮及支架所组成（图 4-19）。它的作用包括支持传动杆，提高传动杆受压时的杆轴临界应力，使传动杆不至于过早地失去总稳定性；增大传动杆的固有频率，防止传动杆发生共振。在传动中，传动杆要与导向滑轮发生摩擦，故维护中应注意检查，防止磨损。导向滑轮的应用场合与封闭式钢索类似。当传动杆所在的传动路径较长时，若采用多段传动杆，将增加对支撑摇臂的需求（设置摇臂不但增加结构重量和复杂程度，还会增加日后的调整和维护工作量）。此时可考虑采用单根较长的传动杆，中间合适

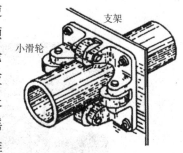

图 4-19　导向滑轮

位置设置导向滑轮，简化系统重量和维护工作量（导向滑轮占用空间较少，维护量少于摇臂接头，所需接近口盖尺寸也较小）。

（4）混合式传动机构的主要构件。现代民航飞机的操纵系统传动机构中，可能同时采用硬式传动机构元件和软式传动机构元件，构成混合式传动机构。在混合式传动机构中，可利用扭力管等形式的构件实现软、硬构件间力的传递。扭力管安装在操纵系统中需要有角运动或扭转运动的地方，如图 4-20 所示。

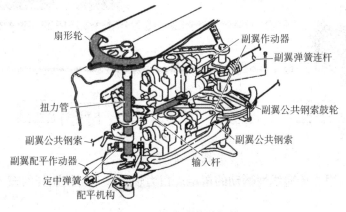

图 4-20　混合式传动机构

3. 其他机械传动

其他常见的机械传动系统有连杆、链条、扭力轴、扭力管和螺旋传动机构等类型。

连杆分为可调节连杆和不可调节连杆两种。如图 4-21 所示，在可调节连杆和不可调节连杆的末端均有螺纹。不可调节连杆带有一个热缩套管，防止对连杆末端进行调节。

（1）可调节连杆包括内部和外部锁垫片、锁紧螺母和螺纹检查孔。

（2）链条也可用于向钢索系统传递力，同时接收来自钢索系统传递的力。链条装置的主要组成部分包括链条、齿轮和保护装置，如图 4-22 所示。

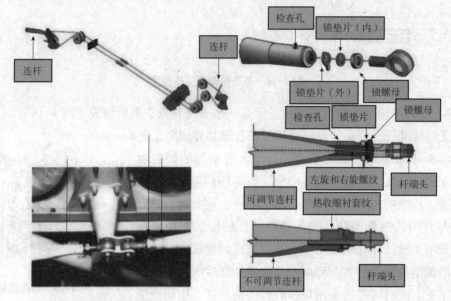

图 4-21　连杆

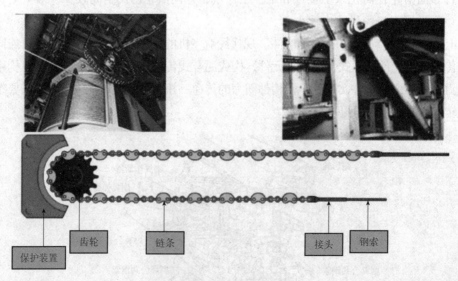

图 4-22　链条

（3）扭力轴用于传递线性运动的扭矩。扭力轴接收来自控制杆的输入并提供两个输出（图 4-23）。

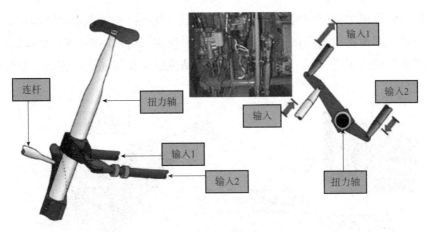

图 4-23　扭力轴

（4）扭力管用于传递旋转运动的扭矩。扭力管系统由多个通过联轴器连接的扭力管组成。扭力管联轴器补偿轴向运动和角度变化，确保在机翼弯曲时，扭力管仍可以正常转动（图 4-24）。在空客飞机上，采用一种由花键和万向节组成的扭力管联轴器。在波音飞机上，采用一种由花键和带内花键的钢联轴器衬套组成的扭力管联轴器。

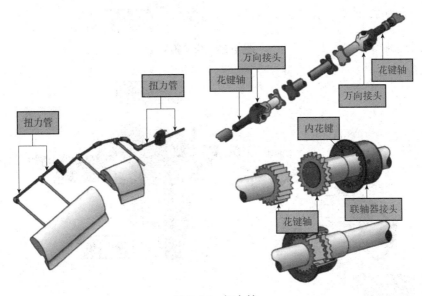

图 4-24　扭力管

扭力管传动也使用不同类型的齿轮，如角齿轮箱、偏心齿轮箱、转换齿轮箱及差动齿轮（图 4-25）。当动力从一个扭力管传输到另一个扭力管时，角齿轮箱可以改变其传输方向。角齿轮箱也被称为锥形齿轮箱。偏心齿轮箱是用于向前或向后移动驱动路径，也称为线性齿轮箱。

旋转作动器用于将扭力管的转动传递到输出手柄。旋转作动器将低扭矩、高速度输入转换为高扭矩、低速度输出（图 4-26）。而扭力管传动中的差动齿轮（图 4-27）连接，通过一个输出轴和两个独立的电动机转轴传递扭矩。其中，每个电动机转轴都连接到一个固定的斜齿轮。斜齿轮被安装在保持支架上，且保持支架可以围绕着电动机转轴旋转。保持支架和传动齿轮固定在一起，通过合成两个电动机运动使传动齿轮转动，最终传动到输出轴。

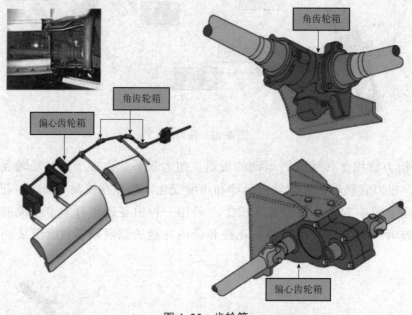

图 4-25　齿轮箱

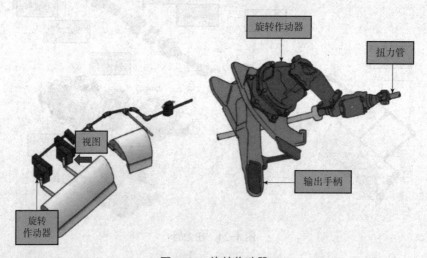

图 4-26　旋转作动器

（5）螺旋传动机构主要用于将旋转运动转换成直线移动。螺旋传动机构的主要部件有齿轮箱、螺旋蜗杆和球形螺母。一个球形螺旋蜗杆用于实现低摩擦、高扭矩传动（图 4-28）。例如，襟翼或水平安定面的操纵就需要这种高扭矩传动。在球形螺旋蜗杆中，球形装置被嵌入螺母和螺旋蜗杆之间。一个球形管用于防止球形装置从凹槽中掉出，并引导它们再次回到闭合回路的起点。

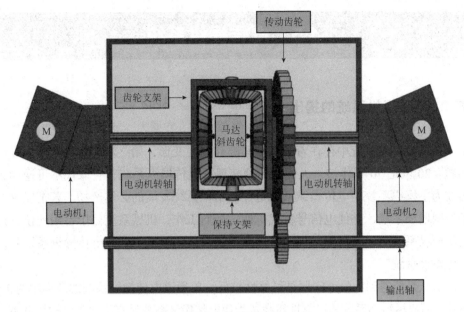

图 4-27　差动齿轮

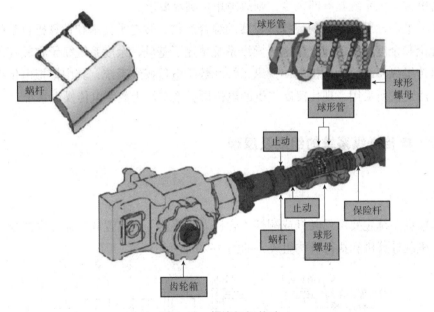

图 4-28　螺旋蜗杆传动

　　一个完整的球形螺旋蜗杆传输过程还包括止动，以限制球形装置在蜗杆的总行程。如果螺旋蜗杆损坏，有一根安全杆可以固定螺旋蜗杆传动机构。螺旋蜗杆传动的缺点主要是过大的气动负载会使蜗杆反向旋转。例如，将已经伸出的后缘襟翼意外收回。为了防止气动荷载的影响，需要在螺旋蜗杆装置上设置一个无返向运动的制动装置。

4.5 电传操纵系统

4.5.1 电传操纵系统的提出

由于在机械传动系统中存在着摩擦、间隙和弹性变形，始终难以解决精微操纵信号的传递问题。20 世纪 70 年代初，人们成功地实现了电传操纵系统，它取代不可逆助力操纵系统而成为主操纵系统。电传操纵系统是控制增稳系统发展的必然产物。若把操纵权限全部赋予控制增稳系统，并使电信号替代机械信号而工作，机械系统处于备用地位，这就是"准电传操纵系统"；若再把备用机械操纵系统取消，就成为"纯电传操纵系统"，简称为"电传操纵系统"。

电传操纵系统遇到的最大问题是可靠性较低，单通道电传操纵系统的故障率为 $1 \times 10^{-3}/$飞行小时，而机械传动系统的可靠性较高。为使电传操纵系统具有不低于机械传动系统的可靠性，当时世界各国均规定 $1 \times 10^{-7}/$飞行小时作为电传操纵系统的可靠性指标。

为了保证电传操纵系统的可靠性，需要采用余度技术，即引入多重系统。根据可靠性计算，若电传操纵系统具有四余度，则故障率可满足要求。

可见，电传操纵系统是现代技术发展的综合产物，微电子技术和计算机科学的发展、可靠性理论和余度技术的建立为电传操纵系统奠定了基础，余度系统赋予它较高的安全可靠性。电传操纵系统分为模拟电传操纵系统和数字电传操纵系统，其中模拟电传操纵系统为早期军用飞机所采用，现代民航飞机的电传操纵系统均为数字电传操纵系统。

4.5.2 电传操纵系统的组成及原理

1. 系统组成

电传操纵系统主要由驾驶杆或侧杆（含杆力传感器）、前置放大器（含指令模型）、传感器、机载计算机和执行机构组成，如图 4-29 所示。

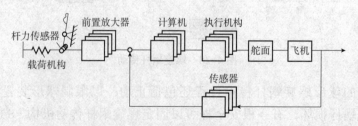

图 4-29 四余度电传操纵系统

电传操纵系统是把驾驶员发出的操纵指令变换为电信号并与飞机运动传感器返回来的信号综合，经过计算机处理，把计算结果通过电缆（导线）输送给操纵面作动器，对飞机进行全权限操纵的一种人工飞行操纵系统。

2. 系统工作原理

图 4-30 所示为四余度电传操纵系统原理，它由 A、B、C、D 四套完全相同的单通道电传操纵系统按一定关系组合而成。

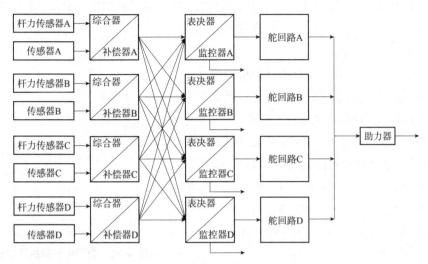

图 4-30 四余度电传操纵系统原理图

（1）故障监控＋信号表决。图中表决器/监控器用来监视、判别四个输入信号中有无故障信号，并从中选择正确的无故障信号。四个输入中任何一个被检测出是故障信号后，则系统自动隔离这个故障信号，不使它再输入后面的舵回路。

（2）双故障安全（故障隔离＋系统重组）。当四套系统都工作正常时，驾驶员操纵驾驶杆经杆力传感器 A、B、C、D 产生四个同样的电指令信号，分别输入相应的综合器/补偿器、表决器/监控器，通过四个表决器/监控器的作用，分别输出一个正确的无故障信号加到相应的舵回路，四个舵回路的输出通过机械装置共同操纵一个助力器，使舵面偏转，以操纵飞机产生相应的运动。

如果某一个通道中的杆力传感器或其他部件出现故障，则输入每个表决器/监控器的四个输入信号中有一个是故障信号，此时由于表决器/监控器的作用，将隔离这个故障信号。因此，每个表决器/监控器按规定的表决方式选出工作信号，并将其输至舵回路。于是飞机仍按驾驶员的操纵意图做相应运动；如果某一通道的舵回路出现故障，它本身能自动切除与助力器的联系（因舵回路是采用余度舵机），这样到助力器中的信号仍是一个正确无故障的信号；同样，如果系统中某一通道再出现故障，电传操纵系统仍能正常工作，而且不会降低系统的性能。由此可见，四余度电传操纵系统具有双故障安全等级，故它又被称为双故障/安全电传操纵系统。

综上所述，电传操纵系统可定义为驾驶员的操纵指令信号只通过导线（或总线）传给计算机，经其计算（按预定的规律）产生输出指令，操纵舵面偏转，以实现对飞机的操纵。显然它是一种人工操纵系统，其安全可靠性是由余度技术来保证的。

（3）民航飞机电传操纵系统实施。英美联合研制的"协和"号飞机是第一架采用电传操纵系统的民用飞机，此后空客 A320 系列飞机中采用了电传操纵系统，B777 飞机为波音公司第一架采用电传操纵系统的飞机，这构成了民航飞机电传操纵系统的两大技术系列。

现代民航飞机电传系统的飞行控制计算机执行电传操作系统的核心功能，按照预定的飞行控制法则[①]（controllaw, 也可称为"控制律"）对各飞行操纵面进行控制。虽然各飞机制造商采用的电传操纵技术不同，但是控制法则和各模式具有一定的相似性，具体如图 4-31 所示。

电传操纵系统控制法则一般包括正常控制法则、备用控制法则、直接控制法则，分别对应正常模式、备用模式和直接模式，此外还有最终的机械模式。

正常控制法则：在正常模式下，提供基本控制法则，加上提高操纵品质和避免超过某种姿态和姿态速率的保护。当计算机、传感器或作动动力通道出现双故障时，正常控制法则将转换到备用法则，启动备用模式。

备用控制法则：在备用模式下，提供基本控制法则，但没有正常模式所提供的提高操纵品质的特性与保护。若再发生一次故障，备用模式将转换到机械模式。

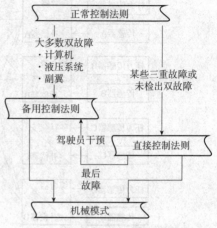

图 4-31　典型电传操纵系统控制法则相互关系

直接控制法则：提供包括从驾驶杆直接传递信号到操纵面的控制、人工配平以及某些与飞机重心和飞机系统构型有关的限制功能。在某些特定场合，可通过驾驶员干预而接通备用模式。当再次发生故障时，将导致切换到机械模式。

机械模式包括俯仰配平和方向舵脚蹬控制的飞机基本人工控制，用以帮助恢复飞机电气系统，或者在条件许可的情况下机械操纵飞机着陆。

在飞机从地面起飞经空中飞行到地面着陆的整个飞行剖面内，飞行操纵按不同飞行阶段执行不同控制法则：地面阶段处于地面模式，执行"地面法则"；飞行阶段处于飞行模式，执行"飞行法则"；落地前阶段处于改平模式，执行"改平法则"；落地后再次切换为地面模式。在地面模式下，驾驶杆与舵面面之间处于直接连接模式；当飞机主减震支柱处于伸张状态时，起动飞行模式；飞机处于飞行模式且飞行高度低于特定值时，飞机准备着陆，进入改平模式；当飞机在改平模式下主减震支柱压缩，飞机再次进入地面模式。其中在飞行模式和改平模式下，飞行操纵系统具有俯仰姿态保护、过载保护、侧滑角度保护、高速保护、失速保护（又称迎角保护）等相关保护功能，具体如图 4-32 所示。

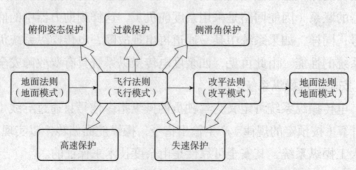

图 4-32　不同飞行阶段对应的控制法则和相应保护功能

---

① 法则的定义是：飞行员在侧杆上的输入与飞机的反应，称为操纵法则。

图 4-33 给出了空客 A320 飞机电传操纵系统简化原理。A320 操纵系统采用 9 台飞控计算机，其中 2 台升降舵 / 副翼计算机（ELAC）、3 台扰流板 / 升降舵计算机（SEC）、2 台飞行增稳计算机（FAC）和 2 台襟翼 / 缝翼计算机（SFCC）。这 9 台飞控计算机完成对升降舵、副翼、扰流板、偏航阻尼器、襟翼和缝翼的控制。A320 飞机的方向舵和水平安定面配平仍为机械操纵控制。

飞控计算机采用不同的结构和不用的硬件，内部采用不同软件执行指令和监控功能，所用的电源和信号通路进行分散隔离。从 A320 飞机投入使用情况看，当出现所有计算机都发生故障这种极不可能的情况时，飞机仍可飞行和着陆。图 4-34 给出了 B777 飞机电传操纵系统原理简图，系统包括 3 台主飞控计算机（PFC），其中每一台有 3 个由不相似硬件但有相同软件组成的相似控制通路。

每一通路在一个工作周期中有各自的任务，供电后这些任务被不断循环。应用表决技术检测通路间的偏差或不一致，而采用的比较技术随数据形式不同而不同。通过多路 ARINC629 总线实现与舵面作动器控制器（ACE）的联系。ACE 直接驱动飞控作动器。飞行控制系统由单独的飞控直流电系统供电。

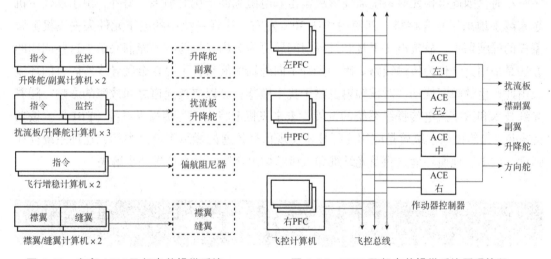

图 4-33　空客 A320 飞机电传操纵系统　　　图 4-34　B777 飞机电传操纵系统原理简图

3. 电传操纵系统优点

（1）减小了操纵系统的重量、体积，节省操纵系统设计和安装时间。电传操纵系统用电缆替代了钢索，滑轮（传动杆、摇臂）等机械元件，操纵系统的重量、体积随之减小。另外，设计操纵系统的重点工作转向飞行控制计算机和飞行控制律的设计，不用考虑机体空间和相对位置（这是设计机械传动机构必须考虑的环节）的影响，节省了系统设计、安装和校装的时间。

（2）消除了机械操纵系统中的摩擦、间隙、非线性因素及飞机结构变形的影响。电传信号可以消除机械操纵系统中的摩擦、间隙和非线性因素，这就改善了精微操纵信号的传递。另外，机械操纵系统对飞机结构的变化是非常敏感的，设计师必须尽最大努力使这种影响减到最小，采用电传操纵系统后，这种影响自然消失了。

（3）简化了主操纵系统与自动驾驶仪的组合。因为电气组合简单，所以电传操纵系统与自动飞行控制系统（自动驾驶仪）的结合很方便而且易于实现。

（4）可采用小侧杆操纵机构。采用小侧杆操纵机构可减轻驾驶员的工作负担，同时驾驶员观察仪表的视线不再受中央驾驶杆的影响，另外也消除了重力加速度对驾驶员给驾驶杆输入量的影响。

（5）飞机操稳特性不仅得到根本改善，并且发生质的变化。电传操纵系统不仅能改善飞机的稳定性、操纵性，而且能改善机动性，这是电传操纵系统最突出的优点。因此，电传操纵系统才有可能成为设计随控布局飞机的基础，使飞机的性能发生质的变化。

4.电传操纵系统存在的问题

（1）电传操纵系统成本较高。由于单通道电传操纵系统中的电子元件质量和设计因素关系，故单通道系统的可靠性不够高。目前均采用三余度或四余度电传操纵系统，并利用非相似余度技术设计分系统，导致电传操纵系统成本高于普通的机械操纵系统。

（2）系统易受雷击和电磁脉冲波干扰影响。据统计，飞行中的平均雷击率为 7×10^{-7}/飞行小时，因此电传操纵系统需要解决雷击和电磁脉冲干扰的损害。另外，由于现代飞机越来越多地采用复合材料，其使用率达 30% 左右。这样系统中的电子元件失去飞机金属蒙皮的屏蔽保护，故抗电磁干扰和抗辐射问题更为突出。目前唯一能彻底解决这些问题的办法是采用光纤作为传输线路。因为光纤不向外辐射能量；不存在金属导线所固有的环流及由此产生的瞬间扰动；对核辐射电磁干扰不敏感；可以隔离通道之间故障的影响。随着光纤技术和数字式电传操纵系统的发展，未来飞机上将出现光传操纵系统（FBL）。按功能来说，光传操纵系统就是应用光纤技术实现信号传递的操纵系统。当然，这种系统存在强度、成本、地面环境试验及光纤维和飞机结构组合等问题有待进一步解决。

4.6　主飞行控制系统

■ 4.6.1　副翼

副翼用于控制飞机绕纵轴的滚转操作，位于两侧机翼的后缘，靠近翼尖的位置。当飞机进行滚转操作时，一侧副翼向上打起，另一侧副翼向下移动。驾驶员可以通过转动驾驶盘手动操纵副翼，完成滚转动作，也可以接通自动驾驶功能自动控制副翼，并且在自动驾驶工作期间，副翼的移动会反馈到驾驶盘。同时，飞行扰流板也可以提供滚转操纵。

副翼操纵系统原理及结构组成如图 4-35 和图 4-36 所示，包含以下部件：副翼驾驶盘（2）、副翼驾驶盘鼓轮、鼓轮联动钢索（ACBA 和 ACBB）、左右机身钢索（AA 和 AB）、左右机翼钢索（ABSA 和 ABSB）、副翼操纵扇形盘、副翼感觉/定中组件、副翼动力控制组件（PCU）（2）、副翼机身扇形盘（2）、副翼机翼扇形盘（2）、副翼（2）、配平面板（P8）和调整片（2）、副翼弹簧筒、副翼转换机构和空动设备。

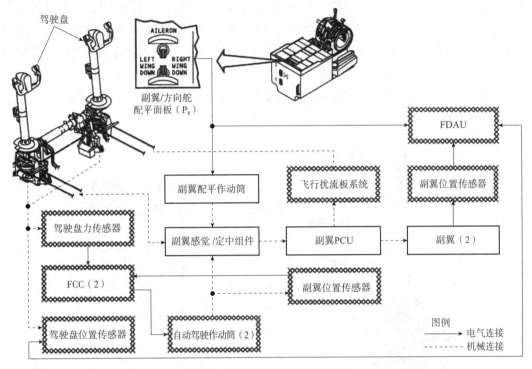

图 4-35　波音飞机副翼操纵系统

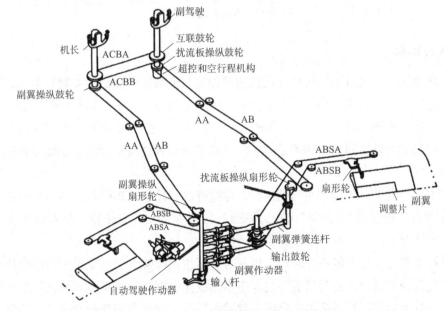

图 4-36　典型副翼操纵系统的原理

1. 驾驶盘

飞行机组人员使用两个驾驶盘进行飞机的滚转操纵，驾驶盘将飞行员的输入指令传给副翼操纵系统。驾驶盘位于驾驶舱,装在驾驶杆的顶端,其传动机构在驾驶杆内和地板下的前舱内。左、右驾驶盘分别由机长和副驾驶操纵,通过副翼操纵鼓轮驱动副翼机身钢索。在地板下方,两个驾驶盘由联动鼓轮和联动钢索联系起来,同步运动。驾驶盘鼓轮和副翼转换机构的机械止动保证将驾驶盘的角位移限制在107.5°之内。机长驾驶盘的操纵力通过输入轴传到副翼操纵鼓轮,而副驾驶驾驶盘的操纵力经过输入轴传到副翼联动鼓轮和联动钢索,传给机长侧的副翼操纵鼓轮。如图4-37所示,副翼驾驶盘与其他波音飞机的驾驶盘一样,每个驾驶盘的外侧包括安定面配平电门和自动驾驶断开电门,副翼配平指示器标牌在驾驶盘顶上。

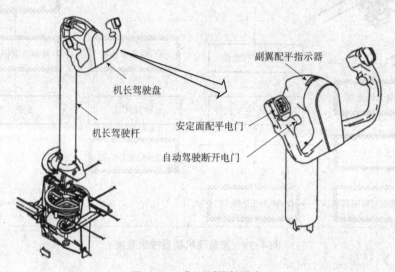

图4-37 典型副翼驾驶盘

2. 转换机构

副翼转换机构为飞机的滚转操纵提供荷载通道,安装在副驾驶的驾驶杆下面,可以通过前设备舱门接近。转换机构将副翼系统和扰流板系统分开,当一边卡死时,另一边仍可进行横向操纵。如图4-38所示,副翼转换机构包括一个扭矩弹簧和一个空动设备。右联动鼓轮和右驾驶盘轴之间的结构不是固定的,通过扭矩弹簧将副翼操纵联动鼓轮连接到右驾驶盘轴上。

正常工作情况下,当转动左驾驶盘时,通过互联鼓轮和扭矩弹簧,使右驾驶盘跟着转动;当转动右驾驶盘时,右驾驶盘扭力轴通过扭矩弹簧、互联鼓轮,使左驾驶盘同时转动。在此种情况下,左、右驾驶盘相当于刚性连接。

如果右驾驶盘发生卡阻不能转动,机长可克服扭矩弹簧力和感觉定中凸轮弹簧机构的力,操纵左驾驶盘转动,此时只能通过左钢索系统操纵副翼;如果左驾驶盘发生卡阻不能转动,副驾驶可克服扭矩弹簧力,操纵右驾驶盘转动。只有当副驾驶盘转过一定角度时,安装于副驾驶盘扭矩管上的摇臂才会接触到空行程挡块,驱动扰流板控制鼓轮转动从而可操纵飞行扰流板,进行应急横侧操纵。

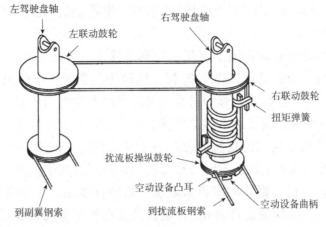

图 4-38　副翼转换机构

3. 副翼感觉和定中机构与副翼配平

在助力操纵系统中，驾驶员操纵飞机的感觉力来自副翼感觉和定中机构。机构组件安装于主起落架舱内的副翼操纵扇形盘组件上，在副翼输入轴的底部，副翼配平作动筒安装在副翼感觉 / 定中组件上（图 4-39）。

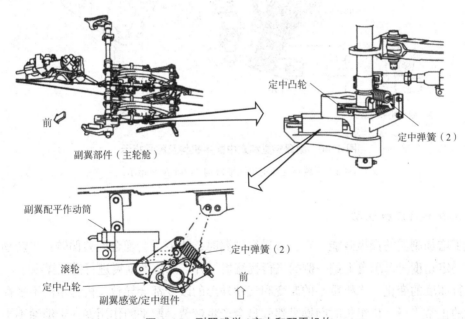

图 4-39　副翼感觉 / 定中和配平机构

典型的副翼感觉和定中机构如图 4-40（a）所示，由支架、弹簧、定中凸轮和一个滚轮臂构成。凸轮用螺栓连接在扭力轴上。滚轮臂连接在支架上，在弹簧作用下将滚轮压紧在凸轮的近心点上。当驾驶员操纵副翼时，感觉 / 定中机构给驾驶员提供感觉力。若没有输入，它将驾驶盘回位到中立位置。副翼配平作动器改变副翼和驾驶盘的中立位置，以实现配平。

当驾驶盘转动时，凸轮随扭力轴转动，推动滚轮离开凸轮近心点，这使弹簧拉伸，为驾驶员提供模拟感觉力；当驾驶员松开驾驶盘时，弹簧力使滚轮回到凸轮的近心点，系统回到中立配平位。

副翼配平作动筒连接在固定支架滚轮臂支撑上，作动筒是一个 115 V 交流、单相、可逆电动机。驾驶员可以操作 P$_8$ 板上的两个副翼配平电门来完成副翼配平，配平电门控制副翼配平作动筒，驾驶员必须同时操纵两个电门才能给配平作动筒提供动力。在配平操纵期间，副翼配平作动器使支架移动，弹簧保持滚轮在凸轮的近心点，带动凸轮一起转动。这就给副翼助力器一个输入信号，从而移动副翼，产生滚转力矩，维持飞机的气动力平衡；同时带动驾驶盘偏转到新的中立位，此时操纵力为零，驾驶员能够松杆飞行。副翼配平指示器位于驾驶杆顶端，指示器标牌以单位显示配平量，每个单位表示驾驶盘转动 6°，副翼最大配平量即驾驶盘最大转动 9.5 个单位（57°）。需要注意的是，在进行副翼配平操作时必须接通液压系统压力才能够转动副翼，如图 4-40（b）所示。

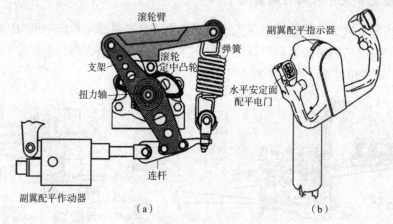

图 4-40 副翼感觉和定中配平机构及配平指示

（a）副翼感觉和定中配平机构；（b）配平指示

4.副翼和扰流板联动

为了增加副翼的操纵效能，在正常操纵副翼时，扰流板会配合副翼偏转：当转动驾驶盘超过一定角度时，副翼上偏一侧的飞行扰流板打开，以协助副翼进行横侧操纵。

飞行速度的变化、飞机重心的改变和气动外形的改变都会导致飞机力矩的不平衡，影响飞机的正常飞行。机组长时间操纵驾驶盘会产生疲劳，配平的作用就在于消除不平衡力矩和杆力，以减轻机组的工作负荷。

机组可以通过中央操纵台上的配平电门控制副翼人工配平。有两个副翼配平电门（图 4-41）：一个是预位电门；另一个是控制电门。只有当副翼配平的预位电门接通时，控制电门才能通电。通过操作控制电门，输出控制指令到配平作动器，进而作动副翼。在进行副翼配平时，必须同时操纵两个电门，释放其中任一个电门将停止当前副翼配平操作。

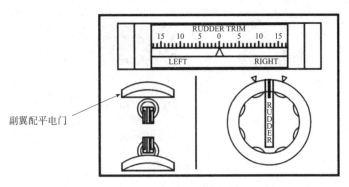

图 4-41　副翼配平电门

　　副翼的位置指示显示在显示屏上。副翼配平或中立位置显示在驾驶盘顶部的刻度上。中立位置根据飞机的姿态而变化，但不会超出刻度的范围（图 4-42）。

　　电传操纵系统操纵侧杆控制飞机进行滚转。控制指令由侧杆传输至副翼控制计算机，计算机进行计算后通过伺服活门控制副翼作动筒，由液压系统驱动副翼偏转，并且计算机负责监视副翼位置，完成闭环控制。

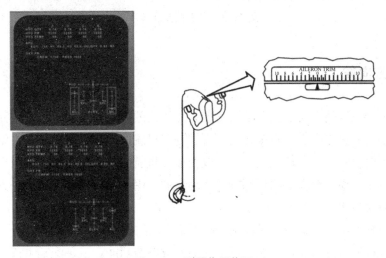

图 4-42　副翼位置指示

　　每侧副翼安装两个液压作动筒，分别由不同的计算机控制，并使用不同液压系统驱动。正常操纵时，一个作动筒工作，另一个随动；当液压系统压力不足或计算机故障时，另一个作动筒自动接替工作。

　　副翼下垂功能作为增强飞行性能的手段之一，已经在采用电传系统的民用飞机上广泛使用。此功能用于飞机起飞和着陆阶段，当襟翼伸出用于增加飞机升力时，两侧副翼也随之对称地向下偏转一个较小的角度，以增加机翼的弯度，进一步增加飞机升力。副翼下垂功能可以减少飞机起飞和着陆的速度和所需跑道长度，改善飞机的起飞和着陆性能。

　　副翼的位置显示在相应的飞机电子中央监控（ECAM）页面（图 4-43）。

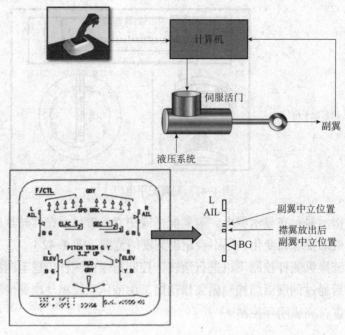

图 4-43　副翼控制及显示

▊ 4.6.2　方向舵

方向舵位于飞机垂直安定面后部，一般采用铰接的方式安装在垂直安定面后梁。机组可通过脚蹬踏板操纵方向舵左右偏转，从而控制飞机航向。操纵方向舵向左偏转，气流产生一个使机尾向右的力矩，使机头向左，改变了飞机航向，反之亦然。机组也可以利用方向舵配合机翼进行横滚操纵，起到部分替代副翼的作用。在大部分飞机上，方向舵向两侧偏转的角度最大为 20° ～ 30°。

方向舵的基本功能是实现偏航控制，即围绕立轴控制飞机（图 4-44）。

在大型飞机上，方向舵在巡航飞行中主要完成三个功能：一是配平飞机，例如，单发失效或者出现其他不平衡状态时，飞机会因不平衡力矩发生转向，此时通过配平方向舵产生气动力矩，抵消这个不平衡力矩，使飞机恢复航向；二是进行协调转弯，此时副翼和方向舵协同作用，实现飞机转弯，副翼完成横滚，方向舵完成偏航；三是偏航阻尼，飞机在气流的影响下，当横滚稳定性强于偏航稳定性时，飞机就有可能产生一种既偏航又滚转的横航向耦合运动，即荷兰滚。偏航阻尼的作用就是保持飞机在立轴线的稳定性。

1. 方向舵控制

在采用机械传动系统的飞机上，方向舵由驾驶舱内的两对脚蹬控制（图 4-45）。每对脚蹬由左、右两个脚蹬踏板组成，两对脚蹬机械相连，确保在同一套钢索传输机构上实现双路方向舵指令输入。踩动任何一个左脚蹬踏板都可以将方向舵向左移动，这将使飞机围绕立轴向左旋转；踩动任何一个右脚蹬踏板，方向舵向右移动，从而使飞机围绕立轴向右旋转。

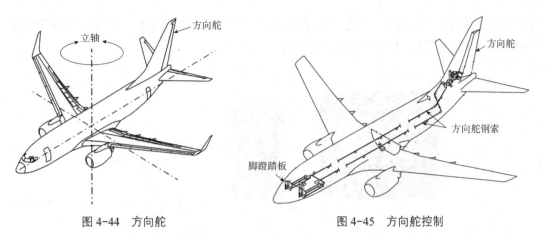

图 4-44　方向舵　　　　　　　　　　　　图 4-45　方向舵控制

在地面，操纵脚蹬也可进行前轮转弯控制。同时踩下左右脚蹬踏板可以进行刹车操作。如图 4-46 所示，前推左侧脚蹬，右侧脚蹬同步后移，控制输入传递给方向舵，此时不会产生刹车指令。每侧的脚蹬安装在相应的支撑臂上，支撑臂通过推拉杆，传递控制输入至前方向舵扇形盘。前方向舵扇形盘通过钢索传递控制指令到方向舵。若飞机在地面，则该操作同时作动前轮转弯；若飞机在空中，则通过离合装置断开其对前轮转弯的控制。

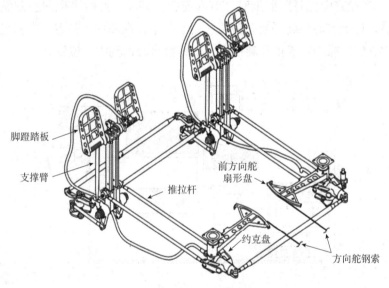

图 4-46　方向舵脚蹬

同时踩下两个脚蹬，输入信号通过推拉杆操纵刹车系统，此时不会对方向舵产生控制指令。位于中央操纵台上的方向舵配平旋钮用于改变方向舵的中立位置，即方向舵配平。方向舵配平旋钮由内置的弹簧保持在中立位置。配平中立电门用于复位配平指令。在某些飞机上，该电门被称为方向舵配平复位电门。方向舵配平功能是方向舵配平计算机通过电动操作完成（图 4-47）。注意，当方向舵配平时，脚蹬随动。

采用电传操纵系统的飞机上，保留脚蹬作为方向舵备用控制或人工超控方式。在正常情况下，方向舵控制计算机自动完成其控制功能。此时计算机将配平、协调转弯和偏航阻尼指令通过配平作动筒和偏航阻尼作动筒转换成机械位移指令，并通过三个液压作动筒驱动舵面进行偏转（图4-48）。在正常情况下，三个作动筒同时工作，如果存在单个或两个作动筒失效的情况，方向舵依然可以偏转。

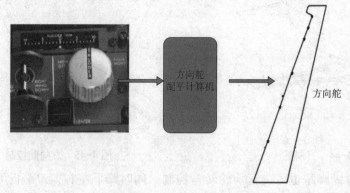

图 4-47　方向舵脚蹬作动

2. 方向舵指示

在部分飞机上，方向舵的位置显示在发动机指示与机组警告系统（EICAS）显示器上（图4-49）。当左方向舵脚蹬前推时，方向舵向左移动，此时飞机向左偏航。方向舵配平位置指示器，位于方向舵配平旋钮旁边，用于指示方向舵中立位置。方向舵配平旋钮由弹簧加载在中立位，操作完成松开旋钮后，旋钮会自动回到中立位置。

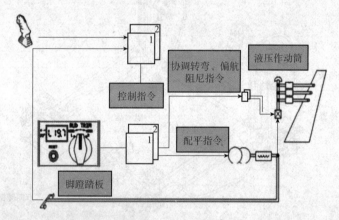

图 4-48　方向舵控制

 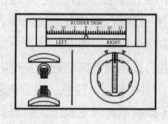

图 4-49　方向舵指示

而在其他一些飞机上，方向舵的位置显示在 ECAM 飞行控制系统页面，此处可以显示出方向舵位置、行程限制及配平位置。配平位置还显示在中央操纵台方向舵人工配平旋钮旁的小显示屏上（图 4-50）。

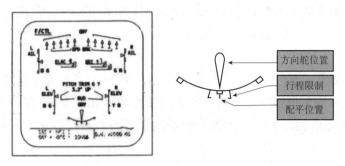

图 4-50 典型飞机方向舵指示

3. 偏航阻尼

空客飞机上的方向舵差动机构综合了方向舵脚蹬输入、方向舵配平输入和偏航阻尼器输入。差动机构的主要组成部件包括输入杆、曲柄连杆、偏航阻尼柄和偏航阻尼杆，如图 4-51 所示。

输入杆的一侧接收来自方向舵脚蹬和方向舵感觉配平组件的输入，另一侧输出至曲柄连杆。曲柄连杆在输入杆上有一个转轴点。曲柄连杆接收来自输入杆和偏航阻尼杆的输入，并输出指令到方向舵卸载装置。偏航阻尼柄通过偏航阻尼杆将来自偏航阻尼作动器的输出传输到曲柄连杆。

注意，偏航阻尼柄与输入杆共享一个转轴，但没有机械连接。

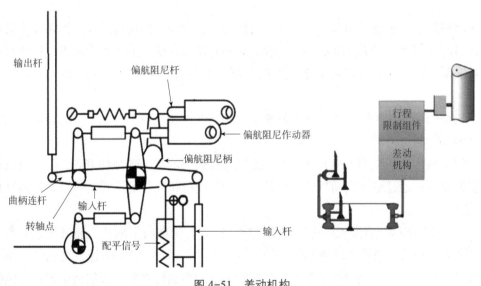

图 4-51 差动机构

来自脚蹬的输入作动输入杆，输入杆向上或向下作动曲柄连杆，曲柄连杆通过输出杆将控制指令传输到卸载装置和方向舵伺服作动器。注意，方向舵脚蹬输入对偏航阻尼功能没有影响。前面内容中提到，差动机构也控制方向舵配平输入。方向舵配平输入对差动机构的影响类似脚蹬的输入，将会作动输入杆、曲柄连杆、输出杆，但偏航阻尼功能不受影响。配平输入移动输入杆时，会在脚蹬踏板上产生位移反馈。

如上所述，偏航阻尼功能不受脚蹬输入或配平输入的影响。偏航阻尼信号通过偏航阻尼作动器、偏航阻尼柄和偏航阻尼杆传送到曲柄，然后经过曲柄输出。曲柄连杆绕其轴旋转并作动输出杆。

随着空速的增大，方向舵承担的气动荷载也逐渐增大，方向舵结构损坏的可能性也会增加。方向舵卸载装置根据空速限制方向舵的最大偏转角度来防止结构损伤。如图 4-52 所示，随着空速的增加，方向舵的最大偏转角度逐渐被限制在更小的值，以保障飞行安全。

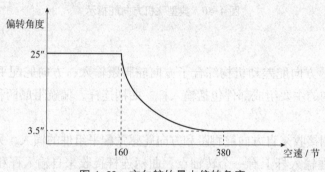

图 4-52　方向舵的最大偏转角度

■ 4.6.3　升降舵

升降舵位于飞机水平尾翼后部，其主要作用是控制飞机的俯仰运动。当需要飞机抬头向上飞行时，驾驶员操纵升降舵向上偏转，此时升降舵所受到的气动力向下，使飞机产生一个抬头的力矩；反之，如果驾驶员操纵升降舵向下偏转，飞机就会在气动力矩的作用下低头。

飞机绕俯仰轴的控制是通过升降舵来实现的。在大型飞机上，水平安定面也可以实现飞机的俯仰控制。

采用机械传动系统的飞机升降舵可以通过驾驶舱内的 2 个驾驶杆控制，分别由机长和副驾驶操纵，或通过电液自动驾驶作动器控制。采用电传系统的飞机，机组通过侧杆控制升降舵。

在图 4-53 所示的典型飞机中，驾驶杆向后拉，升降舵向上偏转，使飞机机头向上运动；驾驶杆向前推，升降舵向下偏转，使飞机机头向下运动。驾驶杆刚性地安装在扭矩管上。扭矩管由飞机结构上的轴承支撑。扭矩管两端的曲柄臂将驾驶杆的运动通过左侧的连杆传到前扇形盘，并通过右侧的连杆传到钢索曲柄。在大多数飞机上，驾驶杆上安装有抖杆器。当飞机接近失速状态时，抖杆器中的一个小型电动马达会让驾驶杆振动，向飞行员发出警告。

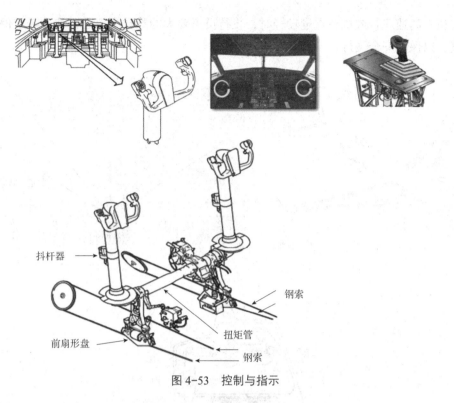

图 4-53 控制与指示

升降舵位置显示在发动机指示与机组警告系统（EICAS）上（图 4-54）。

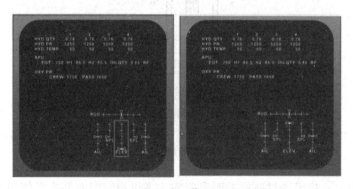

图 4-54 指示

副翼和方向舵感觉力只取决于定中弹簧的力量，并且它们在地面上和飞行中是相同的。升降舵的感觉力系统更为复杂；通过防止机组在空中大行程中前后操纵驾驶杆，以避免飞机俯仰角度过大，提高乘客的舒适度并保证飞行安全 [图 4-55（a）和（c）]。为了实现这个功能，升降舵感觉力系统必须随飞机空速和舵面荷载的不同，提供不同的感觉力。

图 4-55（b）显示了驾驶杆的力和角度之间的关系。在飞机低速状态中，50 N 的力可以将驾驶杆向前或向后推至最大偏转角度；在飞机高速状态中，同样的力产生更小的驾驶杆角度，例如，在高速状态时驾驶杆向前偏转 10°，当用同样的力进行低速状态模拟时驾驶杆可以向前偏转至最大角度。

飞机在高速飞行或机载重量较轻时，飞行员需要大的感觉模拟力，让升降舵偏转更小的角度，以保障安全飞行。

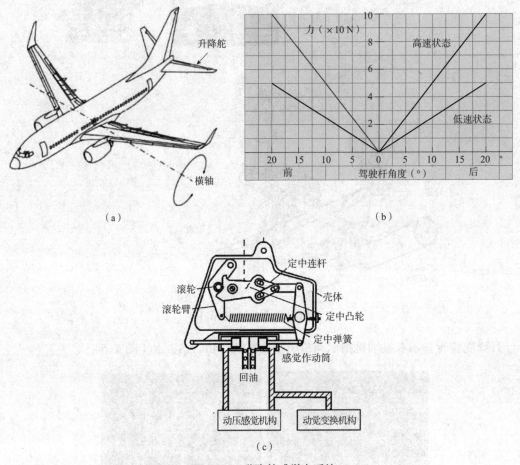

（a）

（b）

（c）

图 4-55　升降舵感觉力系统

（a）升降舵感觉力系统提供不同的感觉力；（b）驾驶杆的力和角度的关系；（c）升降舵感觉力系统的机械结构示意图

　　在空客飞机上，机组通过侧杆控制升降舵。飞机短时间俯仰操纵使用升降舵完成。正常由机长或副驾驶单人操纵侧杆向前或向后运动发出控制指令，此时另一个侧杆自动保持在中立位，不会随动。同时操纵两个侧杆前后运动时，控制指令会进行叠加，此时的叠加指令并不会超过计算机允许的最大操纵极限。

　　升降舵控制计算机接收侧杆发出的控制指令，输出至伺服作动器，使用液压力驱动舵面进行偏转（图 4-56）。为保障安全，每块升降舵安装两个液压作动筒，分别由不同的计算机控制和液压系统驱动。控制升降舵偏转时，一个作动筒工作，另一个随动；当相应液压系统压力不足或计算机故障时，可由另一个作动筒接替工作。当所有升降舵计算机控制均失效，但是液压正常时，升降舵会自动定中，此时飞机只能依靠水平安定面进行俯仰操纵。机组可以通过 ECAM 飞行控制页面查看升降舵位置指示。

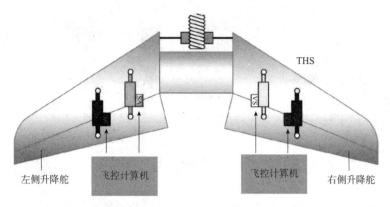

左侧升降舵　　　飞控计算机　　　　　飞控计算机　　　右侧升降舵

图 4-56　升降舵控制

4.7　辅助飞行控制系统

■ 4.7.1　水平安定面

1. 水平安定面介绍

由于飞机沿横轴的不平衡性大于其他轴，因而对于俯仰操纵，必须有一个足够大的专用舵面进行配平，也就是水平安定面。

如果只依靠升降舵这个较小的舵面去获得较大的俯仰配平角度，则需要升降舵进行大角度偏转，这样会产生额外的飞行阻力，增加油耗，降低飞机的经济性。

2. 驾驶舱控制

在 B747 系统中，水平安定面由水平安定面配平电门控制。电门位于每个驾驶杆的外侧把手上。每个驾驶杆的配平电门包括一个预位电门和一个控制电门。它们由弹簧加载在中立位。配平电门将配平指令发送给安定面配平计算机，计算机接通安定面配平控制组件中的液压预位和控制活门，控制液压驱动水平安定面的机械机构（图 4-57）。

当操作预位电门时，预位活门打开，此时并没有液压驱动机械机构。如果只操作控制电门，结果相同。所以，必须同时、同向操作这两个配平电门才能输出俯仰配平指令。这样的设计可以确保在预位或控制电门失效的情况下，水平安定面不会失控。即使其中有一个活门（液压预位 / 控制活门）卡阻在开位，水平安定面也不会移动。

如果预位和控制活门卡阻，可以使用切断电门防止安定面失控。安定面配平切断电门位于中央操作台，有三个位置。当电门在切断位置时，由电动机驱动安定面配平控制组件供油管路内的活门关闭。这样将切断供向水平安定面机械机构的液压。

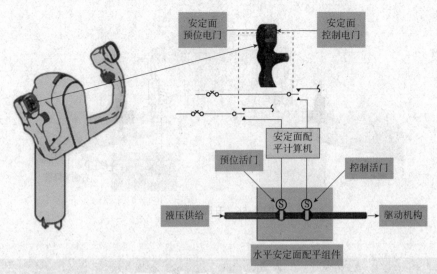

图 4-57　安定面控制和预位电门

　　如果安定面配平计算机失效，可以使用备用电门，这个电门也可以在维护期间使用。备用安定面配平电门位于中央操作台，和主配平电门一样，也有预位和控制部分。如图4-58所示，备用配平电门的输入旁通安定面配平计算机，直接去控制安定面控制组件。

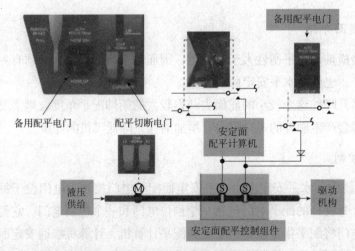

图 4-58　安定面配平电门

　　在另外一些飞机上，驾驶员使用安定面配平控制电门控制电动作动器完成俯仰配平操纵。电门位于每个驾驶杆的外侧，也有两个电门用于安全保护。配平控制电门为安定面配平作动器提供电动输入。马达工作并驱动齿轮箱和安定面丝杠，丝杠驱动安定面移动。

　　如果主电动配平失效（电配平作动筒故障），驾驶员使用安定面配平手轮进行人工俯仰配平操纵，手轮位于操纵台两侧。操纵安定面配平手轮带动前钢索鼓轮的链条，前钢索鼓轮通过钢索带动后钢索鼓轮。由后钢索鼓轮驱动齿轮箱、丝杠和安定面（图 4-59）。

3. 电传安定面系统

　　在电传操纵的飞机上，当飞机在正常操作模式工作时，可配平水平安定面的位置会自动调节。当升降舵工作超过一个规定的时间时，电子飞行控制计算机发送一个输入控制信号对水平安定面进行操作。

电子飞行控制计算机发送一个配平信号到电动马达，然后电动马达输出控制信号到俯仰作动器（图 4-60）。位于中央操作台上的两个俯仰配平手轮用于人工操纵水平安定面。在大多数使用电子飞行控制系统的机型上，俯仰配平手轮是一个机械备份装置，两个手轮机械相连。在电子飞行控制计算机控制安定面配平时，手轮会随动，但是当通过配平手轮人工输入控制时，来自电子飞行控制计算机的输入将被离合器断开。当输出扭矩过大时，离合器作为一个超控装置，自动工作。当俯仰配平手轮向低头方向转动时，水平安定面向上移动。当俯仰配平手轮向抬头方向转动时，水平安定面向下移动。

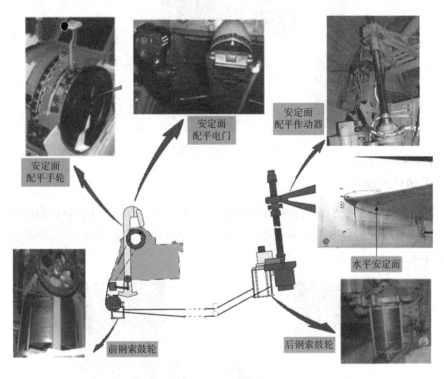

图 4-59　安定面配平作动

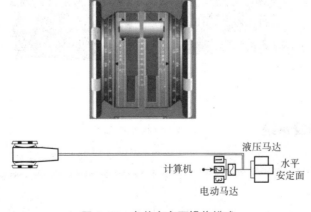

图 4-60　电传安定面操作模式

4. 安定面

安定面由中央部分、左部分及右部分组成。三部分连接在一起（图 4-61）。

在中央部分后方有两个铰链接头，这两个接头连接在飞机结构上。在前梁上有一个安装接头，这个安装接头连接到传动机构。蜗杆球形螺母通过万向头将驱动力传输到安装接头。

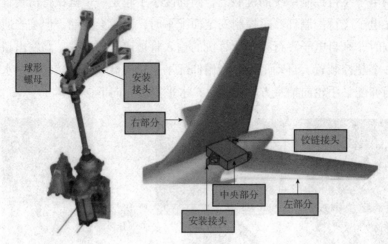

图 4-61　安定面组成

5. 安定面位置指示

在不同的机型上，水平安定面指示显示在不同的位置。例如：ECAM 系统页面显示、配平手轮旁带有指针的刻度、中央操作台上的移动刻度以及靠近水平安定面前缘机身上的刻度（图 4-62）。

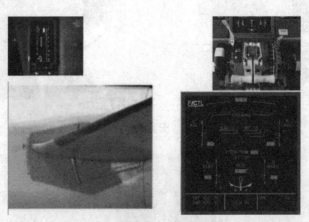

图 4-62　指示

■ 4.7.2　襟 / 缝翼系统

1. 介绍

襟翼是现代机翼边缘部分的一种翼面形可动装置，安装在机翼后缘或前缘

（图 4-63），可向下偏转或（和）向后（前）滑动。其基本作用是在飞行中增加升力。依据所安装部位和具体作用的不同，襟翼可分为后缘襟翼、前缘襟翼。襟/缝翼主要安装在大型飞机上，也被称为增升装置。

图 4-63　襟翼 / 前缘装置

襟翼主要有以下功能：

（1）增加机翼的面积。飞机加装襟翼的目的是增加升力，包括起飞时增加升力提速和降落时增加升力减速。增加机翼面积可以提高飞机接受风力的面积，达到增加升力的目的。

（2）改变机翼弯度。改变机翼的弯度使得机翼与气流夹角改变，从而获得更大的升力分力，以方便降落或者获得更小的分力以加速爬升。

增升装置改变了机翼的弧度，有些襟翼在放出时也会增加机翼的面积。当增升装置放出时，增加了飞机的升力。这使得飞机可以在更低的飞行速度起飞和降落。在着陆时，放出襟翼也增加了飞机的阻力。机翼襟翼有多种设计，图 4-64 所示为结构较为简单的襟翼，主要用于小型飞机。襟翼向下偏转可以改变机翼的弧度并增加升力和阻力。

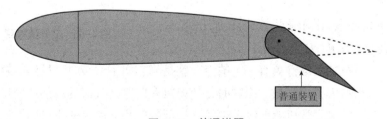

图 4-64　普通襟翼

2. 福勒襟翼

大型飞机使用更复杂的襟翼来产生更大的升力。例如，大多数空客飞机使用的襟翼都为福勒襟翼（也称后退襟翼），可以增加翼剖面的弯度，同时能大大增加机翼面积。其增升效果非常明显，升力系数可提高 85% ～ 95%，个别大面积福勒襟翼的升力系数可提高 110% ～ 140%。这种襟翼结构较复杂，多使用在大、中型飞机上，可大大改善起降性能。

当福勒襟翼收上时，它是机翼的后缘；当福勒襟翼放出时，可以增加大翼面积并改变大翼弧度。图 4-65 所示为福勒襟翼结构，它安装在襟翼滑架和襟翼连杆臂上。襟翼连杆臂连接到旋转作动器的驱动臂上。襟翼滑架支撑在襟翼滑轨上。福勒襟翼的所有部件都安装在整流罩内。这使得气流平顺，用于减小阻力。当福勒襟翼放出时，它先向后移动，然后向下移动。驱动臂带动襟翼连杆臂，襟翼滑架在襟翼滑轨的导向槽上滑动。在襟翼收放过程中，整流罩由操作臂和拉杆驱动，围绕着整流罩旋转点运动。

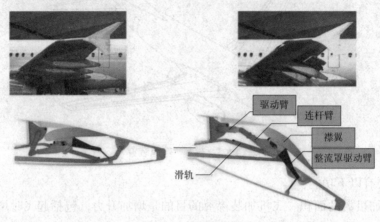

驱动臂
连杆臂
襟翼
整流罩驱动臂
滑轨

图 4-65　福勒襟翼

3. 三开缝襟翼

三开缝襟翼采用与福勒襟翼相同的原理。大多数波音机型使用这种襟翼。三开缝襟翼由一个前襟翼、一个中襟翼和一个后襟翼组成（图 4-66）。

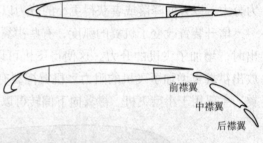

前襟翼
中襟翼
后襟翼

图 4-66　三开缝襟翼

4. 前缘装置

大多数飞机也使用前缘装置来增加升力。前缘襟翼与后缘襟翼配合使用可进一步提高增升效果。一般的后缘襟翼有一个缺点，就是当它向下偏转时，虽然能够增大上翼面气流的流速，从而增大升力系数，但同时也使得机翼前缘处气流的局部迎角增大。当飞机以大迎角飞行时，容易导致机翼前缘上部发生局部的气流分离，使飞机的性能变坏。如果此时采用前缘襟翼，不但可以消除机翼前缘上部的局部气流分离，改善后缘襟翼的增升效果，而且其本身也具有增升作用。

当襟翼放出时，前缘装置自动放出。前缘装置有前缘襟翼（克鲁格襟翼）、可变弧度襟翼、缝翼和下垂前缘四种不同类型。

当前缘襟翼收上时，它们作为机翼前缘的下表面。当前缘襟翼放出时，它们向前和向下移动，增加了机翼的弧度，产生更大的升力。

（1）前缘襟翼也被称为克鲁格襟翼。如图 4-67 所示，克鲁格襟翼由铰链支撑，安装在固定机翼前缘的接头上，由作动筒收放。打开时，伸向机翼下前方，既增大机翼面积，又增大翼型弯度，具有较好的增升效果，同时构造也比较简单。

当襟翼被收回到和机翼齐平的位置时，克鲁格襟翼的前部进行折叠。

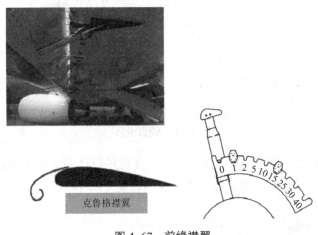

克鲁格襟翼

图 4-67　前缘襟翼

（2）图 4-68 所示为可变弧度襟翼。当前缘放出时，可变弧度襟翼弯曲，增加了机翼的弧度，也使机翼前缘周围的气流更流畅。

可变弧度襟翼由一个玻璃纤维板、一个可折叠的前部和许多支撑杆组成，由旋转作动器驱动臂进行驱动。

（3）图 4-69 所示为常见的缝翼。当缝翼被收回时，作为机翼的前缘使用。当缝翼放出时，在缝翼和机翼机构之间形成一个缝隙，使得来自前缘下方高压区域的空气向上流动，然后沿着机翼上表面流动。

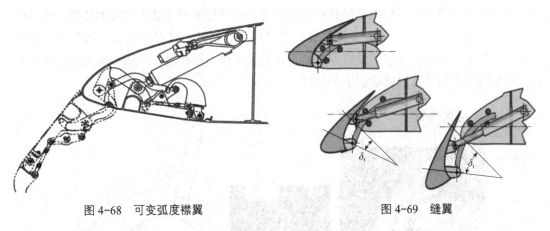

图 4-68　可变弧度襟翼　　　　　　　　图 4-69　缝翼

缝翼由相应的滑轨支撑。上负载滚轮和下负载滚轮用于对缝翼滑轨进行导向。弯曲齿轮轨道安装在缝翼滑轨的内部。当收放缝翼时，扭矩管系统通过旋转作动器驱动一个小齿轮，小齿轮通过齿轮滑轨驱动缝翼收放（图 4-70）。

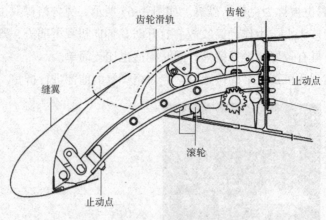

图 4-70 缝翼滑轨

（4）下垂前缘使用可以下垂的前缘部件。在这种设计中，整个前端或机翼前缘通过一个旋转作动器驱动使前缘下垂，以增加机翼的弧度（图 4-71）。

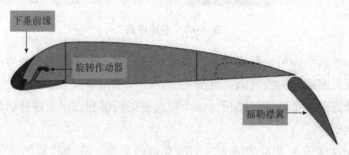

图 4-71 下垂前缘

5. 襟翼控制手柄

机组通过襟翼控制手柄控制襟翼和前缘装置。襟翼控制手柄是由弹簧加载的。该手柄被锁定在卡槽内（图 4-72）。卡槽位置与襟翼的角度相近。襟翼手柄在卡槽位置处设有卡口。这些卡口可以防止手柄没有停顿地直接越过卡槽。操作时，手柄必须先放进这个卡口，然后拉出手柄才可以移动到下个位置。

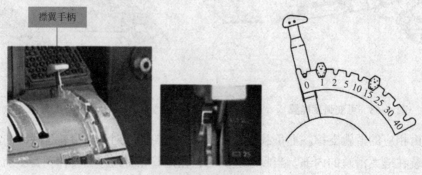

图 4-72 襟翼手柄

如图 4-73 所示，襟翼处于收上或巡航位置。

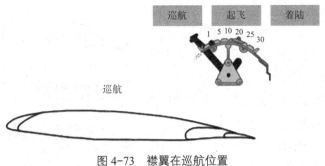

图 4-73　襟翼在巡航位置

当襟翼手柄放到起飞位置时，襟翼移动到中间位置（图 4-74）。前缘和后缘装置增加了升力用于安全起飞。这时并没有过多地增加阻力，确保飞机在起飞抬头时具有良好的加速性。

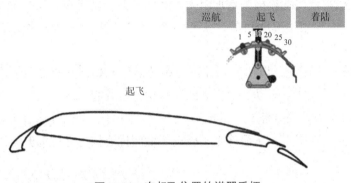

图 4-74　在起飞位置的襟翼手柄

当襟翼手柄放到着陆位置时，襟翼完全放出。襟翼提供最大的升力和阻力使飞机减速，用于安全着陆（图 4-75）。

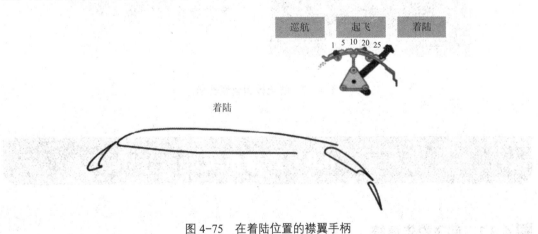

图 4-75　在着陆位置的襟翼手柄

6. 缝隙的影响

图 4-76 所示为机翼周围的空气流动曲线，闭合机翼上的所有开缝，将导致气流在机翼的前缘后部分离。因为此时气流方向变化太大，流线将无法沿机翼翼型上表面流动，需

113

要更多的能量来防止气流分离。

缝翼和机翼其他部分之间产生缝隙，允许来自前缘下部高压区域的空气通过缝隙向上流动，然后沿着机翼上表面流动。

在前襟翼和机翼之间、前襟翼与中间襟翼之间及中间襟翼和后襟翼之间都产生缝隙之后，所有的缝隙允许气流从机翼的下部流向上部。可以防止气流分离，也称为防失速。

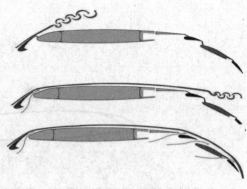

图 4-76　气流方向

4.7.3　扰流板和速度刹车

所有现代飞机都使用扰流板来增加阻力，降低升力。扰流板有三个主要功能。

（1）在飞行中被用作速度刹车。在飞行过程中扰流板可以对称作动升起，作为速度刹车使用（图 4-77）。

（2）作为滚转扰流板，以协助副翼进行滚转操作。如果飞机需要向右转弯，机组操纵驾驶杆向右转动，仅向下运动一侧机翼的滚转扰流板升起。

（3）着陆后作为地面扰流板，卸载升力并增加阻力。飞机着陆后所有的扰流板完全升起，卸载升力并增加阻力，从而使飞机减速。地面扰流板也被称为升力卸载装置。

图 4-77　扰流板和速度刹车

4.8　警告系统

4.8.1　起飞警告系统

起飞警告系统是大多数商用飞机上必备的一套警告系统，用于提醒飞行员飞机起飞配置中可能出现的致命错误。飞机要想安全地起飞，机上的很多系统必须被正确配置。在每次飞行前，飞行员会使用一个检查单确认众多系统中的每项都已经运行并正确配置。但是由于人为错误的必然性，即便经过检查单流程，仍可能出现飞机没有正确配置的情况。

许多种不当配置都可以导致飞机无法正常升空，并极易造成飞机坠毁事故。为了减少此种事件的发生，现今所有主要航空国家都要求，"最大质量超过 6 000 磅（约 2 721 kg）的所有飞机以及所有喷气式飞机必须安装起飞警告系统"。该系统必须符合以下要求：如果飞机处于不允许安全起飞的构型，该系统必须在起飞滑跑的初始阶段自动激活，并向飞行员提供一个听觉警告。该警告必须持续提供直到构型变更为允许安全起飞，或飞行员采取行动放弃起飞滑跑。

起飞警告系统的设计旨在对起飞构型中众多危险错误发出警告（图 4-78）。在起飞时，如果飞机处于不安全状态，起飞警告功能将提供音响警告。当飞机在地面且油门杆位于起飞位置，如果出现下列任何情况，将触发起飞警告：

（1）减速板手柄未放下；

（2）停留刹车设定；

（3）地面扰流板有压力；

（4）前缘襟翼和缝翼未放下；

（5）后缘襟翼不在起飞位置；

（6）安定面超出绿区。

音响警告组件发出间歇喇叭声音进行起飞警告，此警告只有在飞行控制舵面处于正确位置或油门杆收回后，才会停止。

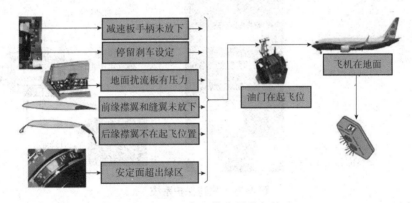

图 4-78　起飞警告触发条件

4.8.2　失速警告系统

失速警告系统，是指飞机接近失速时向驾驶员发出警告的装置，由迎角传感器、马赫传感器、襟翼位置传感器、失速警告控制器和告警装置组成。利用迎角传感器测量飞机的瞬时迎角，把信号输入失速警告控制器与失速警告迎角预定值比较，此预定值与马赫数、襟翼位置相关，当飞机的瞬时迎角大于失速警告迎角时接通告警装置，向驾驶员发出告警信号。告警装置主要由抖杆马达使驾驶杆振动，并伴随有喇叭声或警告灯。

由于失速迎角随飞机的飞行马赫数和襟翼位置变化，所以要靠马赫数传感器和襟翼位置传感器的信号对失速警告迎角预定值进行修正。失速警告装置有触觉、听觉和视觉三种形式，通常是两种或三种并用。装在驾驶杆上的抖杆器由电动机带动的偏心轮构成。当接通电源时，电动机带动的偏心轮旋转，引起驾驶杆振动，发出触觉警告。用喇叭发出音响警告也是常用的形式，易于察觉但会干扰通话。失速警告灯只是辅助警告形式，只有处于视野内才能被察觉。

图 4-79 所示为典型飞机的失速警告系统。当飞机接近失速状态时，失速警告系统抖动驾驶杆，以提醒机组。在失速期间，失速警告系统会增加驾驶杆的感觉力，以保证驾驶员不能轻易克服飞机的自动低头配平。失速警告系统包括下列部件：

（1）失速管理偏航阻尼器；

（2）驾驶杆抖杆器；

（3）方向舵感觉组件；

（4）失速警告测试面板。

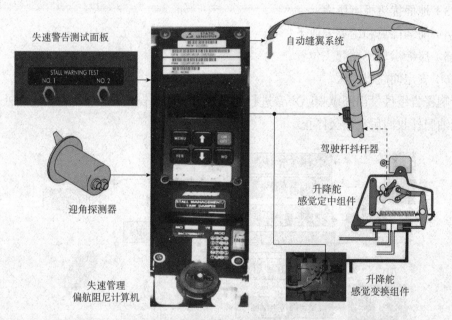

图 4-79　失速保护系统

当飞机失速时，迎角探测器发送信号到失速管理偏航阻尼计算机，然后触发驾驶杆抖杆器抖动驾驶杆，提醒驾驶员飞机处于失速状态，并控制前缘缝翼完全放下以增加升力，防止飞机失速。升降舵感觉组件向双感觉作动筒提供液压压力，从而在失速期间增加驾驶杆的感觉力，保证驾驶员不会轻易地抖杆。在地面按压测试按钮时，失速管理偏航阻尼计算机启动驾驶杆抖杆器，直到松开测试电门，或者抖杆器最大工作 20 s 后自动停止。当飞机在空中时，失速警告测试被抑制。

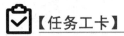

工卡 4—飞机操纵系统

工卡标题	飞机操纵系统部件识别与检查	
版本	R1	
工时	30 min	
工具 / 设备 / 材料	手电筒、螺钉旋具、反光背心、清洁布	飞机主操纵系统（737NG）

1. 工作任务	工作者	检查者
依据工艺规程与技术条件，环绕飞机找出飞机操纵系统各部件		

2. 工作准备	工作者	检查者
（1）准备相关资料		
（2）准备好跳开关、地面插销		

3. 工作步骤	工作者	检查者
打开相关盖板，进入飞机相关位置，识别操纵部件		

步骤 1：进入飞机区域进行飞行控制舵面识别

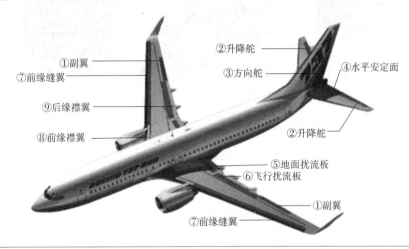

检查结果：

步骤 2：主飞行控制系统驾驶舱部件识别

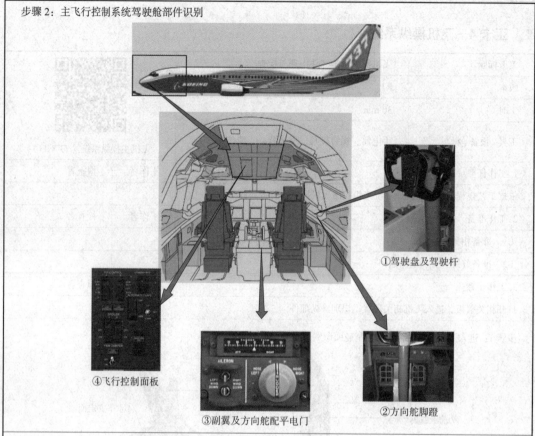

①驾驶盘及驾驶杆

④飞行控制面板

③副翼及方向舵配平电门

②方向舵脚蹬

检查结果：

步骤 3：副翼部件识别

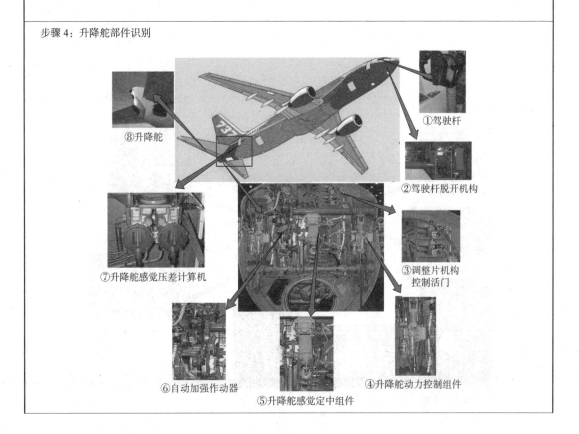

副翼作动机构

驾驶盘

副翼

自动驾驶输入　　定中机构　　副翼PCU

输入鼓轮

检查结果：

步骤 4：升降舵部件识别

⑧升降舵

①驾驶杆

②驾驶杆脱开机构

⑦升降舵感觉压差计算机

③调整片机构控制活门

⑥自动加强作动器

⑤升降舵感觉定中组件

④升降舵动力控制组件

检查结果：
步骤 5：方向舵部件识别 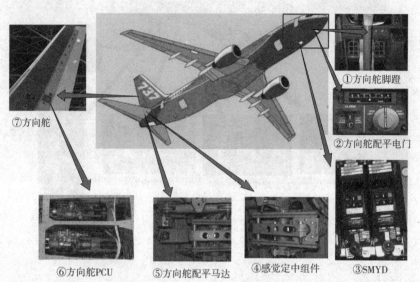
检查结果：
步骤 6：飞行扰流板部件识别 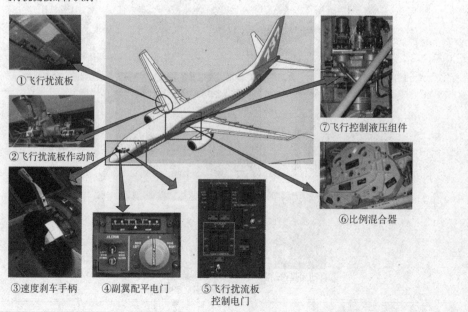

检查结果:

步骤 7：地面扰流板部件识别

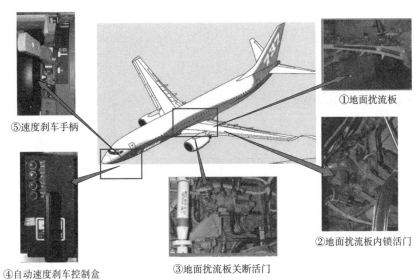

⑤速度刹车手柄

①地面扰流板

②地面扰流板内锁活门

④自动速度刹车控制盒

③地面扰流板关断活门

检查结果:

步骤 8：水平安定面部件识别

①水平安定面配平电门

②配平手轮

③配平切断电门

④前钢索鼓轮

⑧水平安定面

⑦水平安定面蜗杆作动器

⑥后钢索鼓轮

⑤限制电门

检查结果：		
对照工作单逐个检查，填写检查结果		
4.结束工作	工作者	检查者
（1）清点工具、设备等		
（2）清理工作现场		

飞机起落架系统

【学习目标】

知识目标

熟悉民用飞机起落架系统组成；

掌握飞机起落架系统工作原理。

技能目标

能识别起落架系统部件；

能对飞机转弯刹车进行操作测试；

能分析排除典型起落架系统故障。

起落架系统概述

素质目标

培养自主学习能力、团结协作与安全规范意识，以及热爱祖国，热爱航空和责任担当、敬重装备的机务工匠精神。

【任务描述】

阅读任务，在工作手册中完成任务

查找、了解运输航空中航线运营的主要飞机类型。以 B737 飞机为例，查找飞机起落架系统各元件类别，阐述各工作系统原理。

【知识链接】

5.1 起落架概述

5.1.1 起落架的作用和组成

1.起落架的作用

飞机的起落架主要的作用是在地面支撑飞机。另外，起落架还有很多重要的功能。起落架上安装有减震装置和转弯装置。减震装置可以在飞机起飞、降落、滑行或被牵引拖行时抑制振动，减小飞机的受力；转弯装置方便驾驶员在地面控制飞机的移动。另外，主起落架还安装有刹车装置，用于在地面完成飞机制动以及使飞机具有更好的转弯机动性。

飞机的大部分质量都集中在主起落架上，主轮承受的质量称为主轮荷载。过高的主轮荷载会导致飞机在很多机场无法运行。通常每个主起落架装有两个及以上的机轮，用来分散重型飞机的主轮荷载，从而使重型飞机可以在更多的机场运行。单轮起落架通常用于小型或轻型飞机；多轮起落架一般用于较重的飞机，它可以将负载分散到更大的区域。另外，如果一个机轮发生故障，其他机轮仍可以提供支撑。例如，B747、B777 或 A380 等大型飞机上使用四轮甚至六轮起落架。

2. 主起落架

主起落架对飞机后部起支撑作用。大型飞机的主起落架都能够收进机身，给飞机提供更好的气动外形。绝大多数的飞机采用液压驱动的方式将起落架收到机身中。如图 5-1 所示，A320 有两个主起落架，每个主起落架有两个机轮，并且主起落架可以收入机身。

如图 5-2 所示，B747 飞机有四个主起落架，每个主起落架都有四个机轮。主起落架分别安装在机翼和机身上，较大的起落架间距为飞机提供了稳定的支撑。

图 5-1　A320 飞机的主起落架

图 5-2　B747 飞机的主起落架

3. 前起落架

大型飞机的前起落架（图 5-3）通常有两个机轮。前起落架有转弯功能，但没有刹车装置。前起落架相比主起落架承担的荷载较小，质量也比较轻，其支撑结构的设计不支持初始着陆荷载，如果飞机着陆时前起落架先落在跑道上，会对飞机结构造成损坏。大型飞机的前起落架均可向前收进机身，前起落架收回后起落架舱门关闭。

4. 起落架舱门

对于绝大部分飞机，当起落架处于完全收上或者完全放下状态时，起落架舱门也随之关闭，这样可以降低飞行时的阻力，减小燃油消耗。起落架舱门（图 5-4）分为前起落架舱门和主起落架舱门。

图 5-3　前起落架　　　　　　　　图 5-4　起落架舱门

5.1.2　起落架的类型

1. 按配置形式分类

起落架按照配置类型可以分为后三点式和前三点式。后三点式起落架的重心位于飞机主起落架的后部；前三点式起落架的重心位于飞机主起落架的前部。

（1）后三点式起落架。后三点式起落架构造简单，质量轻，如图 5-5 所示。主起落架位于飞机的前部，因此机头上扬，有利于螺旋桨在飞机上布置。飞机停机角与最佳起飞迎角接近，易于起飞。在飞机降落时，可以利用气动阻力使飞机尽快减速。

后三点式起落架的优点比较明显，但缺点也显而易见。后三点式起落架的配置方式，造成飞机方向稳定性差，容易原地打转。另外，在飞机降落时，必须三点同时接地，操纵飞机比较困难，如果只有两点接地，可能导致飞机降落过程中发生"反跳"，不利于飞行安全。而且因主起落架位于飞机的前部，刹车工作时，飞机可能发生倒立、翻筋斗现象。

（2）前三点式起落架。前三点式起落架配置克服了后三点式起落架配置的诸多缺点，并且具有许多后三点式起落架不具备的优点。例如，飞机在地面运动的稳定性好，滑行中不容易偏转和倒立。着陆时，只用后两个主轮接地，比较容易操纵。当飞机在地面运动时，机身与地面接近平行，飞行员视野较好。另外，前三点式的配置避免了喷气发动机喷出的高温燃气损坏跑道。

正是因为前三点式起落架有以上诸多优点，因此，目前绝大多数民航飞机上采用前三点式的起落架配置（图 5-6）。

图 5-5　后三点式起落架　　　　　　图 5-6　前三点式起落架

2.按安装位置分类

目前，绝大多数民航飞机上至少安装有一个前起落架和两个主起落架，对于大型飞机，甚至安装有更多的起落架。例如，在 A340 飞机安装有三组主起落架，而在 B747 飞机上安装有四组主起落架。根据安装位置的不同，起落架可以分为机翼起落架、机身起落架和中央起落架（图 5-7）。

中央起落架

主起落架

机身起落架

机翼起落架

图 5-7　主起落架

（1）机翼起落架。大多数飞机的起落架安装在机翼上，机翼起落架的基本构成大体相同，根据飞机质量的不同，机翼起落架机轮的数量也不同。图 5-8 所示为典型的机翼起落架，当飞机在地面时，大翼和机身的质量通过起落架减震支柱、侧支柱、阻力支柱传递到小车的横梁上，最终传递给四个机轮。

（2）机身起落架。某些中大型飞机上安装有机身起落架，机身起落架能够增加飞机在地面的支撑点，减小跑道承受的荷载。另外，可以通过增加机身起落架的转弯功能来降低最小的转弯半径，防止因胎壁摩擦造成的轮胎损坏。对于带有转向功能的机身起落架，当前起落架向某个方向转动一定角度时，机身起落架向相反的方向成比例地转动一个小角度，帮助飞机进行转弯（图 5-9）。

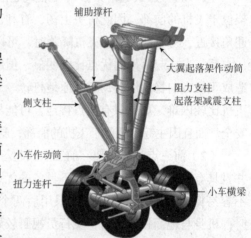

辅助撑杆

大翼起落架作动筒

侧支柱

阻力支柱

起落架减震支柱

小车作动筒

扭力连杆

小车横梁

图 5-8　机翼起落架

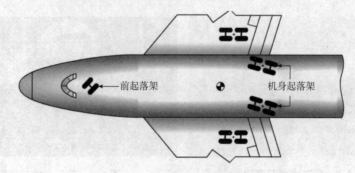

前起落架

机身起落架

图 5-9　机身起落架转弯系统

（3）中央起落架。某些大型飞机上安装有中央起落架，如 A340 和 MD11。中央起落架为重型飞机提供了一个地面支撑点，同时将飞机重量分布在跑道的更大区域上，从而降低跑道在单位面积上受到的荷载（图 5-10）。

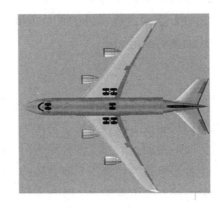

图 5-10　中央起落架

5.2　起落架部件

5.2.1　主起落架

1. 基本组成

根据飞机重量的不同，起落架的机轮数略有不同，但主要的部件基本相同。如图 5-11 所示是一个典型的主起落架，主起落架主要的承力部件有减震支柱、侧支柱和阻力支柱。在减震支柱的内外筒之间，装有扭力臂，防止内、外筒之间的相对转动，拖行接头用于连接牵引车拖行飞机。轮轴上可以安装机轮，方便起落架在地面的移动。

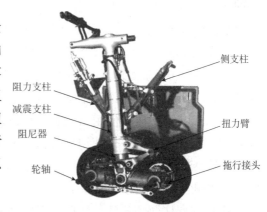

图 5-11　主起落架部件

2. 扭力臂

扭力臂也被称为扭力连杆，主要用于限制内外筒之间的相对转动。扭力臂由连接外筒的上扭力臂和连接内筒的下扭力臂两个部分组成。

有些飞机的上扭力臂和下扭力臂连接处还装有阻尼器。阻尼器的作用是降低机轮的摆振。胎压不一致、磨损不均匀或跑道表面不平整都可能导致摆振，严重时可造成起落架结构损坏，危及飞行安全。

图 5-12 所示为某型飞机的阻尼器，其本体
装有油量指示器，当阻尼器油量正常时，油量
指示器上 FULL 和 REFILL 都可见。油量不足
时只能看见 REFILL 字样，提示维护人员需要
及时给阻尼器加油或更换阻尼器。

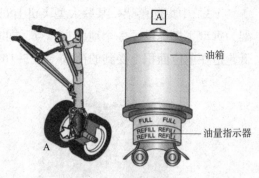

油箱

油量指示器

3. 支柱

主起落架的减震支柱的下部和飞机机轮相
连，上部和机体结构相连。减震支柱主要用来支撑飞机，通常为油气式减震器，可以减缓
飞机降落、滑行时的振动。阻力支柱被称为阻力撑杆或阻力支架，主要承受起落架在机身
纵轴方向上产生的不平衡力，将不平衡力传递给减震支柱和机体结构。侧支柱主要承受起
落架在机身横轴方向上的不平衡力。阻力支柱和侧支柱一端连接到减震支柱上，另一端通
过耳轴和飞机结构相连。

图 5-12　飞机阻尼器

现代飞机的主起落架和前起落架多采用油气式减震器，
减震器可以吸收和消耗着陆、滑行时地面的冲击能量，保护
飞机结构不受损伤。如图 5-13 所示，油气式减震器由外筒、
活塞、活塞杆、带小孔的隔板和密封装置等组成。减震器的
下腔充有油液，上腔充有压缩氮气。

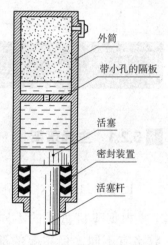

外筒

带小孔的隔板

活塞

密封装置

活塞杆

飞机着陆时，起落架减震器受到地面冲击力压缩，活塞杆
压入，下腔油液受挤压通过阻尼孔进入上腔，同时压缩上腔内
的气体，气体受到压缩，压力上升，吸收撞击能量；油液高速
通过阻尼孔时的摩擦作用将一部分能量变为热能耗散掉。当减
震器压缩到极限后，减震器开始回弹，此时气体膨胀，活塞杆
伸出，飞机重心逐渐升高；油液在气体膨胀作用下，通过阻尼
孔流回下腔；油液通过阻尼孔时的摩擦作用将一部分能量变为
热能耗散掉。经过若干压缩和伸张行程，全部撞击动能被耗散，使飞机平稳下来。

图 5-13　油气式减震器的结构

油气式减震支柱应使用氮气和飞机制造厂家
指定的液压油进行勤务，使用型号错误的液压油
可能导致密封件损坏。

首先进行油液勤务（图 5-14）。打开充气活
门，将减震支柱彻底放气，然后减震支柱充入液
压油直至油液通过充气活门溢流至收集容器中，
确保溢流出的油液中不带有气泡后，关闭灌充活
门，移除油液灌充设备，油液勤务工作结束。在
此之后，还需进行充气勤务。

充气过程中，需要检查减震支柱 H 尺寸以及

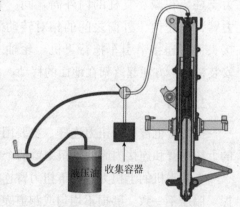

液压油

收集容器

图 5-14　减震支柱油液勤务

氮气压力。减震支柱H尺寸是指减震支柱内筒的伸出长度，测量单位为英寸或毫米。将测量的气压值和温度值对应到图上（图5-15），便可得出一个理论高度值。如果实际测量值H与通过手册图表获得的理论高度值不一致，需要添加或释放氮气。

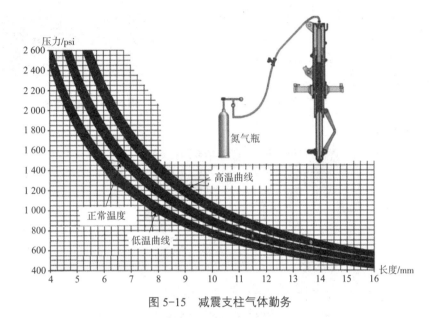

图5-15　减震支柱气体勤务

当液压油填充过多时，减震效果变差，减震支柱震动会加剧。这是因为液压油不能压缩，而且没有足够的空间容纳氮气。当填充了过多的氮气时，因为气体的可压缩性，减震支柱变"软"，这种情况容易导致减震支柱在着陆过程中触底，损坏结构。

经过多次着陆后需要再次勤务。因为着陆期间气体压力很大，会有一定量的氮气扩散到油液中。如图5-16所示，某些含有多个起落架的飞机，减震支柱上装有压力表，用于快速检查。

为了精准测量压力值，勤务过程中需使用经过校准的压力表。

图5-16　减震支柱压力表

4. 舱门

主起落架舱门（图5-17）在飞行中保持关闭，以减小飞行期间的阻力，防止外来物击伤轮舱的部件。当主起落架处于收放过程中，主起落架舱门打开，起落架完成收放后，舱门重新关闭。

主门铰接在机身结构上，由液压作动筒驱动。主门由上锁机构保持在关闭锁定位，在地面可以使用地面控制手柄将其打开。某些机型主门内侧带有主起落架舱门保护装置，防止在重力放起落架时，起落架与舱门发生碰撞。

在主起落架舱门上安装有临近传感器（图 5-18），用于探测起落架舱门的位置信号。位置信号用于指示、警告和主起落架收放顺序控制。

图 5-17　主起落架舱门

图 5-18　临近传感器

5. 锁机构

起落架在收上和放下位置都应该可靠锁定。在收上位锁定，可以防止起落架在飞行过程中或者外力作用下放下；在放下位锁定，可以防止起落架在降落过程中受到较大冲击而突然收起，或者在地面滑行和停放期间意外收起。

主起落架下位锁通常是撑杆锁。如图 5-19 所示，主起落架下位锁由开锁作动筒、锁连杆、下位锁弹簧等组成。主起落架放下锁好后，下位锁弹簧作动，将撑杆锁到过中位，进而确保上部侧支柱和下部侧支柱无法折叠，将起落架锁在放下位。开锁作动筒在液压作用下，克服下位锁弹簧力，打开撑杆锁，此时上部侧支柱和下部侧支柱可以折叠，主起落架解锁。

图 5-19　主起落架下位锁

如图 5-20 所示，主起落架上位锁通常是挂钩锁。主起落架上位锁由锁钩、滚轮、锁簧、开锁作动筒构成。主起落架收上锁好后，滚轮进入锁钩，主起落架依靠重力作用，将滚轮保持在锁钩中。当开锁作动筒有液压时，液压力克服锁簧的弹簧力，锁钩向下运动，滚轮脱离锁钩，上位锁解锁。

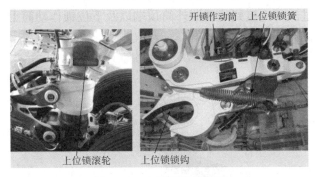

图 5-20　主起落架上位锁

■ 5.2.2　前起落架

1. 基本组成

前起落架主要的承力部件由减震支柱、阻力支柱等构成（图 5-21）。在减震支柱上安装有减震器，减小飞机在地面运行时的震动。前起落架减震器的工作原理、勤务方式与主起落架类似。

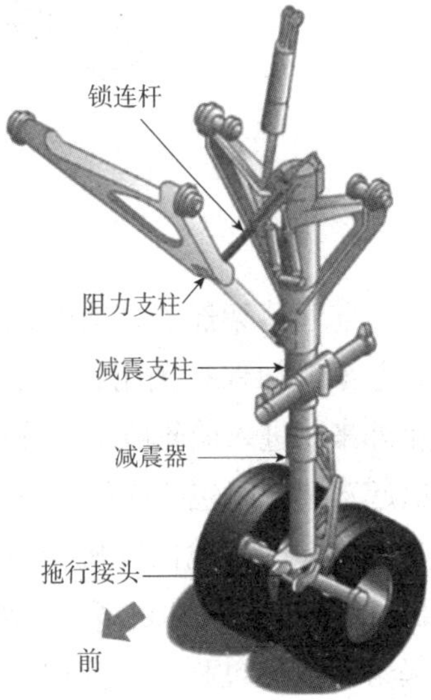

2. 阻力支柱

阻力支柱通过两个耳轴与飞机结构相连，在前、后方向上稳定减震支柱。阻力支柱组件具有一个前撑杆和一个管状臂，通过万向接头连接。阻力支柱组件为前起落架的放下锁定提供主要的支撑（图 5-22）。

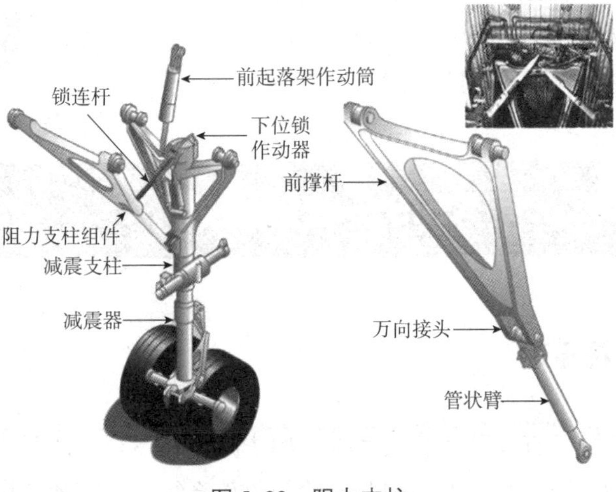

图 5-21　前起落架组件

图 5-22　阻力支柱

3. 锁连杆

锁连杆与阻力支柱相连，为前起落架的放下提供过中锁定。锁连杆折叠后，阻力支柱才能折叠，进而将前起落架收上。锁连杆有 1 个下连杆和 1 个上连杆，通过球形轴承连接在一起，上连杆通过凸耳连接到减震器外筒顶端以及下位锁作动筒上（图 5-23）。下连杆连接到阻力支柱的前撑杆上。

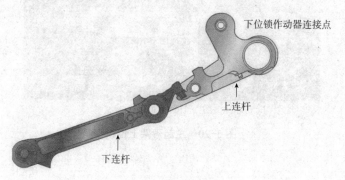

图 5-23　锁连杆

4. 舱门

前起落架舱安装有舱门，在飞行过程中，前起落架舱门保持关闭，减小飞行期间的阻力，防止外来物进入前轮舱击伤部件。如图 5-24 所示，前起落架舱门包括前门、后门和门作动筒。

前起落架舱门以机身中心线为对称线铰接在机身结构上，并通过液压作动筒和连杆进行操作。起落架收放过程中，前门打开，便于起落架的进出。起落架前门上安装有上锁机构，将前门锁定在收上位，要打开前门，必须先给上锁机构解锁。而前起落架的后门则由机械连杆和起落架本体保持连接，随着起落架的收放，连杆带动后门进行开关。地面维护时可以通过手柄打开前起落架舱门。

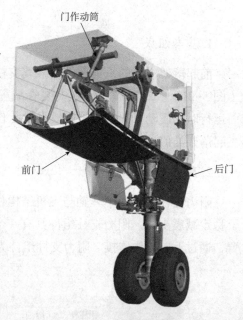

图 5-24　前起落架舱门

5.3　收放系统

5.3.1　收放系统原理

现代民航飞机都配备有起落架收放系统，用于减小在飞行中的阻力。起落架收放系统通常包括起落架控制系统、起落架和起落架舱门收放系统、起落架备用放下系统（通常也称为重力放下系统）（图5-25）。

图5-25 起落架收放系统

1. 起落架收放系统

机组或维护人员通过驾驶舱内的起落架手柄对起落架的收放进行控制。在现代民航飞机上，起落架收放可由人工、气动、液压或电动操作。大多数飞机起落架收放系统通常以液压为正常收放动力源。

图5-26所示为某些飞机使用的简单起落架收放系统，此时控制手柄在放下位。

在现代大部分飞机上都带有液压作动的起落架舱门系统，目的是当起落架放出或收上后，将打开的轮舱区域闭合，减小飞行阻力。起落架舱门的操作独立于起落架收放系统的操作。在起落架收放过程中，舱门打开，其余时间舱门均保持关闭。只有少数飞机没有起落架舱门系统。

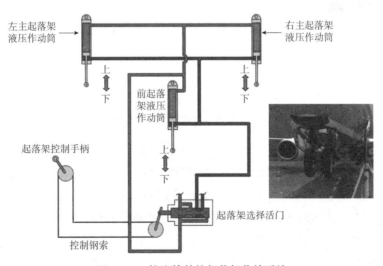

图5-26 较为简单的起落架收放系统

2. 典型飞机起落架收放控制系统

现代飞机采用较为复杂的起落架收放控制系统，有两种常见的液压作动起落架收放控制系统：一种是电控液动式起落架收放系统；另一种是机械液动式起落架收放系统。

图 5-27 所示为典型的电控液动式起落架收放系统。在此系统中，每个收放循环只有一个起落架控制接口组件（Landing Gear Control Interface Unit，LGCIU）工作，LGCIU 接收起落架手柄位置信号，通过起落架和舱门选择活门内的电磁线圈对液压油路进行控制。LGCIU 使用起落架和舱门临近传感器的信号，完成起落架和舱门的收放顺序。

在一个完整的放下起落架过程中，LGCIU 首先通电舱门电磁活门，通过液压释放舱门上位锁，伸出作动筒，打开舱门；然后 LGCIU 通电起落架选择活门，液压释放起落架上位锁，起落架作动筒接收压力将起落架放下，同时放下锁作动筒得到压力将起落架锁定在放下位；LGCIU 再次通电舱门选择活门将压力输送到起落架舱门作动筒使舱门关闭。

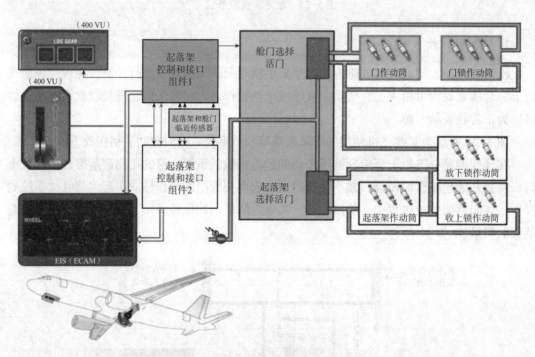

图 5-27　电控液动式起落架收放系统

图 5-28 所示为典型的机械液动式起落架收放系统。正常情况下，A 液压系统为起落架收放提供压力，B 液压系统只为收上起落架提供备用压力。临近电门电子组件（Proximity Sensor Electronic Unit，PSEU）控制起落架转换活门将 A 或 B 液压系统压力供应到起落架。

起落架选择活门提供收上或放下压力来收放起落架。起落架手柄通过钢索控制起落架选择活门。起落架作动筒将起落架收上或放下，放下锁作动筒在放下时锁定主起落架，在收上过程中开锁松开主起落架。上位锁作动筒伸出时松开上锁机构。当一个损坏且旋转的轮胎进入主起落架轮舱时，易断接头切断主起落架的作动压力，放下起落架，以防止损坏轮舱内部件。

当起落架控制手柄放到"DOWN"位时，A 液压系统压力通过转换活门和选择活门到达起落架作动筒和起落架下位锁作动筒，对起落架放下管路增压。上位锁打开后，起落架作动筒杆端压力增加，起落架通过液压力、重力和空气荷载放出。

此例中的起落架收放系统因主起落架没有液压作动舱门而没有舱门顺序控制部分，所以简化了系统。

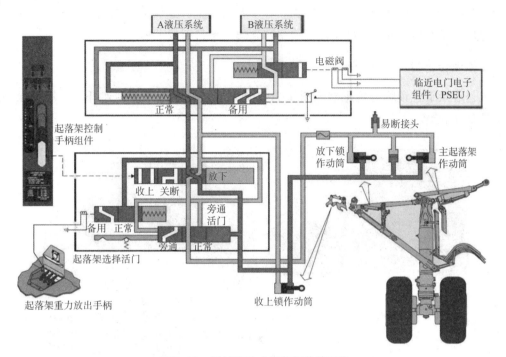

图 5-28　机械液动式起落架收放系统

3. 起落架收放作动筒

前、主起落架均使用液压作动筒进行收放操作，如图 5-29 所示。作动筒一端连接在飞机结构上，作动筒活塞杆连接在起落架减震支柱的接耳上。

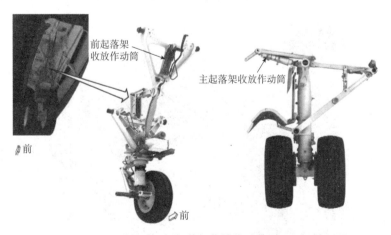

图 5-29　起落架收放作动筒

5.3.2 收放指示和警告

在驾驶舱需配备起落架位置指示系统，便于机组确认起落架位置。现代飞机起落架系统中均安装了大量的临近传感器，监控起落架和舱门的位置状态，用于驾驶舱显示起落架位置并在位置不正确时产生相应的警告。在一些机型上，还保留了机械指示，可以在驾驶舱和客舱的观察窗口直接通过机械指示观察到起落架是否放下锁定。

1. 临近传感器

主起落架下位锁临近传感器（图 5-30）通常安装在主起落架锁连杆上，用于探测起落架是否放下锁定。

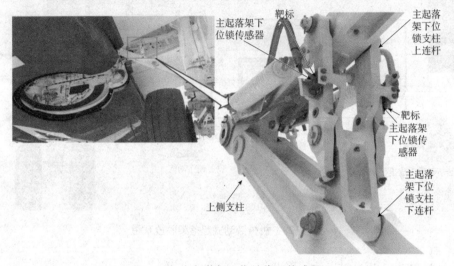

图 5-30　主起落架下位锁临近传感器

前起落架上通常有两个临近传感器提供前起落架下位锁指示（图 5-31）。传感器安装在后锁连杆的支架上，靶标安装在前锁连杆上。

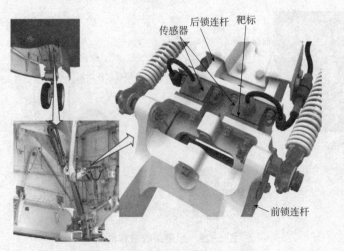

图 5-31　前起落架下位锁临近传感器

2.起落架位置指示和警告

图 5-32 所示为飞机起落架位置在驾驶舱内的显示，机组可以通过 ECAM 起落架页面或灯光指示面板查看起落架位置状态。

在 ECAM 起落架页面，绿色三角代表起落架放下锁定；如果是红色三角，代表起落架未锁定；起落架收上锁定时则不显示三角符号。起落架灯光指示板上绿色显示代表相应起落架放下锁定，红色显示代表相应起落架和起落架控制手柄位置不一致。如果没有任何灯光点亮，代表起落架处于收上锁定状态。

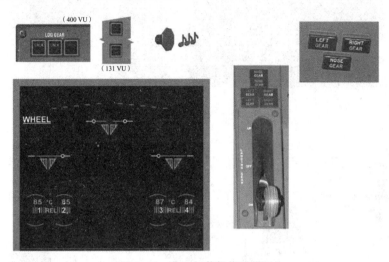

图 5-32 典型起落架位置指示

为保证飞机安全着陆，当飞机在着陆状态而起落架不在正确位置时，起落架音响警告系统会提醒驾驶员将起落架放下，防止未放起落架着陆，危及飞行安全。以下为空客和波音飞机常用的起落架音响警告触发条件：

在空客飞机上，如果起落架控制手柄在收上位，起落架没有放下锁定并且下列任意条件发生时触发警告：

（1）无线电高度小于 225 m（750 ft）并且油门杆处于慢车位；

（2）无线电高度小于 225 m（750 ft）并且襟翼在"3"或全放出位；

（3）两个无线电高度表均失效且襟翼在全放出位。

如图 5-33 所示，驾驶舱内会触发 ECAM 警告"L/G GEAR NOT DOWN"、主警告灯亮、连续音响以及起落架手柄旁的红色箭头灯亮。

如图 5-34 所示，在波音飞机上，如果起落架控制手柄在收上位，起落架没有放下锁定并且在满足下列所有条件时触发警告：

（1）襟翼位置处于着陆构型；

（2）油门杆处于慢车位；

（3）无线电高度在 240 m（800 ft）以下。

驾驶舱内会触发音响警告，并且使红色起落架指示灯点亮。

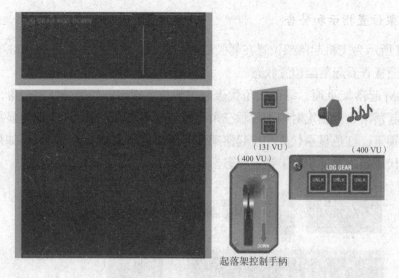

图 5-33　空客飞机起落架未放下警告

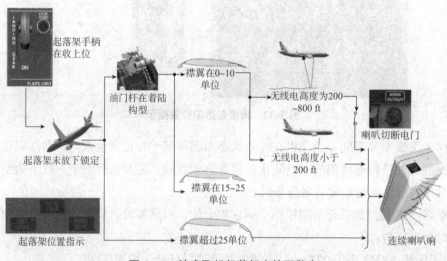

图 5-34　波音飞机起落架未放下警告

5.3.3　备用放下系统

带有起落架收放系统的飞机需配备起落架备用放下系统（图 5-35）。该系统用于起落架正常收放系统失效时工作，例如，用于操作起落架收放的液压系统低压时可以在驾驶舱操作备用放下手柄，通过机械和电子部件对起落架和舱门进行解锁，然后依靠重力将舱门和起落架放下。

起落架备用（重力）放下系统独立于正常收放系统。如图 5-36 所示，当打开备用（重力）放下控制机构的接近门时，接近门位置电门向起落架选择活门内的重力放下电磁活门发送信号，通过选择活门内的旁通活门将正常收放系统中的所有液压部件连通回油。拉起备用（重力）放下控制机构内的手柄可操纵该系统。通过钢索，起落架重力放下装置将对起落架上位锁机构解锁。起落架在空气动力和自身重量作用下放下。

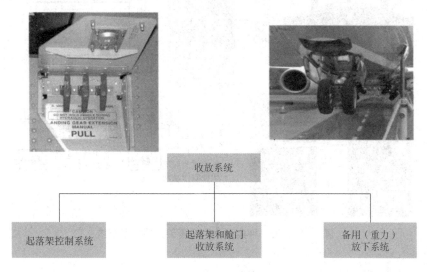

图 5-35　起落架备用放下系统

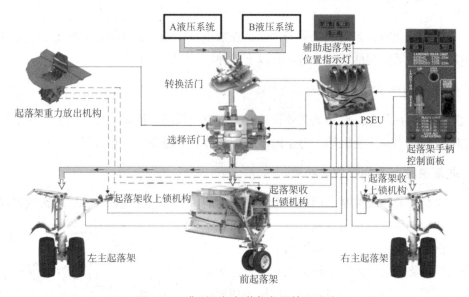

图 5-36　典型飞机起落架备用放下系统

　　如图 5-37 所示，某些飞机采用另一种类型的起落架备用放下系统。备用放出起落架电门是一个弹簧加载在正常位的电门，位于起落架控制面板上。当备用放起落架时，打开保护盖将电门放到放下位，28 V 热电瓶汇流条向备用放出组件内的电动马达供电，马达驱动共轴的液压泵，液压泵将来自液压油箱的液压油增压后，首先供向舱门释放作动筒，使舱门先打开，随后再供向起落架释放作动筒，使起落架在空气动力和自身质量作用下放下。

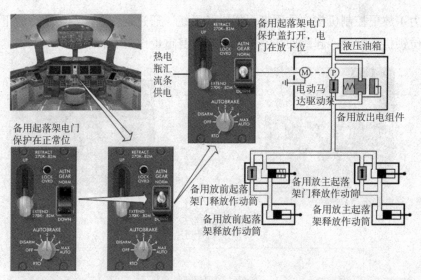

图 5-37　另一种典型飞机起落架备用放下系统

5.3.4　地面防收安全措施

当飞机在地面时，起落架必须安全锁定在放下位，如果起落架意外收上，会对飞机造成严重损伤。常见的起落架防收措施有以下三种。

1. 起落架手柄不能直接扳动

起落架手柄在收上、放下或关断位置时，都有卡槽使之固定，任何时候，都需要拉出起落架收放控制手柄才能扳动，防止由于维护人员的触碰而作动起落架。

2. 起落架控制手柄带锁定功能

现代飞机的起落架控制手柄通常带有锁定功能。当飞机在地面时，手柄锁电磁线圈断电，起落架控制手柄被锁定在放下位。当飞机在空中时，起落架控制手柄锁电磁线圈通电解锁，这样可允许飞行员将起落架控制手柄扳到收上位。如果电磁线圈在起飞以后失效，飞行员可按压手柄锁超控按钮进行解锁，将手柄移动到收上位（图 5-38、图 5-39）。

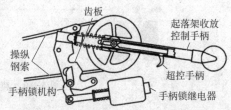

图 5-38　起落架控制手柄及手柄锁

3. 地面机械锁

在一些机型的起落架锁连杆上带有地面锁定销插孔，插入锁定销可以防止起落架意外收回。有些飞机在下位锁作动筒使用安全套筒，起到与锁定销相同的作用。为防止设备受损和人员受伤，在起落架相关区域工作前需确保插入地面锁定销或安装安全套筒。

在飞机起飞前，务必取下相关地面锁定装置（图 5-40）。

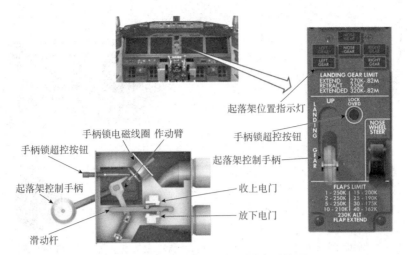

起落架位置指示灯

手柄锁电磁线圈 作动臂

手柄锁超控按钮

起落架控制手柄

手柄锁超控按钮

起落架控制手柄

收上电门

放下电门

滑动杆

图 5-39 起落架控制手柄及锁电磁线圈

图 5-40 起落架地面机械锁

5.4 转弯系统

■ 5.4.1 前轮稳定距

前轮接地点与前起落架轴线之间的垂直距离称为前轮稳定距，适当的前轮稳定距可以使前轮在飞机滑行时保持稳定。为了使飞机在地面滑行时可以更灵活地转弯，也需要前轮具有稳定距。

典型飞机前轮稳定距获得方式

前起落架减震支柱是其主要的支撑部件，减震支柱吸收飞机着陆和滑行颠簸时产生的冲击能量。图 5-41 所示为典型波音飞机的前起落架结构，可见减震支柱的中心线与地面垂直，并且轮轴位于起落架中心线后方，以此获得前轮稳定距。

如图 5-42 所示，在某空客飞机的前起落架中，减震支柱向前倾斜，并且轮轴位于减震支柱中心线上，这种设计可以提供前轮稳定距，使机轮自由地回到中立位置。

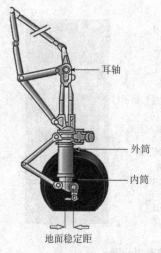

耳轴

外筒

内筒

地面稳定距

图 5-41 波音某机型的前起落架减震支柱

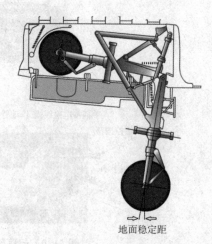

地面稳定距

图 5-42 空客某机型的前起落架减震支柱

5.4.2 定中机构及前轮摆振

1.典型前起落架定中机构

现代民用飞机通常采用凸轮式自动定中机构。它安装在前起落架减震支柱的内部，由上、下凸轮组成，分别连接在内筒和外筒上。当减震支柱内筒伸出时，上、下凸轮啮合，确保前起落架在收回过程中及放下接地前均保持在定中位置。图 5-43 所示为典型的前起落架内部定中凸轮在地面断开和空中啮合的两种情形。

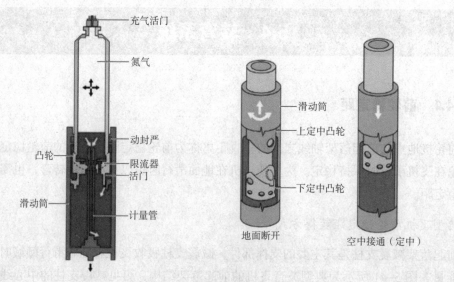

充气活门

氮气

动封严

凸轮

限流器

活门

滑动筒

计量管

滑动筒

上定中凸轮

下定中凸轮

地面断开

空中接通（定中）

图 5-43 典型前起落架定中机构

2.前轮摆振

飞机在滑跑过程中，可能会发生摆振现象，即前起落架内筒绕外筒自由旋转运动与

142

起落架系统的结构变形耦合作用引起的自激振动。摆振会对轮胎和起落架结构造成损伤。

为消除前轮摆振现象，各机型采取了不同的措施。图 5-44 所示为某型飞机的前轮转弯系统，该系统中带有防摆振活门，当前轮发生摆振时，依靠液压油流经防摆振活门产生的热耗作用将摆振的能量消耗掉，达到消除摆振的作用。

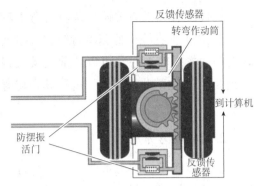

图 5-44　前轮防摆振活门

5.4.3　前轮转弯及主轮转弯

1. 转弯系统分类

现代民航飞机都配备前轮转弯系统，在某些带有多轮起落架系统的大型喷气式飞机上，还配备有主轮转弯系统。如 B777 和 B747 等机型，同时配备有前轮和主轮转弯系统。在一些老式低速飞机上，往往使用尾轮转弯（图 5-45）。

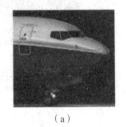
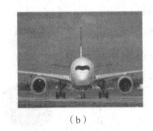

（a）　　　　　　　　（b）　　　　　　　　（c）

图 5-45　转弯系统

（a）前轮转弯；（b）前轮和主轮转弯；（c）尾轮转弯

在飞机起飞或者着陆高速滑行阶段，机组可以通过驾驶舱方向舵脚蹬（图 5-46）控制前轮转弯系统。使用方向舵脚蹬只能控制前轮偏转一个较小的角度，一般不超过10°。

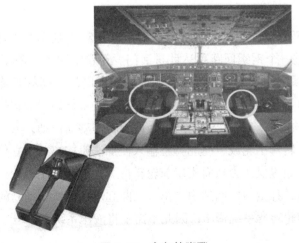

图 5-46　方向舵脚蹬

现代民航飞机通常还配备有转弯手轮（图5-47）。在飞机低速滑行或较大角度转弯时，操纵转弯手轮可以使前轮最大偏转到80°。在某些机型上，也称其为转弯手柄。

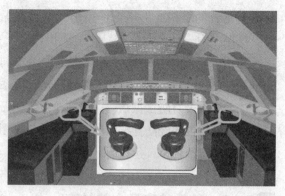

图5-47　转弯手轮

2. 前轮转弯系统

现代民航飞机均配备前轮转弯系统，以改进地面操作和起飞着陆时控制方向的性能。通常使用驾驶舱转弯手轮和方向舵脚蹬对前轮转弯进行控制。

一些小型飞机采用直接驱动式前轮转弯系统（图5-48），在此类系统中，方向舵脚蹬与前起落架直接通过机械方式相连。

大型飞机由于重量太大，无法使用上述直接驱动式前轮转弯，所以使用液压驱动间接式前轮转弯系统，常见的有以下两种：

第一种由机械操纵，液压驱动。在此类系统中，驾驶舱发出的转弯指令通过钢索传输至转弯控制活门，转弯控制活门将液压力输送至转弯作动筒。

第二种由电动操纵，液压驱动。在此类系统中，驾驶舱发出的转弯信号通过导线传输至控制电路，控制电路通过伺服活门将液压力输送至转弯作动筒。

直接与方向舵脚蹬机械连接

图5-48　直接驱动式前轮转弯

转弯作动筒有双作动筒和齿轮齿条两种形式，这两种作动筒均可用于机械操纵和电动操纵系统。本节以机械操纵双作动筒驱动和电动操纵齿轮齿条驱动为例进行介绍。

（1）机械操纵双作动筒驱动前轮转弯系统。如图5-49所示，来自转弯手轮或方向舵脚蹬的转弯输入通过一个钢索回路到达计量活门。正常情况下，液压系统A为前轮转弯提供压力。如果A系统失效，通过操作备用前轮转弯电门，起落架转换活门将供向前轮转弯的压力源转到B液压系统。当飞机在地面时，方向舵脚蹬可以提供输入信号到前轮转弯系统。当飞机在空中时，来自PSEU的信号使旋转作动筒作动，方向舵脚蹬无法将信号送至前轮转弯系统。转弯手轮或方向舵脚蹬输入使加法机构离开中立位，转弯计量活门移动，向前轮转弯作动筒提供压力从而实现前轮转弯。当前起落架机轮位置同转弯手轮或方向舵脚蹬位置一致时，计量活门回到中立位，切断起落架转弯作动筒的供压。拖行飞机时可通过拖行活门对前轮转弯系统释压，因此不需要将液压系统A释压。

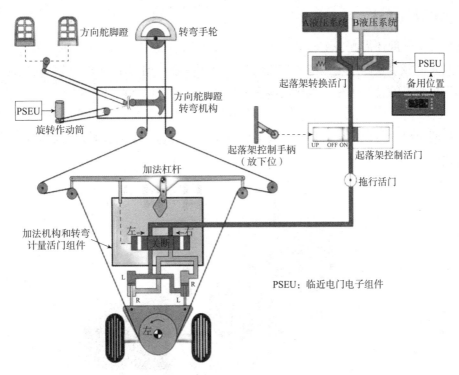

图 5-49　机械液动式前轮转弯系统

（2）电动操纵齿轮齿条驱动前轮转弯系统。如图 5-50 所示，前起落架旋转筒是一个可自由旋转的齿形筒，安装在减震支柱内部，并与转弯作动筒通过齿条啮合。当计算机接收到手轮或脚蹬发出的转弯指令后，发出电信号，通过转弯伺服活门控制液压油路，用于驱动转弯作动筒。转弯作动筒的前后运动带动旋转筒转动，再通过上、下扭力连杆驱动前轮进行转弯。在此过程中，位置传感器向计算机反馈前轮转弯角度，实现闭环控制。

在前轮转弯系统中安装一个电选择活门和一个机械选择活门，用于飞机在空中时切断前轮转弯系统的供压。电选择活门受控于计算机，飞机在空中时，计算机将其关闭；机械选择活门受控于前起落架位置状态，前起落架收上后，活门关闭。

在拖行飞机时，可通过拖行手柄发出电抑制信号，脱开前轮转弯系统。

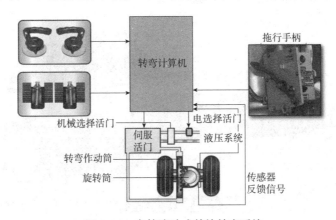

图 5-50　电控液动式前轮转弯系统

3. 主轮转弯系统

大型飞机一般还需配备主轮转弯系统，该系统的主要作用是减小飞机转弯时主起落架承受的侧向荷载以及因主轮侧滑而造成的轮胎刮擦损伤。通过增加主轮转弯功能还可以有效减小飞机所需的转弯半径。现代民航客机的主轮转弯有以下两种形式：

（1）主起落架采用小车架转向梁（图 5-51），当前轮进行大角度转弯时，主起小车架上的后两个机轮可以配合转弯。在正常情况下，由转弯作动筒将转向梁和固定梁锁定在同一直线上。

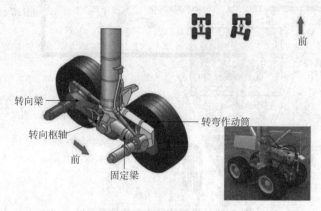

图 5-51 小车架转向梁

（2）主起落架采用整体转向架进行转弯，整体转向架也被称为旋转小车架。如图 5-52 所示，在采用整体转向小车架的起落架上，当飞机滑行速度小于一定值（如 15 kn[①]）时，主起落架转弯功能自动激活；当滑行速度大于一定值（如 20 kn）时，主起落架转弯系统自动定中。

当指令传感器探测到前起落架进行转弯时，将电信号传输至电子控制组件，再由电子控制组件操作液压控制模块中的伺服活门，将液压力传输给主起落架转弯作动筒。当前起落架朝某一方向转动一定角度时，可转向的主起落架朝相反方向转动一个相对较小但与前起落架转动成比例的角度。

对于 B747 这种起落架数量较多且配备多轮起落架的机型，其主起落架就配备了上述的整体转向架系统，以减小转弯时轮胎侧壁摩擦产生的损伤。

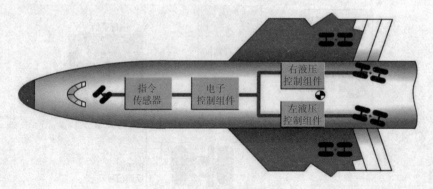

图 5-52 转向小车架

---

① 1 kn ≈ 1.852 km/h。

5.5 机轮和轮胎

5.5.1 机轮功能

在现代飞机上，机轮用于提供航空器在地面滑行、转弯、起降和承重功能，特别是在起飞和着陆阶段，机轮需要承受巨大的荷载（图 5-53）。机轮发生损伤可能会导致飞机严重受损以及机组和乘客受伤，因此轮胎的性能和维护至关重要。

轮胎的使用寿命根据飞机起降次数计算，一个轮胎大约可以进行 150 次起降。在某些极端情况，如刹车系统故障，可能导致新装机轮胎在第一次降落后就需要更换。

轮胎必须能在不同温度下正常工作。在起飞阶段，轮速可以在 60 s 内由 0 kn 加速至 220 kn，此时轮胎温度可以达到 110 ℃；在高空飞行时，轮胎温度可以降至 –20 ℃。

大型飞机需要很多机轮，以避免任何一个机轮上的荷载过大。例如：B747 有 18 个机轮；A340-300 和 MD11 有 12 个机轮。在重着陆和硬着陆时，机轮承受的荷载可达正常情况的两倍。

图 5-53　机轮功能

5.5.2 轮毂类型、半机轮轮毂构造

1. 轮毂类型

轮毂组件通常为锻铝合金构件，部分机型轮毂组件为铸铝合金构件或镁合金构件，其设计理念是在确保组件安全、使用功能、使用寿命的前提下，最大限度地减少结构质量，以获得最大限度的经济利益。

大型喷气式飞机的轮毂一般是铝合金制成，这种材料的优点是结构强度高、质量轻。

有些飞机的轮毂使用镁合金制成，这种材料比铝合金轻，但容易腐蚀。

早期飞机的机轮是一个整体结构，类似现在汽车的轮子。这种构型可以把轮胎直接压过轮辋。由于现代飞机的轮胎太硬，无法直接压到轮辋上，一般需要由内侧和外侧两个半轴组成。

机轮的轮毂由内侧和外侧半轮辋通过高强度连接螺栓和自锁螺母固定在一起（图5-54）。在飞机运行过程中，有时会因承受的高拉伸荷载而使连接螺栓失效或断裂，如果发生这种情况，轮辋中的应力分布发生变化，剩余的螺栓可能会过载。如果在检查中发现一个连接螺栓丢失，则应按照维修手册中的说明进行维护。通常情况下，必须更换机轮并检查轮辋。

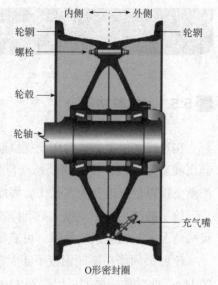

图5-54　内、外侧轮辋组成的轮毂

在轮辋的外半部分和内半部分之间有封严装置，充气活门安装在轮辋的外半部。当轮胎充气时，密封圈可以防止两半轮辋之间的气压泄漏。

2. 轮毂构造

刹车动盘由钢制的驱动键驱动。主轮驱动键由螺栓固定在主轮内侧，并与刹车动盘钢卡槽配合来驱动刹车动盘。

隔热罩用于防止在正常刹车过程中刹车热量损坏轮胎，但隔热罩无法将高温与轮毂和轮胎完全隔离。在中断起飞过程中需要进行高能刹车，刹车盘的温度可能会升高到1 000 ℃以上。

如图5-55所示，当机轮温度升高到一定程度时，轮毂内侧的易熔塞会自动释放轮胎压力。在某些飞机上，易熔塞称为热释放塞。易熔塞的中心部分填充有熔点低的合金，当机轮温度升高到熔点时，合金熔化并且轮胎自动放气。通常，刹车盘的高温传递到易熔塞需要一段时间，该时段长短取决于刹车吸收的能量。在执行高能刹车飞机停止后，易熔塞熔化放气前，飞机还可以滑行约10 min。

轮胎充气活门可带有直接读取压力的指示器或通过独立的压力传感器将压力信息发送到轮胎压力指示系统。

飞机机轮都有锥形滚柱轴承。轴承通过保护封严和隔离管以防止灰尘和水进入。

3. 轮辋检查

在正常使用期间，所有轮辋需要进行目视检查，并定期返厂完成更详细的检查。

近距离目视检查时，在胎圈底座和连接螺栓周围区域可能会发现裂纹。另外，还需要检查是否有连接螺栓丢失，轮辋是否有腐蚀痕迹等异常状态。经过数次起落循环后，如果目视检查显示轮毂有损坏，则将机轮组件返厂进行更详细的检查。

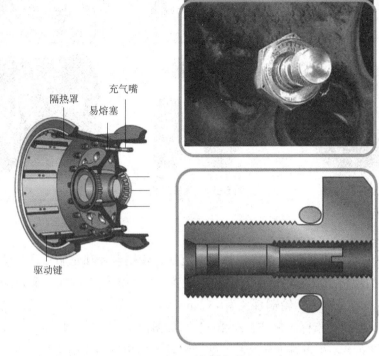

隔热罩 充气嘴
易熔塞

驱动键

图 5-55　机轮部件

5.5.3　航空轮胎的构造和维护

1. 轮胎类型

飞机轮胎依据以下参数进行分类：

（1）额定速度；

（2）额定荷载；

（3）帘线层等级；

（4）类型；

（5）尺寸。

额定速度值表征轮胎的最大速度能力，额定荷载表征轮胎的最大承载能力。在飞机运行期间，即使在临界条件下，也不得超过额定速度和额定荷载。最初，业内将飞机轮胎和轮辋分为九种不同类型，但现在仍使用的类型只有Ⅲ型、Ⅶ型和Ⅷ型（图 5-56）。Ⅲ型轮胎是低速轮胎，用于地速小于 257 km/h（160 mile[①]/h）的螺旋桨飞机。与其他轮胎相比，这些轮胎相对于轮辋直径的截面宽度更大，这样可以降低压力，改善缓冲和漂浮性能；Ⅶ型轮胎属于高速轮胎，是喷气式飞机上使用的标准轮胎，地面速度可高达 225 mile/h；Ⅷ型轮胎属于超高速轮胎，额定速度为 450 km/h（280 mile/h），它们常被用于军用飞机。

① 1 mile ≈ 1.609 km。

149

标准的低速飞机机轮
III 型轮胎
额定转速160 mile/h

标准的喷气式飞机机轮
VII 型轮胎
额定转速225 mile/h

用于军机的机轮
VIII 型轮胎
额定转速280 mile/h

图 5-56　飞机轮胎

2. 轮胎规格

如图 5-57 所示，衡量轮胎规格包括截面宽度、轮辋直径和轮胎外径三个主要指标。衡量III型轮胎的规格主要采用截面宽度和轮辋直径两种指标。例如，塞斯纳 172 轮胎的截面宽度为 15 cm（6 in），轮辋直径为 15 cm（6 in）。衡量VII型轮胎的规格一般只用轮胎外径和截面宽度两种指标。例如，A320 的主轮轮胎的外径为 124 cm（49 in），截面宽度为 43 cm（17 in）。衡量VIII型轮胎和一些VII型轮胎的规格需采用轮胎外径、截面宽度和轮辋直径三种指标。例如，波音 B747 的主轮轮胎的外径为 124 cm（49 in，截面宽度为 48 cm（19 in），轮辋直径为 51 cm（20 in）。到目前为止，大多数轮胎外形尺寸均以英寸（in）为单位，也有些轮胎的外径和截面宽度以毫米（mm）为单位。对于部分机型的机轮，轮胎在胎圈区域会有特殊设计。由于不同的轮胎在胎圈区域的设计和规范会不一样，所以需要注意适用性。

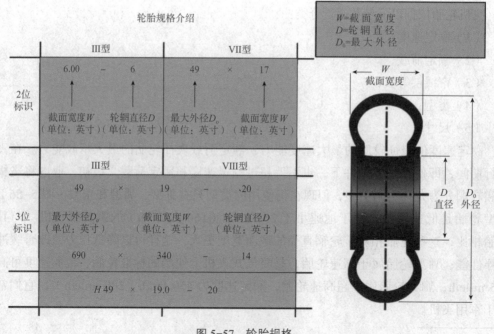

图 5-57　轮胎规格

3. 轮胎标识

飞机轮胎须有永久性标识。如图 5-58 所示，轮胎标有制造商名称、设计类型、制造国、序列号和零件号等。在轮胎上除了标有轮胎尺寸，还有一些其他轮胎标识，包括额定荷载、有无内胎、适用规范、帘线层额定值、错位角度和额定速度值。

轮胎强度的一个指标是帘线层等级。当轮胎帘线层由棉绳制成时，帘线层的等级与帘线层的数量相同。现如今的帘线层是由更结实的材料制成，这意味着使用较少的帘线层便具有与原来相同的强度，且整个层数额定值大于实际层数。

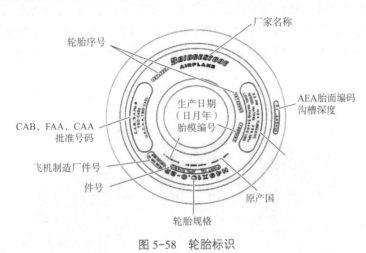

图 5-58 轮胎标识

4. 轮胎构造

飞机轮胎的设计与轿车、卡车轮胎大不相同，汽车轮胎和卡车轮胎具有相对恒定的负载和速度。飞机轮胎的设计要求必须能在着陆时承受很高的荷载，并能承受高速运行的应力。

飞机轮胎的主要部件包括胎圈、胎体、胎面和侧壁（图 5-59）。

胎圈由嵌入橡胶中的高强度钢丝构成。轮胎内可能有一个、两个或三个钢圈，用来固定胎体，确保轮胎牢固地安装在轮辋上。胎圈必须非常坚固，因为所有的负载和刹车力都将集中在此处。轮胎胎体由多层橡胶涂层尼龙帘线制成。胎面是轮胎外圆周上的磨损面，它是由一种特别合成的橡胶制成，具有很强的韧性和耐久性。广泛使用的花纹胎面由一个或多个模压在其表面的花纹或沟槽制成，可以确保在不同的

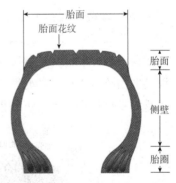

图 5-59 轮胎基本结构

跑道条件下提供良好的抓地力，并改善胎面磨耗，提高方向稳定性。合适的胎面花纹将最大限度地减少滑水问题，需要注意的是，大多数飞机轮胎在彻底报废前可以翻新 10 次左右。侧壁从胎面延伸到胎圈区域，是一层柔韧的抗风化橡胶，用于保护胎体。

（1）斜交轮胎。斜交轮胎是一种常见的无内胎轮胎。如图 5-60 所示，胎体由橡胶涂

层和尼龙帘线层制成，可以看到帘线层中的绳索呈对角线排列，相邻帘线层的绳索相互交叉，平衡了胎体的受力。胎体层包裹了钢丝圈，并延伸到轮胎侧壁，这层称为帘线层。

底胎是一层特殊合成橡胶，下胎面在胎面和胎体之间具有良好的附着力。胎面胶是一层或多层尼龙织物。胎面钢丝圈用来抵消在高速运行期间将胎面从胎体中拉出的离心力。

内衬是无内胎轮胎内侧一层 3 mm 厚的低渗透橡胶，飞机的轮胎通常都是无内胎的。内衬就像一个内置管，它将渗入胎体层的气体量降至最低，但是不可避免地依然有部分气体会从内衬中渗出，因而轮胎会有排气孔。

排气孔位于下侧壁，它们通常被标记为绿色或黄色。排气孔允许这些气体进入大气并防止帘线层分离。如果分离的气体没有被释放出来，积聚的压力可能会使胎体层分离。

平衡标记是侧壁上的一个红点，它标志着轮胎最轻的部分。在机轮装配过程中，红点位于充气阀附近。

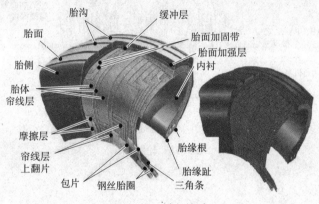

图 5-60　斜交轮胎

（2）子午线轮胎。子午线轮胎的国际代号是"R"，印在轮辋上的规格名称中作为标识。子午线轮胎的胎体框架由胎体帘线层和胎面帘线层构成，其中胎体帘线层与钢丝圈成 90° 缠绕，通常不超过 10 层；胎面帘线层缠绕在胎体帘线层外面，与胎体帘线层成90°，层数也在 10 层以下，如图 5-61 所示。由于胎体帘线层数少，因此子午线轮胎的胎壁较薄，抗穿刺能力比斜交线轮胎差。由于子午线轮胎具有较强的胎面帘线层，轮胎高速滚动时由离心力产生的轮胎膨胀量小于斜交线轮胎，加之轮胎侧壁较薄，使子午线轮胎在滑跑时发热量小，因此可获得良好的速度特性。

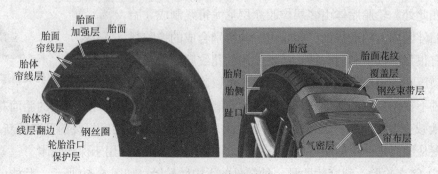

图 5-61　子午线轮胎

5.轮胎勤务

飞机轮胎使用过程中最重要的维护项目是轮胎气压控制。由于重着陆、高利用率和较大的刹车速度，以及急转弯和跑道坡度所带来的高地面接触压力，飞机轮胎需要频繁维护。

轮胎在运动过程中会使得侧面交替弯曲，橡胶化合物和胎体帘线暴露在弯曲和剪切力下，这些都会引起内耗和热量。因此，飞机轮胎产生的热量比任何其他轮胎都多。橡胶是一种很好的隔热材料，因此轮胎中产生的热量都会慢慢散失。但轮胎在再次使用前依然需要时间冷却。

轮胎内壁橡胶不是完全气密的，这就要求必须每天检查飞机轮胎气压。使用校验的量具可以准确发现轮胎低压状态。正确充气的轮胎在承载时，其压缩变形量约为 32%，此时可提供良好的胎面磨损（图 5-62）。如果轮胎充气过度，压缩变形量小于 32%，会导致中心胎面过度磨损；如果轮胎充气不足，压缩变形量达到 32% 以上，会导致胎肩过度磨损，当轮胎压缩变形量超过 45% 时，则会产生超过正常水平 3 倍的热量。低充气比高充气更严重，它会产生过度的应力，导致帘线层分离和胎体弱化。

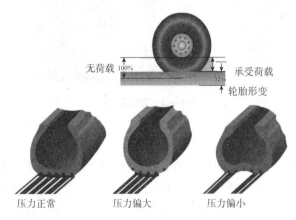

图 5-62　不同勤务压力对轮胎的影响

每天检查轮胎气压时，应该在冷胎的状态下（即测量时间至少在飞行后两小时之后）测量胎压。在检查胎压期间，机轮必须接触地面而不能在千斤顶上。如果轮胎没有荷载，胎压需降低 4% 左右。轮胎充气压力随环境温度的变化而变化，温度每升高 3 ℃胎压升高约 1%。例如，在 15 ℃ 的环境温度下，轮胎压力为 1 380 kPa（200 psi），那么当温度升高到 45 ℃时，轮胎压力约为 1 520 kPa（220 psi）；当温度降低到 9 ℃，则轮胎压力约为 1 350 kPa（196 psi）。

轮胎充气勤务使用氮气，并遵循以下原则：

如果有可用的氮气，则不能使用压缩空气给轮胎充气（图 5-63）。空气中约有 21% 的氧气，如果过热或刹车燃烧，这将是非常危险的。如果没有氮气可

图 5-63　轮胎充气

用，可以使用压缩空气进行补充或进行全面勤务。如果使用了空气，必须在技术本中进行记录，并且必须参照维护手册在轮胎使用后的一段时间内维护清除。

因为同一轮轴上的其他轮胎会为充气不足的轮胎提供支撑，所以在大多数情况下，目视检查无法判断轮胎是否充气不足，需要借助压力表对轮胎压力检查。部分飞机轮胎上的充气活门会自带有一个压力表来显示胎压，也有部分飞机装有轮胎压力指示系统，胎压检查更加简便（图 5-64）。

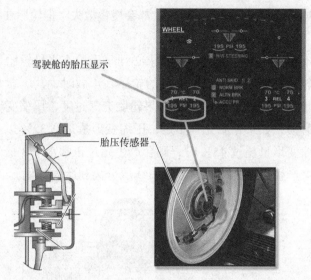

图 5-64　胎压指示

6. 机轮维护

执行机轮拆换工作，在拆轮轴螺母前必须先释放轮胎压力，防止爆胎。

由于机轮在存放时已经被释压，所以在安装机轮后，务必参考维护手册充气至标准压力。如果刹车过热，则应始终从前部或后部靠近机轮，而切勿从侧面靠近机轮，因为如果发生轮胎爆破，零件会从侧面飞出（图 5-65）。

7. 轮胎的目视检查

出于安全和轮胎经济性的考虑，定期检查轮胎至关重要。轮胎检查项目包括轮胎是否损坏以及是否达到正常的磨损极限。

在有中心沟槽的轮胎上，当中间沟槽在 10 cm 及以上长度不可见时，便达到了正常磨损极限；在没有中间沟槽的轮胎上，当跨过胎面中心线的两个沟槽中任何一个在 10 cm 或更长区域内不可见时，则达到了正常磨损极限（图 5-66）。达到正常磨损极限的轮胎最多可以继续使用 15 个起落，但是必须要在记录本中进行记录，提醒外站人员，非必需情况无须更换机轮。

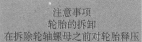

注意事项
轮胎的拆卸
在拆除轮轴螺母之前对轮胎释压

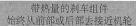

轮胎的安装
确保轮轴螺母施加合适的力矩
胎压勤务至正常值

带热量的刹车组件
始终从前部或后部去接近机轮

图 5-65　机轮维护

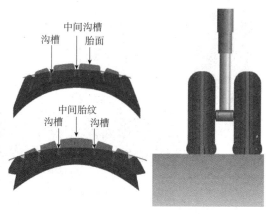

图 5-66　轮胎磨损检查

如果轮胎未正确充气，会出现异常磨损。过度充气会加速胎面磨损，而充气不足会增加胎肩磨损（图 5-67）。

通常，在胎面区域的 V 字形小切口是由于飞机降落在带沟槽的跑道上造成的损伤。带有 V 形切口的轮胎可以继续使用，直到达到正常的磨损极限。

有些切口（图 5-68）比常见的小切口要严重得多，这些切口是由停机坪上的异物造成

的。当切口深度超过标准时，必须将轮胎拆下。维修手册中包含了确定需要更换轮胎的切口标准，例如：

（1）如果切口不深于最近沟槽的底部，则轮胎可以继续使用。

（2）如果切口比最近的沟槽底部深 8 mm 以上，或者如果沟槽不再可见，切口距表面 4 mm 以上，则必须拆下轮胎。

（3）如果切口不深于最近沟槽的底部，则切口的长度并不重要。

（4）如果切口比最近沟槽的底部更深，则切口的长度决定是否应拆下轮胎。

（5）如果沟槽边缘上的切口超过 20 mm 或胎面上的深度超过 60 mm，则应拆除轮胎。

（6）如果两个切口之间的距离小于 150 mm，则也应卸下轮胎。

以上标准仅为典型飞机轮胎，每种机型的标准略有不同，维护检查时需参考各自机型的维护手册。

检查时可能发现轮胎胎面部分缺失（图 5-69），暴露出胎体层。胎皮脱落的原因有很多，最常见的是没及时检查到较小的切口，然后发展成带状导致脱落。

如果在胎面形成的磨损区域外观比较平整，这是由于在干燥的跑道上机轮被锁定或未转动造成的。如果轮胎没有磨损到沟槽底部并且没有出现摆振，则可以继续使用。

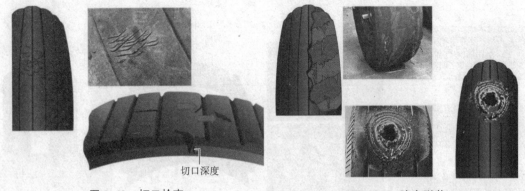

图 5-68　切口检查 　　　　　　　　　　　　　图 5-69　胶皮脱落

轮胎熔化/鼓包如图 5-70 所示，在湿跑道上机轮被锁定或未转动可能导致胎面形成类似橡胶熔化的扁平区域。轮胎鼓包通常出现在侧壁，表明帘线层分离或胎面分离。轮胎鼓包是由于胎面局部过热引起的，如果发现有凸起或鼓包的轮胎，必须更换。

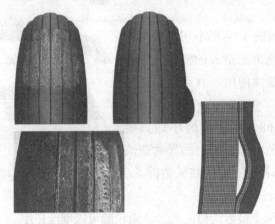

图 5-70　轮胎熔化/鼓包

对于胎肩磨损严重，而胎面中心仍然还存有花纹的轮胎，也应该更换新轮，胎肩过度磨损如图 5-71（a）所示。

外来物损伤通常会在胎面区域产生切口或孔洞。损伤主要是由不清洁或未清扫的跑道和滑行道引起的。如果异物仍在机轮上，则不要将其移除。对于由于外来物损伤的轮胎应立即拆下，防止爆胎，如图 5-71（b）所示。

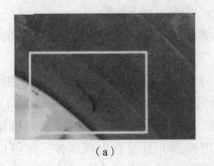
　　　　　　　（a）　　　　　　　　　　　　　　　
　　　　　　　　　　　　　　　　　　　　　　　　（b）

图 5-71　外来物损伤和胎肩过度磨损
（a）胎肩过度磨损；（b）外来物损伤

8. 轮胎存储

轮胎应存放在阴凉、干燥并避免阳光直射的场所。存放期间应避开荧光源、电动机、电池充电器、电焊设备和发电机等设备，防止其产生臭氧导致橡胶老化，并避免与石油、汽油、航空煤油、液压油或类似碳氢化合物接触，在搬运中也需特别注意。

轮胎应直立放置或置于轮胎架上，并防止异物扎伤轮胎。不要将轮胎放在有污染物的地面或运输工具台面上。

5.5.4 机轮装配

1. 机轮拆装

任何轮胎和机轮组件的拆卸应按照飞机制造商的安全程序说明完成。安全程序旨在保护维护人员，并且使飞机部件处于可用状态。遵守所有安全程序，有助于防止人身伤害和飞机零部件损坏。

飞机轮胎和机轮组件，尤其是已损坏或过热的高压组件，应被视为易爆物。当轮胎温度仍高于环境温度时，切勿接近此类轮胎。轮胎冷却后，以朝向轮胎肩部的倾斜角度接近损坏的轮胎和机轮组件。

从飞机上拆卸不可用或损坏的轮胎前，必须先放气；站在远离阀芯弹射路径的一侧，使用气门芯 / 放气工具给轮胎放气。如果气门芯脱落，由内部轮胎压力推动可导致严重的人身伤害。

对其他部件进行维护时，可在未放气的情况下拆卸处于适航状态的轮胎和机轮组件。例如，更换刹车组件前，拆下可用状态的机轮，如图 5-72 所示。

在安装机轮时，轮轴螺母不要拧得过紧，否则刹车过程中轮毂温度升高会沿轮轴方向膨胀，压紧轴承，使轴承的摩擦力大大增加、发热量增大，进而导致轴承产生的阻滚力矩也急剧增大。严重时，还可能使轴承、轮轴等零件熔焊在一起。

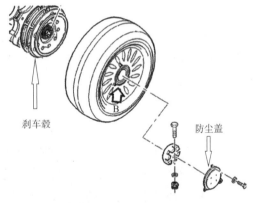

图 5-72　机轮拆装

2. 轮胎装配

机轮组件的主体结构包括两半式轮毂组件和外胎两大部分，以及释压阀（安装于轮毂组件上）、易熔塞（也称为热熔塞，安装于主轮内侧半轮毂上）、充气活门、隔热装置（安装于主轮内侧半轮毂上）、传递刹车转矩装置（安装于主轮内侧半轮毂上）、转动装置（轴承组件或齿轮组件）、密封件、刹车配合导向装置（安装于主轮内侧半轮毂上）、配重平衡块、连接件（螺栓 / 垫片 / 螺母或卡环等）等主要功能附件（图 5-73）。

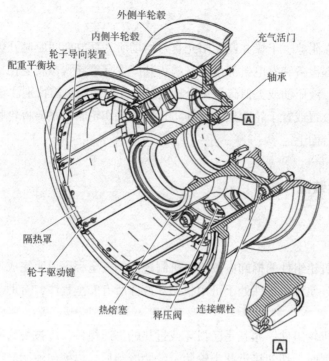

外侧半轮毂
内侧半轮毂
轮子导向装置
配重平衡块
充气活门
轴承
A
隔热罩
轮子驱动键
热熔塞
释压阀
连接螺栓
A

图 5-73 轮毂结构

下面为机轮组件装配的简单程序：

（1）组装内侧半轮毂和外侧半轮毂。在内侧半轮毂上分别安装半轮毂圈、热熔塞、驱动键罩和驱动键、隔热罩、充气阀组件；在外侧半轮毂上安装配重平衡块。

（2）组装轮毂和轮胎。

1）安装轮毂封圈。润滑轮毂封圈后，将封圈装在内侧半轮毂组件的封圈槽上，使其均等地环绕在轮毂上，并检查以确保封圈没有扭曲。

2）用防咬剂彻底润滑螺栓头部和螺纹部分，并润滑垫片和螺母的承压面。将垫片套在螺栓上，注意应使垫片的凹面朝向螺栓头；并将带垫片的螺栓头部朝下放入组装工装的套筒内；将内侧半轮毂放在工装上，并使所有的螺栓穿过半轮毂上的螺栓孔。

3）用干净的抹布将轮胎与轮毂接触的胎圈部位擦干净，将轮胎放在装胎机的滑轨小推车上。调整装胎机上内侧半轮毂的角度与高度，使半轮毂的中心与轮胎胎圈的中心位置刚好对准；转动小推车上的轮胎，使轮胎上的红点（轻点）对准轮毂上规定位置，小心地将轮胎套在半轮毂上，注意不要让轮胎接触到封圈。

4）操纵装胎机使半轮毂和轮胎回到朝上的位置。将与内侧半轮毂序号相同的外侧半轮毂配合面朝下放在轮胎上；小心地调整外侧半轮毂的方向，使所有的螺栓穿过外侧半轮毂螺栓孔；在螺栓上放上润滑过的垫片，注意使垫片凹面朝向螺母的承压面。

5）操纵装胎机将外侧半轮毂向下压，使螺栓从外侧半轮毂的螺栓孔中伸出两到三圈螺纹。用手将螺母套在螺栓上，并用手拧到不能转动为止。拧紧螺母时必须严格按下列步骤操作：第一次以十字交叉的顺序拧紧至规定力矩，第二次最终力矩拧紧至规定力矩，其中前四个螺母以十字交叉拧紧，其余螺母按顺时针方向拧紧。小心地操纵装胎机将机轮组件放到地上，将机轮充气笼内准备充气。

（3）机轮充气。

1）在轮毂的气门杆上装上新的气门芯，用符合规范的氮气将机轮充气到压力值。用肥皂水检查气门杆、安全阀、热熔塞有无漏气，如有漏气应及时排除故障；如果没有漏气，测量轮胎气压，并在轮胎上用粉笔记录下时间和充气压力值。

2）将机轮静置 24 h 后用相同的气压表再次测量轮胎的气压，可以接受机轮的压力下降少于 5%；如果压力下降超过 5%，则要检查渗漏过大的原因，并排除故障。

3）安装轴承锥和碗子、油脂封严和挡油圈。按需用红色的油漆在释压阀的位置喷上防滑标记。

5.6 刹车系统

5.6.1 刹车系统部件及工作

现代飞机上最常用的刹车包括单盘式刹车、双盘式刹车和多盘式刹车。

小型通用航空飞机通常采用单盘式刹车（图 5-74），在活塞壳内有一个旋转的动盘。液压作动活塞，在动盘的两侧产生适量的摩擦，实现减速刹车的效果。

图 5-75 所示为双盘式刹车，结构与单盘式刹车类似。双盘式刹车使用两个旋转动盘，在刹车时，使用双盘制动，在两个旋转圆盘之间产生更大的摩擦。

单盘式刹车

双盘式刹车

多盘式刹车

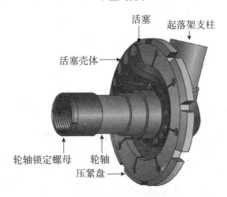

图 5-74　刹车锁及结构

159

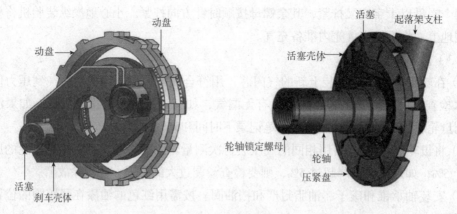

图 5-75　双盘式刹车

大型飞机使用的是多盘式刹车，整个刹车系统由液压驱动。多盘式刹车的主要部件有活塞壳、扭力筒、刹车动盘和静盘，如图 5-76 所示。

图 5-76　多盘式刹车

1.刹车作动活塞

活塞是锻造的铝合金零件。液压软管提供控制液压到活塞，活塞将刹车压力转换为刹车盘荷载。

出于安全原因，飞机必须有正常刹车系统和备用刹车系统。在图 5-77（a）所示的双供油构型中，有 7 个活塞与正常刹车系统一起工作，另外 7 个活塞与备用刹车系统一起工作，整个系统有一个自动选择活门。当选择活门内部弹簧把滑块推到右侧时，将会关闭正常刹车输入，并连接备用刹车输入活塞壳体；当施加正常刹车时，液压将克服弹簧力，推动滑块关闭备用刹车输入，将正常刹车液压输入连接到活塞壳体。

在图 5-77（b）所示的单供油构型中，正常刹车和备用刹车液压同时连接到往复活门，往复活门输出连接到刹车组件。如果正常刹车系统故障，则滑块移动，备用刹车液压油路连通，此时可切换至备用刹车工作。

活塞壳体还包括排气阀、磨损指示器孔、温度传感器和自封接头。

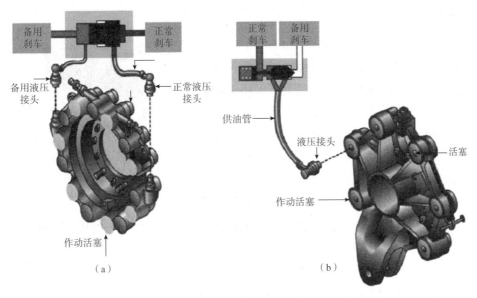

图 5-77　刹车作动活塞

（a）双供油构型；（b）单供油构型

2. 供压接头

自封接头完成刹车组件进口的密封，快速断开装置完成供压管路的密封，通过指示销可以确定两者之间的正确衔接（图 5-78）。采用这种自封接头的优点是，对于维修车间已经完成了加油排气的活塞壳体，在其装机后无须对刹车组件再次排气。

3. 扭力筒

扭力筒通常由锻钢制成，将定盘的扭矩通过花键轴传递到活塞壳体，一端连接承压背盘（图 5-79）。

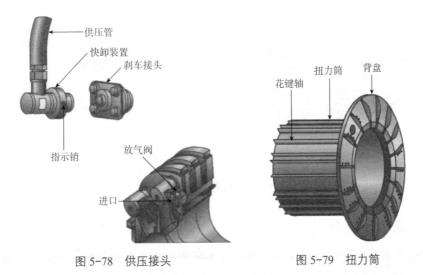

图 5-78　供压接头 　　　　　图 5-79　扭力筒

4. 刹车毂组件

刹车盘由交替的动盘和静盘组成（图 5-80），它们是由碳或钢制成的。在刹车过程中，动盘和静盘在压盘和压环之间挤压。在某些刹车毂上，压环也被称为背盘。压盘由液压活塞作动，压环与扭力筒连接。当有刹车压力时，动盘和静盘之间的摩擦产生刹车效果；当释放刹车压力时，自动调节器中的弹簧将压盘返回到正常位置，此时动盘可以自由转动。

与钢制刹车相比，碳制刹车的优势包括质量更轻（约为钢制刹车的三分之一）、更耐磨，并且能够承受更高的温度。

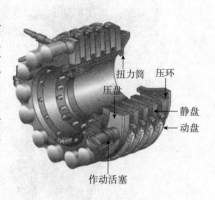

图 5-80　刹车盘组件

由于碳制刹车可以吸收更多的能量，因此在中断起飞后，其温度限制值为 2 500 ～ 3 000 ℃；而对于钢制刹车，此温度限制值为 1 500 ～ 2 000 ℃。

虽然碳制刹车生产成本比钢制刹车要高，但是碳制刹车盘可以回收。一般情况下，两个旧的碳制刹车盘可以制成一个新盘。整个碳制刹车盘有金属驱动块，驱动块铆接在定子的内圆周和转子的外圆周上，在安装刹车毂到轮轴上和将机轮安装到刹车毂上时，金属驱动块可以保护碳制刹车盘（图 5-81）。

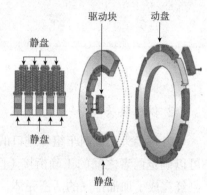

图 5-81　碳制刹车结构

钢制刹车盘由动盘和静盘组成。在切口 A–B 上可以看到衬片铆接在钢制静盘上。内衬由一种特殊的耐磨材料制成。钢制动盘是分段式结构，用于防止因整体受热而导致结构弯曲（图 5-82）。

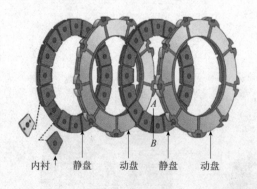

图 5-82　钢制刹车盘结构

5. 刹车指示销

通常情况下，检查刹车组件的磨损程度不需要拆下刹车和机轮，只需通过观察两个磨损指示销（图 5-83）伸出支架的长度。随着刹车盘的磨损，两个指示销伸出的长度会逐渐减少。当磨损指示销露出的末端与支架平齐时，说明刹车组件已经完全磨损。

为确保结果的准确性，在检查之前还须确保刹车冷却，并设置停留刹车，然后根据手册要求确定指示销长度在标准范围内。一般情况下，飞机每完成 20 ~ 30 次着陆，刹车指示销磨损 1 mm。

6. 刹车系统工作

飞机刹车系统由若干子系统组成以确保其安全工作。在地面可实施的刹车包括正常刹车、备用刹车和停留刹车。在空中，当起落架收回时，收上刹车将停止机轮转动。除此之外，还包括防滞系统和自动刹车系统（图 5-84）。

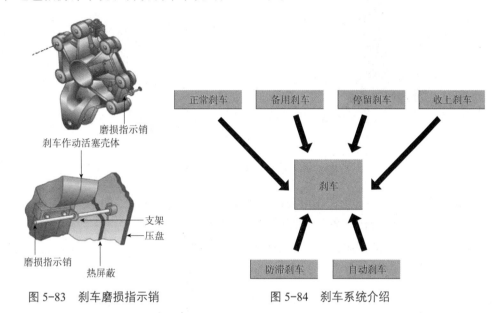

图 5-83 刹车磨损指示销   图 5-84 刹车系统介绍

在某些早期的飞机上，由钢索直接操作刹车，也有一些飞机使用一种便于实施的低压刹车系统，如图 5-85 所示。低压刹车系统有一个类似泵的主缸，一个液压油箱为主缸提供液压油，刹车脚蹬的操纵力在主缸内产生一个液压压力，用于完成刹车操作。

现代飞机普遍采用动力刹车。在动力刹车中，脚蹬操作一个刹车计量活门，刹车计量活门将来自脚蹬的输入进行放大，以提供更大的刹车压力。

部分飞机采用如图 5-86 所示的机械钢索控制刹车系统。驾驶舱的脚蹬通过机械钢索传输输入信号到轮舱的刹车计量活门。每组脚蹬的左脚蹬操作左侧刹车，右脚蹬操作右侧刹车。机长的左侧和右侧脚蹬分别通过连接杆与副驾驶相应脚蹬连接。所以操作机长侧或副驾驶侧的单个脚蹬时，另一侧对应脚蹬

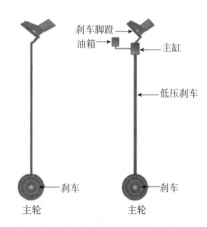

图 5-85 钢索直接操作刹车与低压
操作刹车

也会随动。当脚蹬移动时，带动前扇形盘转动，前扇形盘操纵钢索运动，两套独立的钢索

163

系统传递脚蹬的位移信号到刹车计量活门。

为确保刹车系统正常工作，一般安装两套互相独立的刹车系统，分别由正常刹车计量活门和备用刹车计量活门供压。

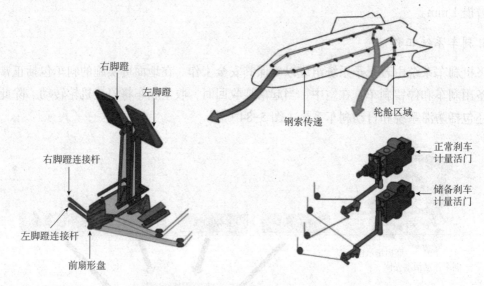

图 5-86　机械钢索控制刹车系统

也有部分飞机（如 A320）使用电控液压刹车系统，在此类系统中，刹车脚蹬传感器组件探测脚蹬位移量，并发送电刹车信号到电液伺服活门，电液伺服活门将电信号转换为成比例的刹车压力（图 5-87）。

■ 5.6.2　停留刹车

停留刹车系统用于飞机停放时设置刹车。

液压系统增压时，可以设置停留刹车。当所有液压系统释压时，还可以通过刹车储压器保持停留刹车。

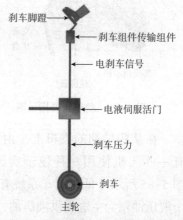

图 5-87　电控液压刹车系统简化示意

大多数波音飞机采用机械停留刹车系统。如图 5-88所示，停留刹车手柄位于中央操纵台，手柄通过连杆与弹簧加载的棘爪连接，脚蹬摇臂有一个锁销。在图 5-88中可以看到摇臂、棘爪和锁销的关系，此时，停留刹车位于释放位。

设置停留刹车时，首先踩压脚蹬，然后拉动停留刹车手柄。当脚蹬被踩下时，摇臂旋转并通过扇形盘和钢索打开刹车计量活门，设置刹车。当拉动停留刹车手柄时，棘爪向上移动顶住锁销，将刹车脚蹬锁定在踩下位置，设置停留刹车。

当停留刹车设置完成后，微动电门会被激活。此时，停留刹车活门将关闭所有防滞刹车的回油管路，确保储压器提供的刹车压力能够保持，在操纵台上，一个红色的停留刹车灯点亮。当再次踩脚蹬时，弹簧拉动停留刹车连杆，将停留刹车手柄恢复到释放位置即可解除停留刹车。

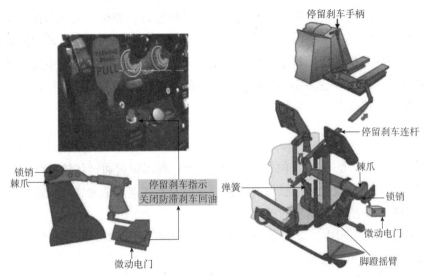

图 5-88　机械停留刹车系统

在某些飞机上（如 A320 飞机），通过转动停留刹车手柄电控设置停留刹车。当转动手柄后，电信号将打开电控活门，并提供液压到刹车系统（图 5-89）。

图 5-89　A320 停留刹车手柄

■ 5.6.3　防滞刹车

1. 介绍

大型飞机需要防滞系统来提高刹车效率，同时更好地保护轮胎。如果在着陆时机轮被锁定，在 1 ～ 2 s 内将会发生爆胎，进而造成大的经济损失，并可能危及飞行安全。实践证明，实施最大刹车力时，滚动的机轮比抱死的机轮刹车效果更好。

滑动是指在实施刹车时，轮速和地速的差值。滑移率是在机轮运动中滑动所占的比例，可用公式表示为

$$滑移率 = \frac{v_{飞机} - v_{轮}}{v_{飞机}}$$

当机轮滑移率等于 0 时，飞机没有拖胎；而当机轮滑移率等于 1 时，飞机处于完全拖胎状态，轮胎将受到极大的磨损，甚至发生爆胎。试验表明，在干跑道上，当刹车轮速比飞机速度低 10% ～ 15% 时，会产生最大的制动摩擦。在湿跑道以及有结冰、积雪和泥浆

的跑道上，摩擦力降低，滑移率增加，最终可能导致锁轮。如果在飞机滑行时能很好地控制机轮的滑移率，将得到最高的刹车效率，且具有控制精度高的优点。现代伺服技术的发展，为电子式防滞系统的使用打下了理论基础，提供了实现手段。防滞系统可以更快速地探测并修正滑动状态，经过多年的发展，防滞已经从避免爆胎的简单系统，发展到在所有跑道条件下都可以优化刹车效率的复杂系统。

2. 原理

图 5-90（a）所示是一个简单的刹车控制环路。刹车脚蹬通过传输系统操作刹车计量活门。防滞控制电路接收轮速传感器的轮速信号以及参考速度信号或飞机速度信号，控制防滞活门，限制系统输送到刹车的压力。

图 5-90（b）的图表中，显示了飞机速度/参考速度和刹车时间之间的关系，以及刹车压力和刹车时间之间的关系。

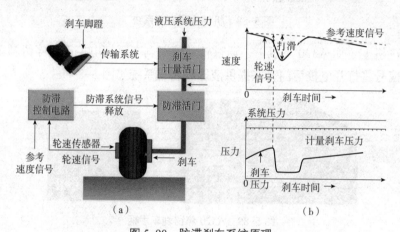

图 5-90　防滞刹车系统原理

（a）刹车控制环路；（b）速度/压力与刹车时间的关系

当实施刹车时，刹车计量活门发送最大计量刹车压力到防滞活门。最大计量刹车压力低于系统压力，并且始终具有恒定值。轮速的减速率比参考速度的减速率快，滑移率随着刹车压力的增加而增加。防滞控制电路发送调节信号到防滞活门，调节刹车压力，使飞机保持最优的滑动状态，即 10% ～ 15% 滑移率。

如果机轮在潮湿或结冰地面，滑动的可能性将增大，也就是参考速度信号和轮速信号之间的差异持续增加。防滞控制电路发送刹车释放信号到防滞活门，减少刹车压力，以释放刹车。当刹车释放后，轮子再次转动起来，直到达到 10% ～ 15% 滑移率。此时，刹车压力再次增加以保持最佳的滑移率。

3. 防滞功能举例

在某型空客飞机上，刹车机轮的速度大于 87% 飞机速度时（例如：飞机正在刹车减速，飞机速度为 100 kn、轮速为 89 kn），防滞系统不工作并且飞行员可以增加刹车压力。刹车机轮的速度小于 87% 飞机速度时（例如：飞机速度为 100 kn、轮速为 85 kn），防滞系统激活，减小刹车压力，调节滑移率降至13%。

如果机轮在潮湿或结冰的地面转动，调节功能将无法阻止滑移率增加到13%以上。当滑移率大幅增加时，机轮接近锁定状态。防滞系统发送一个刹车完全释放信号，使机轮开始转动，待滑移率正常后重新调节刹车压力。

当飞机速度降低到一定值（如10 kn）时，防滞系统自动关闭，避免在飞机低速急转弯时，防滞系统释放，内侧转动较慢机轮的刹车影响飞机转弯系统。在防滞系统关闭时，飞行员可以实施全刹车压力来停止飞机。

除此以外，防滞系统还带有接地保护功能，用于接地时释放刹车，防止接地瞬间爆胎。飞机着陆瞬间速度较大，轮速却接近零，防滞系统将此现象判断为100%的打滑或锁轮，将发送一个完全释放信号到刹车，确保在着陆时即使飞行员使用刹车脚蹬施加了刹车，所有刹车仍然是完全释放的。在飞机主轮接地后，当机轮转动速度达到刹车允许速度时，接地保护电路断开。

5.6.4　自动刹车

自动刹车系统（图5-91）可以在不需要飞行员踩刹车脚蹬的情况下，使飞机在选择的减速率下停止。自动刹车系统可以降低着陆和实施刹车之间的延迟。研究表明，在着陆后飞行员平均需要2～5 s来踩刹车。自动刹车系统在飞机着陆且减速板伸出后，自动施加刹车，将延迟时间减少到1 s以内。减少延迟时间可以缩短飞机着陆时对跑道长度的要求，在正常的着陆速度下，每提前1 s实施刹车，飞机的制动距离就会减少约60 m。

飞机着陆时，减速板伸出将增加40%～80%的阻力，并且减少升力使机轮承受更大荷载，从而在轮胎和跑道之间获得更好的摩擦力，提升刹车效果。

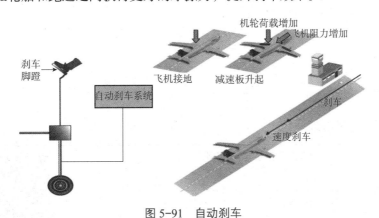

图5-91　自动刹车

图5-92所示为着陆时的自动刹车曲线，分为四个阶段：刹车系统开始工作、上坡道、自动刹车和下坡道。

在上坡道阶段，刹车压力平稳地上升，直到达到预先选择的减速率。

在自动刹车阶段，一个恒定的刹车压力维持一个恒定的飞机减速率。

在下坡道阶段，当减速板收回后或飞行员踩刹车时，下坡道阶段激活，刹车压力开始平滑地下降。

在着陆期间，飞行员可通过踩刹车脚蹬从自动刹车切换到人工刹车。

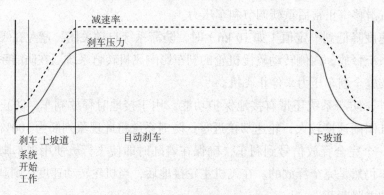

图 5-92　着陆期间的自动刹车曲线

如果在刹车时使用反推，自动刹车系统将减少刹车压力，以便反推和刹车的总和达到预先选择的减速率（图 5-93）。

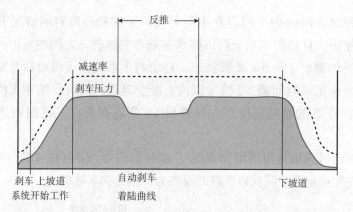

图 5-93　反推应用期间的自动刹车曲线

📋【任务工卡】

🗂 工卡 5—飞机起落架系统

工卡标题	飞机起落架系统部件识别与检查	
版本	R1	
工时	30 min	
工具 / 设备 / 材料	手电筒、螺钉旋具、反光背心、清洁布	飞机起落架系统 737NG

1. 工作任务	工作者	检查者
依据工艺规程与技术条件，环绕飞机找出飞机起落架系统各部件		

2. 工作准备	工作者	检查者
（1）准备相关资料		
（2）准备好跳开关、地面插销		

3. 工作步骤	工作者	检查者
打开相关盖板，进入飞机相关位置，识别操纵部件		

步骤1：典型飞机起落架识别

①主起落架

④前起落架　　　③前起落架机轮　　　②主起落架机轮

检查结果：

步骤2：典型飞机起落架系统主起落架部件识别（一）

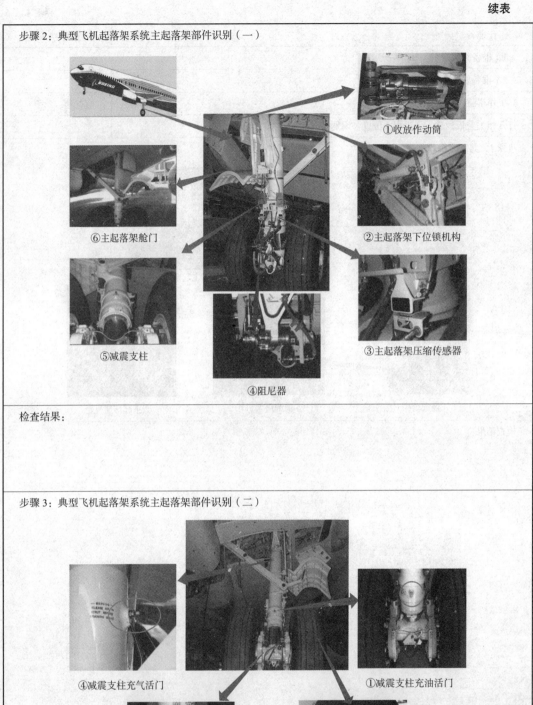

①收放作动筒

⑥主起落架舱门

②主起落架下位锁机构

⑤减震支柱

③主起落架压缩传感器

④阻尼器

检查结果：

步骤3：典型飞机起落架系统主起落架部件识别（二）

④减震支柱充气活门

①减震支柱充油活门

③刹车组件

②轮胎充气嘴

检查结果：

步骤 4：典型飞机起落架系统前起落架部件识别

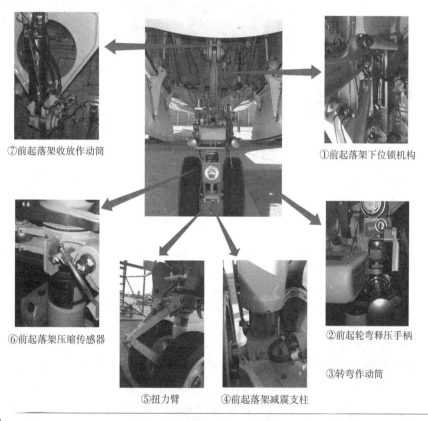

⑦前起落架收放作动筒

①前起落架下位锁机构

⑥前起落架压缩传感器

②前起轮弯释压手柄

③转弯作动筒

⑤扭力臂　④前起落架减震支柱

检查结果：

步骤 5：典型飞机起落架系统主轮舱部件识别（一）

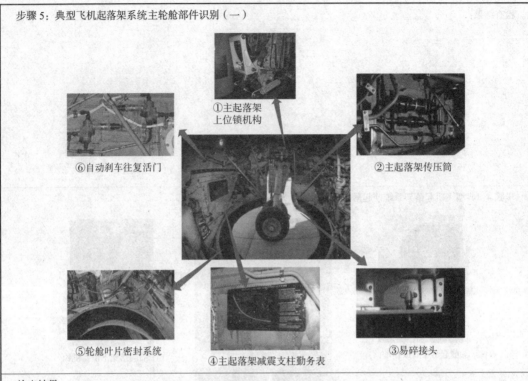

①主起落架上位锁机构

②主起落架传压筒

③易碎接头

④主起落架减震支柱勤务表

⑤轮舱叶片密封系统

⑥自动刹车往复活门

检查结果：

步骤 6：典型飞机起落架系统主轮舱部件识别（二）

①自动刹车压力控制组件

②选择活门

③转换活门

④防滞活门

⑤刹车储压器充气活门

⑥刹车储压器压力表

⑦停留刹车关断活门

⑧刹车计量活门组件

检查结果

步骤 7：典型飞机起落架系统右后机身部件识别

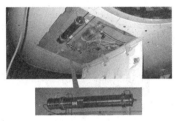

①刹车储压器

检查结果：

步骤 8：典型飞机起落架系统前轮舱部件识别

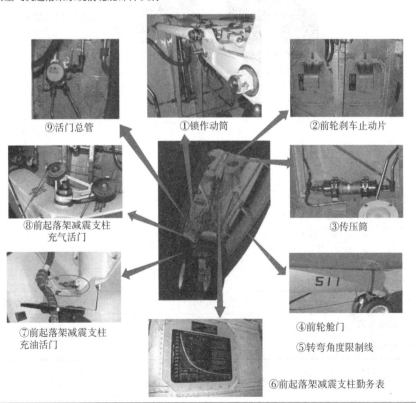

⑨活门总管　　①锁作动筒　　②前轮刹车止动片

⑧前起落架减震支柱
充气活门

③传压筒

⑦前起落架减震支柱
充油活门

④前轮舱门

⑤转弯角度限制线

⑥前起落架减震支柱勤务表

检查结果：

步骤 9：典型飞机起落架系统驾驶舱部件识别

⑧转弯手轮

⑨起落架辅助位置指示

①刹车储压器压力指示器

⑦脚蹬

⑤停留刹车手柄

⑥停留刹车指示灯

④起落架人工放下手柄

②起落架控制手柄

③起落架主位置指示

检查结果：

对照工作单逐个检查，填写检查结果

4.结束工作	工作者	检查者
（1）清点工具设备等		
（2）清理工作现场		

项目 6

06 飞机燃油系统

【学习目标】

💡 知识目标

熟悉民用飞机燃油系统组成；

掌握飞机燃油系统工作原理。

燃油系统概述

🎓 技能目标

能识别燃油系统部件；

能对飞机燃油系统进行操作测试；

能分析排除典型燃油系统故障。

⬠ 素质目标

培养自主学习能力、团结协作能力与安全规范意识，以及热爱祖国、热爱航空和担当责任、敬重装备的机务工匠精神。

【任务描述】

阅读任务，在工作手册中完成任务

查找、了解运输航空中航线运营的主要飞机类型。以 B737 飞机为例，查找飞机燃油系统各元件类别，阐述各工作系统原理。

【知识链接】

6.1 燃油系统概述

■ 6.1.1 燃油特性

飞机燃油系统主要使用两种类型的燃油，即涡轮发动机使用的航空煤油和活塞发动机使用的航空汽油。

1. 航空煤油

（1）具有足够低的冰点。冰点就是燃油开始产生冰晶的临界温度点。飞机巡航高度的外界大气温度较低，如果燃油的冰点不够低，极易造成燃油内部产生冰晶，导致燃油流速减慢，影响发动机的正常供油。航空煤油的冰点必须低于 −40 ℃。

（2）具有合适的闪点。闪点是燃油和外界空气形成的混合气体与火焰接触时立刻燃烧的最低温度。闪点过低，燃油的稳定性变差，飞机容易发生火情；闪点过高，燃油点燃困难，容易造成发动机熄火。

（3）具有合适的汽化性能。航空燃油和其他液体一样，环境压力降低会导致燃油汽化，飞行高度越高，环境压力越低，越容易导致燃油汽化。较高的燃油汽化性有利于在寒冷环境或空中启动发动机，但是汽化性过高会造成燃油在汽化过程中的损失增加。因此，飞机燃油需要具有合适的汽化性能。

（4）具有良好的润滑性。燃油除了燃烧，还用于润滑燃油系统内的活动部件（如油泵），为了保证燃油系统的正常工作，燃油的润滑性能就显得特别重要。

（5）具有较差的吸水性能。航空燃油必须不容易保持水分，以减少燃油的污染。如果水分在油箱中聚集，会滋生微生物，导致油箱结构腐蚀。

2. 航空汽油

（1）航空汽油具有足够低的冰点（−60 ℃以下）和较高的发热量，良好的汽化性能和足够的抗爆性。

（2）航空汽油有两种常见牌号，一种为 95 号，含有四乙基铅，主要用于有增压器的大型活塞式航空发动机；另一种为 75 号，水白色无铅汽油，主要用于无增压器的小型活塞式航空发动机。

6.1.2 安全措施

1. 燃油系统工作的安全程序

燃油系统工作的安全程序（图 6-1）包括防火、灭火和保障人员安全三个部分。

防火是指移除产生或者支持起火的因素，燃烧三要素包括可燃物、助燃物和着火源。在飞机燃油系统维护过程中，不得出现暴露火源，不得吸烟，在做氧气瓶的加注或者更换工作时，不能进行加油或抽油工作。为了应对可能出现的火情，工作现

图 6-1 安全程序

场要有可用的灭火器。关于灭火、灭火瓶类型等相关的防火内容,不再进行详细介绍。除了起火危险外,在燃油系统工作时还有其他潜在的风险,如过量吸入燃油蒸气会影响人体健康,甚至使人失去意识;接触燃油还会对皮肤和眼睛造成伤害。工作时需严格遵守安全规定。

2. 划定安全区域

工作中发生燃油泄漏或产生燃油蒸气均容易导致起火甚至爆炸,为保证安全,在进行相关工作前,必须划定安全区域(图6-2)。需要注意的是,安全限定区域永远是禁烟区;飞机加油的一侧必须开阔、无遮挡、无阻拦,确保安全监视和起火时的逃生路线;飞机加油期间,燃油车的朝向必须确保工作人员能快速撤离现场。

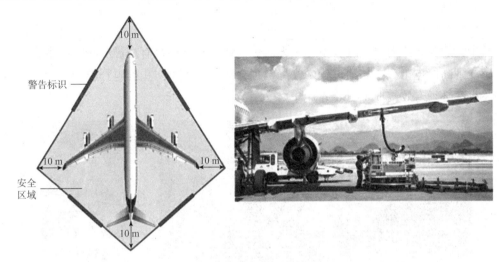

图6-2 飞机加油的安全区域

机库内通常使用安全标识和警示带标记安全区域;机库内禁止吸烟;如果油箱打开,需要额外的警告标识和信号提示维护人员;另外,通常不在机库内进行加油工作,如果加油工作必须在机库完成,那么整个机库都是安全限定区域。

通过对安全限定区域的划定、标识以及现场的警告等,人员可以更好地意识到现场状况,从而降低发生火情的可能性。

3. 处理燃油渗漏

燃油渗漏的发生主要有两种原因,即加油时渗漏或飞机损伤引起渗漏。加油时渗漏通常发生在通气油箱开口处,或失效的燃油加油口、加油管道以及油车部件上;飞机油箱遭受外来物撞击也有可能导致燃油渗漏(图6-3)。

燃油发生渗漏后,必须立刻对溢出或渗漏的燃油进行处理。

(1)停止加油或止住渗漏;

(2)往渗出的燃油中加入黏合剂,使影响区域不再扩大,如果大量燃油溢出,还需立刻通知消防部门。

图6-3 燃油渗漏

4.避免火源、热源和火花

飞机附近不得出现暴露火源，不得吸烟，同时避免其他可能点燃燃油蒸气的热源以减少起火风险。加油工作期间，必须关闭飞机发动机；通气油箱的开口处下部或下部附近时，也不能启动飞机发动机。火花也可能点燃油气混合物，以下情形均可能产生火花：

（1）电路切换；

（2）甚高频传输；

（3）气象雷达工作；

（4）金属物（如工具）的碰撞；

（5）静电释放。

其中，静电积累的过程既看不见也无法被人体感知到，只有在静电释放产生火花时，人才感受到高能电击。在加油过程中，静电也会积累，为了防止静电释放产生火花，加油车和飞机都必须有效接地（图6-4）。

图6-4　油车和飞机接地

5.进入油箱工作的防护

进入油箱前，必须对油箱彻底通风，并使用专用的气体测量设备检查油箱内的油气浓度，如果油气浓度过高，禁止人员进入。使用气体测量设备时，在油箱内按照说明安装气体测量探头，设备本身必须在危险区之外，因为气体测量设备不是防爆设备。

在进入油箱工作时，为了防止人员受伤和设备受损，必须严格遵守相关的安全规定。人员需穿着油箱防护服、不带金属的软底鞋并佩戴全面式面罩。全棉的油箱防护服和软底鞋可以防止火花产生；全面式面罩可以防止维护人员吸入燃油蒸气。只有在确保油箱对人体健康无危害的情况下，才能不佩戴全面式面罩。在油箱内工作需使用防爆工具和防爆对讲机（图6-5）。

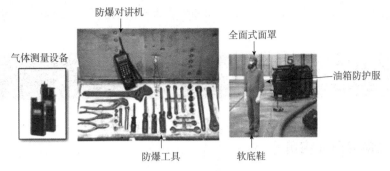

气体测量设备　防爆对讲机　全面式面罩　油箱防护服　防爆工具　软底鞋

图 6-5　进入油箱工作的防护及使用工具

对于不同区域的油箱，人员进入方式存在差别，主要分为三种类型。

（1）1 类油箱。这种油箱有直接接近门，但是人不能完全进去，只能把头和肩膀伸进去。

（2）2 类油箱。这种油箱的直接接近门足够宽大，人员可以完全进入。

（3）3 类油箱，没有直接的外部接近门，但是有内部开口，人员可以从内部开口进入。

为确保进入油箱维护人员的人身安全，应向油箱内输送新鲜空气，并设置专门的安全观察员（图 6-6）。

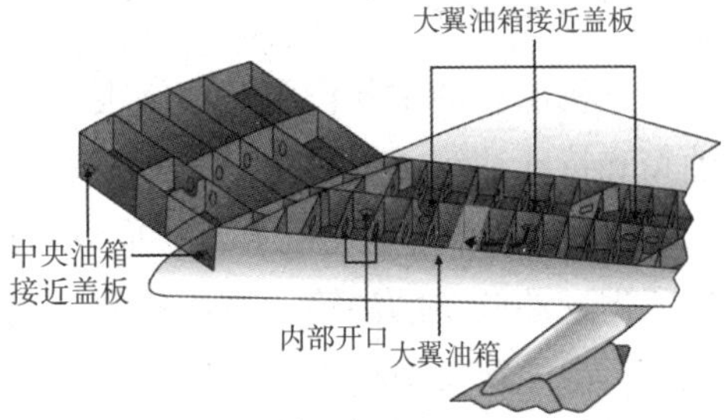

大翼油箱接近盖板　中央油箱接近盖板　内部开口　大翼油箱

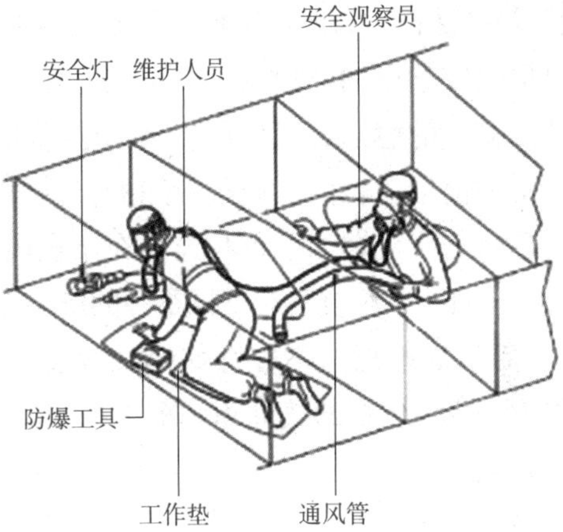

安全观察员　安全灯　维护人员　防爆工具　工作垫　通风管

图 6-6　进入油箱维护

■ 6.1.3　燃油系统的介绍

燃油系统分为两大部分，即飞机燃油系统和发动机燃油系统[①]。通常以发动机供油关断活门作为分界，活门上游为飞机燃油系统。飞机燃油系统的主要功能如下：

（1）储存燃油。飞机油箱中存储着飞机完成飞行任务所需的全部燃油，包括紧急复飞和着陆后的备用燃油。

（2）可靠供油。飞机燃油系统需在各种规定的飞行状态和工作条件下保证安全、可靠地将燃油供向发动机和辅助动力装置（Auxiliary Power Unit，APU）。

（3）调节重心。通过燃油系统可以调整飞机横向和纵向重心位置，横向重心调整可保持飞机平衡，减小机翼机构受力；纵向重心调整可减小飞机平尾配平角度，减小配平阻力，降低燃油消耗，增加经济性。

（4）作为冷却介质。燃油可作为冷却介质，用来冷却滑油、液压油和其他附件。

---

① 发动机燃油系统与发动机工作状态相关，将在发动机结构与系统课程中介绍。

飞机燃油系统包括燃油存储、供油、加油／抽油和指示四个主要的分系统。

6.2　燃油存储系统

■ 6.2.1　油箱类型及构造

1. 油箱类型

飞机油箱的主要作用是存储飞行所需的燃油，按功能不同可将油箱分为主油箱、辅助油箱和特殊油箱（图6-7）。

（1）主油箱是飞机上直接向一台或多台发动机供油，并且在每次飞行过程中持续保持所需燃油储备的油箱。主油箱的功能是直接供油，在飞行过程中不能被排空。在某些飞机上，主油箱又被称为供油油箱。

（2）辅助油箱指为增加飞机航程而安装在飞机上以提供额外燃油的油箱。飞机飞行过程中，辅助油箱中的燃油可以耗尽。辅助油箱可安装在飞机的前后货舱内，通过专用的供油管路和通气管路与飞机燃油系统相连。在飞机内配置辅助油箱时，应注意其对飞机重心的影响。

（3）特殊油箱是指不以存储燃油为主要用途的油箱，主要包括通气油箱和配平油箱。

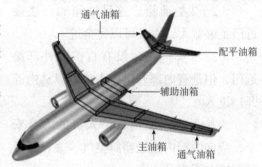

图 6-7　油箱类型

2. 油箱构造

按构造不同，油箱可分为软油箱、硬油箱和结构油箱。

（1）软油箱由耐油橡胶、专用布等材料制成，主要用于老式飞机，现代民航飞机很少采用。

（2）硬油箱通常由铝锰合金制成，具有较好的防腐性能，油箱内部的隔板可以减少燃油晃动并提升油箱强度，主要用于大型飞机的辅助油箱。

（3）结构油箱利用机身、机翼或尾翼的结构件直接构成，油箱本体就是飞机结构的一部分，并在接缝、结构紧固件和接近口盖等处进行密封，结构油箱及其密封如图6-8所示。此类油箱可以充分利用飞机机体内的容积，减少飞机质量，所以广泛应用于现代民航飞机。

现代民航飞机的结构油箱主要分布在大翼和中央翼盒内，分别称为大翼（机翼）油箱和中央油箱。不同机型采取不同的布局方式，常见的双发飞机和四发飞机的油箱布局如图6-9所示。另外，为了保证安全，防止起火，发动机吊架上方的机翼区域通常为"无油干舱"。

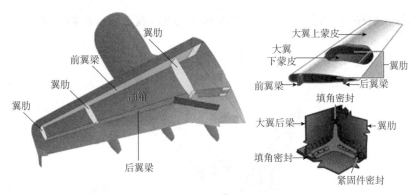

图 6-8　结构油箱及其密封

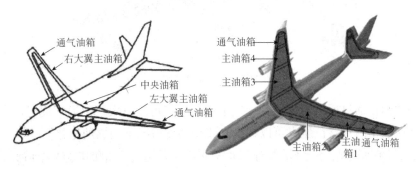

图 6-9　双飞飞机和四飞飞机的油箱布局

　　为了便于维护,所有的油箱在设计上需要允许人员可以接近或进入,例如,可以通过大翼下表面的油箱盖板进入大翼油箱进行检查或维护工作。接近盖板设置的方式基于大翼的内部结构,使人能够通过它接近油箱的所有区域。如果油箱大到可以让人整体进入,那么通常油箱还会有内部开口,内部开口的存在,可以减少外部接近面板,从而减少潜在渗漏点的数量(图 6-10)。

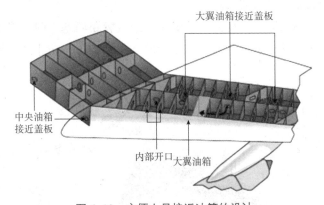

图 6-10　方便人员接近油箱的设计

■ 6.2.2　油箱通气系统

　　油箱通气系统的目的是对飞机油箱进行通气,防止在加油或供油的过程中,油箱内压力过大，损坏飞机结构。在加油时，油箱内的空气可以通过通气油箱排至外界大气；在供油时则相反（图6-11）。

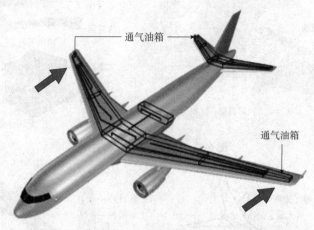

图 6-11　通气油箱

　　飞机上的油箱通过通气管连接到通气油箱，空气可以自由进出通气油箱。在飞行中，冲压作用会在油箱内建立正压，可以减少高飞行高度情况下的燃油汽化。

　　如果加装了辅助油箱，通常不直接连到通气油箱，而是通过管路和其他油箱连通，进行通气。

　　典型的飞机油箱通气系统如图6-12所示，左大翼油箱和中央油箱通过通气管连接至左侧通气油箱，右大翼油箱连接至右侧通气油箱，分别通过通气油箱的通风口完成油箱通气功能。通气管道顺着大翼布设，通常会采用特殊设计达到减重的目的。例如，通常情况下是Z形的桁条，会被设计成U形，贴在上大翼表面，实现通气功能。在机动飞行时，飞机姿态倾斜，浮子活门可以防止燃油进入通气管道，少量因为飞机姿态突然变化进入通气管路的燃油还可以通过单向活门返回油箱。某些大型飞机的油箱可能设有两条或更多的通气管道，保证高速加油时的通气量。

　　过压保护装置在油箱通气系统出现故障（如通气管路堵塞）时，将多余的压力进行释放。通气口附近通常设置火焰抑制器（致密金属网状结构），防止外部的火焰或热量进入飞机油箱，发生危险。

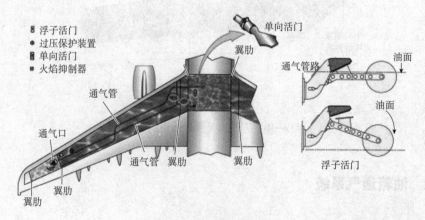

图 6-12　油箱通气系统

6.2.3 氮气发生系统

1. 概述

对于配备中央油箱的飞机，在执行中短途飞行任务时，中央油箱往往不加满或不需要加油，油箱底部容纳的部分剩余燃油在热源（如空调系统组件等）的加温下，温度升高，产生燃油蒸气，当燃油蒸气浓度达到合适的爆燃浓度时，若油箱内出现电火花等高能点火源，就有可能发生爆炸。氮气发生系统的目的是减少中央燃油箱内气体中氧气的浓度，达到不支持燃烧的水平，防止发生上述现象。

典型氮气发生系统如图 6-13 所示，来自气源系统的引气经过活门、臭氧转换器、热交换器和空气分离组件后，产生的富氮空气输送至中央油箱，富氧空气排出机外。在某些机型上，富氮空气还被输送至大翼油箱。

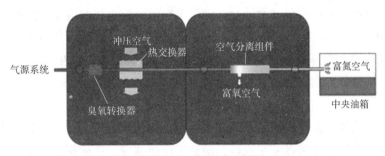

图 6-13 典型氮气发生系统

2. 主要部件

（1）臭氧转换器。臭氧转换器通过催化处理把臭氧转换成氧气，从而除去发动机引气中的臭氧，以保护空气分离组件，防止臭氧降低空气分离组件的性能。臭氧转换器在系统中的位置如图 6-14 所示。

（2）热交换器（图 6-15）。热交换器是一个铝合金片状、单通道、全通型空气 – 空气热交换器，其主要功能是使用冲压空气对发动机引气进行降温，并将降温后的空气供向空气分离组件。

（3）空气分离组件（图 6-16）。空气分离组件铝合金壳体内的渗透纤维膜用于分离空气，壳体外部包裹绝缘隔热海绵橡胶避免组件

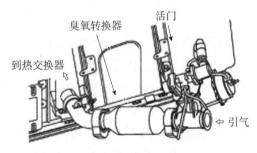

图 6-14 臭氧转换器在系统中的位置

过热。在系统工作时，组件内部上千层聚合物纤维膜将热交换器降温后的引气进行分离，分离出的氧分子、二氧化碳分子和水组成富氧空气，通过氧气排放口排出组件，剩余的富氮空气供向中央燃油箱。

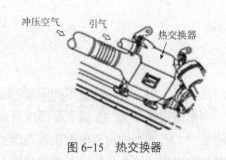

图 6-15　热交换器

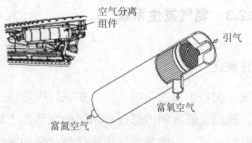

图 6-16　空气分离组件

6.2.4　燃油箱的检查及油箱杀菌

1. 燃油箱检查

燃油箱的检查主要从两个方面进行，即微生物污染检查和油箱渗漏检查。

（1）微生物污染检查。在油箱内条件适宜的情况下，细菌会在油液中大量滋生，燃油中的碳氢化合物和溶解在燃油中的其他物质，为各种细菌的滋生提供了物质基础。细菌一般生活在水油分界面，合适的温度会加速细菌的繁殖，25 ～ 30 ℃是细菌的最佳生长温度。

微生物的大量繁殖会造成油品下降，形成暗色泥状沉淀物，这个沉淀物会对燃油系统造成较大影响，例如，堵塞燃油泵入口、油滤、传感器等，造成相应系统的故障。污染物如果不及时清理，还会造成油箱的腐蚀，微生物腐蚀是结构油箱腐蚀的主要形式。

为了消除微生物污染对燃油系统的影响和对燃油箱的腐蚀，必须破坏细菌的生存环境，目前主要的方法是减少燃油中的水分来控制其繁殖速度。

燃油内是否发生了微生物污染，可以通过检查、分析燃油箱的燃油油样和目视检查油箱内部两种方法来确定。

1）油样检查分析法。如图 6-17 所示，在目视检查油样时，任何颜色、气味的异常都是燃油出现微生物污染的征兆，尤其是油样中出现浑浊、沉淀物、悬浮物、絮状物和强烈的硫黄气味。为了得到准确的结果，也可以把油样送到检验室进行专业分析，测定每毫升油样中的菌落数，以确定污染的等级。

2）油箱目视检查法。如图 6-18 所示，每次进入油箱进行维护，都是目视检查油箱是否发生微生物腐蚀的机会。此时，仔细检查容易出现污染的燃油箱底部区域，如果发现存在固形物，不论什么颜色，都意味着油箱已经发生微生物污染。

图 6-17　油样检查

（2）油箱渗漏检查。油箱在飞机飞行中要承受多种荷载，材料会变形和相对蠕动，紧固件会因变形而松动，密封材料也会因为附着面的变形、蠕动而剥离，老化变质最终失效。结构材料因受力而产生裂纹或因腐蚀而损坏时，就会发生燃油渗漏（图6-19）。渗漏是燃油箱的基本故障之一。

图 6-18　油箱目视检查

图 6-19　油箱渗漏检查

在日常检查中发现燃油外部渗漏点之后，还必须找到内部的渗漏点。燃油通常是沿着紧固件与其孔之间的缝隙渗出，或者是沿着零件之间的间隙渗出，外部渗漏点和内部渗漏点可能不在一个地点。渗漏检查一般采用目视检查，检查中可以利用颜色、荧光、气泡、氦气等方法使渗漏点更加明显、准确。除此之外，还有以下方法：

1）气压发泡法。气压发泡法操作容易，是检查油箱渗漏区域的简易方法。在对应的油箱内部涂上发泡剂（肥皂水），一个维护人员在外面使用带喷嘴的气源向渗漏区域喷射，另一个维护人员在油箱内寻找起泡区域，从而找到渗漏点（图6-20）。

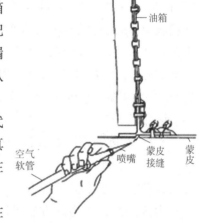

图 6-20　气压发泡法

2）染色剂法。染色剂法是使用掺有染色剂的油替代发泡剂，把染色剂涂在油箱渗漏区域，然后把油箱抽真空。等待一定的时间，进入油箱内检查内漏点。如果在染色剂内掺入荧光剂，就更便于在黑暗中找到渗漏点。

3）氦气法。氦气法和吹气法的原理、操作相似，在吹气法的基础上，氦气法探测的灵敏度更高。氦气法的测漏原理：在外漏点处，用压力罩形成一个压力空间，把氦气充入压力罩。在压力作用下，氦气能沿着渗漏通道进入燃油箱，在燃油箱内，通过探测氦气浓度，就可以确定内渗漏点的位置（图6-21）。

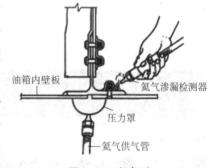

图 6-21　氦气法

长期的维护工作经验表明，有些轻微的渗漏不必马上处理。渗漏的程度被分成了四级，包括微渗、渗漏、严重渗漏、流淌渗漏。以一定时间内，渗漏燃油蘸湿的表面区域大小作为分级标准。当燃油箱发生渗漏时，首先完全擦干渗漏区域，用压缩空气吹干难以擦到的区域，再把掺有红色染料的滑石粉撒在渗漏区域，当燃油渗出，润湿了滑石粉之后，就会变成红色，这样湿润的区域就更容易被看见。在一定时间之后，根据湿润区域的大小，对渗漏程度进行定级（图6-22），然后采取不同的处理措施。微渗一般不需处理，但要时常检查其渗漏是否扩大；渗漏的临时处理方法与微渗相同，但在下次飞机停场时必须处理；严重渗漏必须马上处理（或做临时性修理），临时修理后应能达到微渗或渗漏的标准；流淌渗漏必须马上修理，并且修理后不能有渗漏。

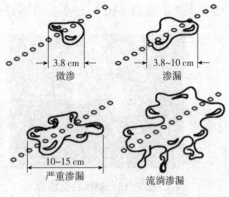

图 6-22　渗漏定级

2. 油箱杀菌

当通过目视检查油样发现燃油出现微生物污染的迹象时，应采用精度更高的分析法确定微生物污染的等级，根据污染的程度，采取相应的处理措施。

（1）轻度污染。确定污染为轻度污染后，定期监控油液污染状况，监控间隔由此次污染的具体程度来确定，一般为 1 ～ 12 个月。

（2）中度污染。若油液污染程度为中度或高度污染，则应该在 10 天内再次检查，以确认污染程度。如果确定是中度污染，则应对油箱进行生物杀菌处理。根据维护程序，向油箱内加入含一定浓度杀菌剂的燃油，杀菌剂的浓度要严格控制，浓度过高会引起油箱腐蚀，浓度过低会使细菌产生抗药性。不能从重力加油口直接倾倒杀菌剂，不建议采用预防性杀菌处理。让系统在添加了杀菌剂的燃油中浸泡一段时间，增强杀菌效果；再把燃油放掉，加入新的燃油，也可以把含有杀菌剂的燃油供向发动机燃烧。在生物杀菌处理后 10 天以内或者至少 5 次飞行后，再次检查油液的污染程度，并根据检查的结果采取进一步措施。

（3）高度污染。若确认油样为高度污染，则必须对油箱进行物理清洁，并在物理清洁后，进行生物杀菌处理。将燃油箱内的燃油全部放出、过滤，并用杀菌剂处理。进入油箱，用手工清理的方式，清除所有的微生物污染物，彻底清洗油箱。不建议采用压力清洗法，因为该方法可能会导致油箱密封的损坏。检查油箱的腐蚀程度，按需根据结构修理手册进行修理。再对油箱进行生物杀菌处理。在生物杀菌处理后 10 天以内或者至少 5 次飞行后，再次检查油液的污染程度，并根据检查的结果采取进一步措施。

6.3　供油系统

■ 6.3.1　重力供油、动力供油、辅助供油、交输供油、配平供油

1. 重力供油

重力供油适用于发动机安装位置低于油箱的小型飞机，其系统结构较为简单，不需要燃油泵进行增压，供油活门打开后，燃油依靠重力供向发动机（图 6-23）。重力供油方法简单，但可靠性低（尤其在飞机飞行速度和方向变化较快时）。另外，采用动力供油系

统的飞机，主油箱燃油泵必须设置旁通装置，在所有油泵均失效时，仍然可以依靠虹吸作用供油。

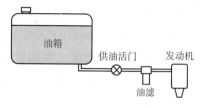
图 6-23 重力供油

2. 动力供油

现代民航飞机通常采用动力供油方式，保障发动机和 APU 可靠工作，燃油泵为供油系统提供动力。在发动机或 APU 遇火警时，应立即切断相应的供油。

每个油箱通常有两个或更多的燃油泵，保证在一个油泵失效的情况下，依然可以稳定供油。图 6-24 所示为典型动力供油系统，每个油箱内有 2 个增压泵，除此之外，在大翼燃油泵和中央燃油泵未运转时，APU 燃油泵可以向 APU 提供可靠供油。

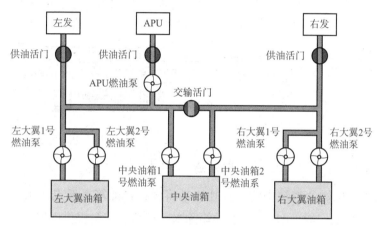
图 6-24 典型动力供油系统

为了增加航程，现代飞机的燃油系统油箱数量较多，而且容量较大，这样就难以将它们都安装在飞机重心附近。为了在燃油消耗过程中减小飞机重心的变化量，以及考虑机翼结构受力的影响，各类飞机都制定了油箱供油顺序。目前普遍采用的供油顺序：先消耗机身中央油箱内的燃油，然后消耗两翼油箱内的燃油。因为中央油箱靠近飞机重心，对飞机重心变化影响不大，同时可充分利用大翼油箱内燃油对机翼的卸载作用，减小机翼根部所受的弯矩。常见的供油顺序控制方法有以下三种。

（1）不同油箱燃油泵的输出压力不同。在中央油箱内安装输出压力较高的燃油泵，大翼油箱内安装输出压力较低的燃油泵，所有油泵均运转时，由于中央燃油泵输出能力强，所以中央油箱内的燃油首先被消耗。当中央油箱内燃油排空后，关闭中央燃油泵，此时大翼油箱继续向发动机供油。有些机型的中央油箱和大翼油箱采用相同的燃油泵，但是在大翼燃油泵出口管路上安装压力释放活门，降低其输出压力，此类系统设计理念与上述相同。

（2）燃油泵出口处单向活门打开压差不同。采用此种控制方法的燃油供油系统，各油箱安装相同的燃油泵，但在油泵出口处安装打开压力不同的单向活门，中央燃油泵出口的单向活门打开压力低，左、右大翼燃油泵出口的单向活门打开压力高。所有油泵均运转时，中央燃油泵出口的单向活门首先打开，此时由中央油箱供油。当中央油箱内的燃油接近排空时，油泵出口压力降低，此时左、右大翼燃油泵的供油压力打开其出口单向活门，继续向发动机供油。

（3）计算机控制。在四发（或更多发动机）飞机上，往往燃油箱的数量也有所增加，此时需要更为复杂的供油顺序控制，通常由计算机完成。

3. 辅助供油

辅助供油系统的主要部件是引射泵，其基本结构如图 6-25 所示。引射流进入引射泵后，在引射喷嘴处产生低压，将油液从入口吸入，与引射流共同从油液出口排出。引射泵的特点是尺寸小、质量轻、可靠性高、结构简单、工作不需要用电，可以放在油箱任何地方且布置方便。

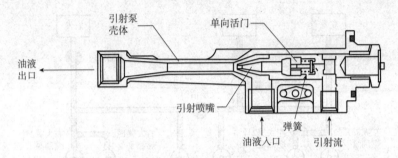

图 6-25　引射泵

辅助供油在飞机燃油系统中的主要功能是将淤积在油箱最低点的水送至燃油泵入口处，然后供向发动机，这样可以实现燃油箱除水。油箱燃油泵提供引射泵工作所需的引射流，以实现油箱内油液的转移。除此之外，在某些飞机上，还可以通过引射泵将中央油箱或通气油箱内的燃油向大翼油箱传输。

辅助供油系统依靠引射泵进行油液传输，而引射泵的工作必须依靠燃油泵产生的引射流，所以控制引射流就可以决定引射泵的通断，主要采用控制燃油泵的开关和在引射流管路上安装控制活门两种方式。

4. 交输供油

现代飞机的供油系统通常被交输活门分为左、右两侧，正常情况下交输活门保持关闭，两侧独立供油。

交输供油系统可用于保持飞机的横向稳定。在飞行中，由于发动机燃油消耗量不同或发生某些故障而导致左、右大翼油箱油量相差过大时，就需要进行交输供油，重新建立飞机的横向平衡。

如图 6-26 所示，右大翼油箱内剩余燃油明显多于左大翼油箱，此时打开交输活门，并关闭左大翼燃油泵，右大翼燃油泵继续运转，双发同时消耗右大翼油箱内的燃油，直到两侧大翼油箱油量一致，重新打开左大翼燃油泵，确认燃油泵运转后，关闭交输活门，发动机回到两侧独立供油状态。

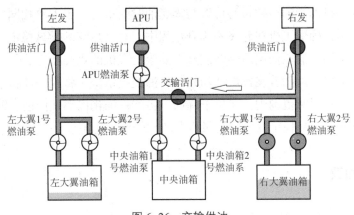

图 6-26　交输供油

5.配平输油

　　配平输油系统的主要功能是在飞行过程中，通过将燃油向前或向后传输调整飞机重心，减小飞机在飞行中的空气阻力，最终达到节省燃油消耗的目的（图 6-27）。

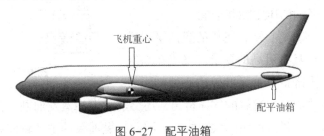

图 6-27　配平油箱

　　在飞机巡航时，升力、重力、推力和阻力同时作用在飞机上，其合力会使机头向下偏转。

　　为了抑制机头下俯，通过调节水平安定面，产生机尾向下的力，可使机身恢复水平姿态。水平安定面产生的额外向下的力需要飞机产生更多的升力进行补偿，最终增加飞行阻力。

　　配备配平输油系统的飞机，通过把燃油从前部油箱往后传输到水平安定面油箱，可以实现这个向下的力，因为飞机总重不变，这个过程不需要额外的升力。

　　然而，把燃油传输到尾部，会把飞机的重心向后移动，导致飞机稳定性降低。因此，配备配平输油系统的飞机，必须严格控制其重心（图 6-28）。

图 6-28　飞机平衡

　　在飞机加油过程中，通过对各油箱加油顺序的控制，使飞机重心在加油过程中不会发生大的变化，即飞机加满油时的重心位置与零燃油时的重心位置大致相同，与飞机的重心后限有足够的距离，确保飞机在起飞和爬升过程中，具有足够的操纵稳定性。飞机进入巡航阶段后，将前部油箱的燃油向后传输到配平油箱，飞机的重心随之后移，减小飞机的纵向静稳定性和配平阻力。随着飞机燃油消耗，燃油控制系统再将配平油箱中的燃油向前传输，保持飞机重心在限制范围内。飞机下降前，将配平油箱内燃油向前传输，飞机重心向前移，恢复飞机的纵向静稳定性，提高飞机着陆时的操纵稳定性。

■ 6.3.2 燃油泵

现代飞机的燃油泵通常具有的特点包括重量轻、尺寸小、工作可靠、寿命长，以及能满足发动机低压大流量的用油需求。目前采用最多的是叶轮泵，如图 6-29 所示，其核心元件是叶轮，在工作时，电动机带动叶轮高速旋转，将外部的机械能传递给燃油，转化为燃油的压力能和动能。

相较于普通的电动离心泵，飞机的燃油泵对增压性能和防火安全性具有更高的要求。飞机在高空飞行时，油箱内压力降低，油泵叶轮中心处的压力

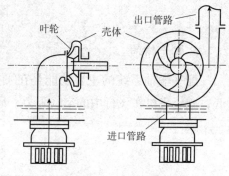

图 6-29　叶轮泵

会更低，不但会导致油液中溶解的气体析出，还会造成燃油蒸发加剧，析出大量蒸气。油泵进油口存在气泡，会降低油泵的供油能力。因此，燃油泵的主叶轮前通常会设置一个扇轮，与主叶轮同轴转动，用于分离油泵入口处燃油中的气泡，改善油泵工作状态。

燃油泵的主叶轮与泵的电动马达之间通常采用双层封严，防止燃油或燃油蒸气渗入马达引起火灾。

燃油泵通常安装在燃油箱底部，周围的隔板（翼肋或隔框）为油泵提供一个稳定的吸油空间。隔板底部开有向油泵一侧开启的单向活门，确保油液只能向油泵流，防止飞机机动飞行时油泵无法正常供油（图 6-30）。

大部分飞机油泵的吸油管路和供油管路上均设有单向活门。维护人员既不用进入油箱，也不用放油，就可以在飞机外部完成燃油泵电动马达的拆换，提高了燃油系统的维护性。

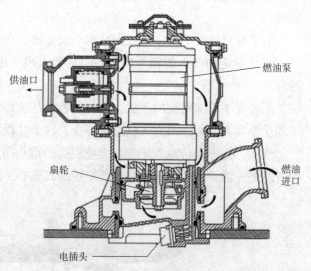

图 6-30　典型飞机燃油泵

6.4 加油、抽油系统

6.4.1 重力加油、压力加油

现代民航飞机有重力加油和压力加油两种加油方式。为了保证安全，执行加油工作时应注意的事项包括飞机加油工作在开阔的场地执行，便于紧急情况下加油车撤离和消防车接近，并且按要求设置警示标志；加油过程避免高能热辐射，确认周围飞机没有打开气象雷达；加油车需配有过滤装置，控制燃油中杂质的含量；加油过程中油车与飞机均有效接地，严格控制加油压力和流速，防止静电积累，发生危险；加油现场配备可用的灭火设施，维护人员应知晓燃油溢出后的紧急处理方式。

1. 重力加油

重力加油通常用于小型飞机，加油口盖位于主油箱顶部，加油人员需登上机翼，打开重力加油口盖，将燃油直接加入油箱（图 6-31）。

重力加油有如下缺点：

（1）加油速度慢，加油时间长；

（2）燃油容易洒出，当加油口盖打开时，人员在翼上行走需格外小心；

（3）工具容易从加油口掉入油箱，雨水、冰雪、灰尘也可能通过重力加油口进入油箱造成污染；

（4）加油时难免会冒出燃油和燃油蒸气，一旦遇到火星就有发生火灾的危险。

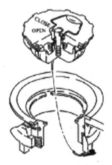

图 6-31　重力加油

因存在上述缺点，现代民航飞机通常只将重力加油作为一种辅助应急加油手段保留，适合机场没有可用加油车等特殊情况。图 6-32 所示为典型飞机重力加油口分布，中央油箱和配平油箱没有重力加油口，需要通过交输供油将燃油从主油箱导入其中。

2. 压力加油

压力加油系统主要由机翼前缘的压力加油口（通常位于右侧机翼、部分机型位于左侧机翼）、加油管路和加油活门组成，典型飞机压力加油系统如图 6-33 所示。加油时，将油车的管路连接到飞机加油站的压力加油口，燃油在油车油泵的压力驱动下，由加油口盖进入飞机加油总管，再通过各加油管路上的加油活门加入相应的油箱。现代民航飞机通常采用压力加油系统因为它具有加油速度快、抗污染性好、安全可靠等优点。

图 6-32　典型飞机重力加油口位置

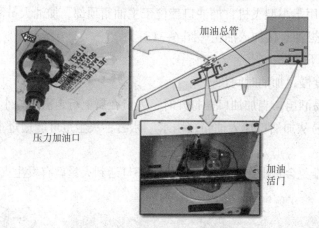

图 6-33　典型飞机压力加油系统

　　加油控制面板通常位于大翼前缘的加油口附近，或者在地面不需要借助梯子就能接近的地方，某些机型的驾驶舱内也有加油控制面板，但是功能相对有限。

　　在常见的加油控制面板上，通常有各加油活门的控制电门、各油箱的油量指示、测试电门和指示灯光等，加油人员可以通过面板控制压力加油系统（图 6-34）。

　　为了保障安全，压力加油系统通常还带有加油安全关断功能，即油箱油量接近或到达满位后，自动关断相应的加油活门，防止燃油过满溢出。

　　典型飞机的压力加油有人工加油、自动加油和超控加油三种模式。

　　（1）人工加油。将加油车油管连接到飞机压力加油口后，通过电门打开相应油箱的加油活门，通过灯光指示或油箱内油量变化可确认加油活门正常打开，外部输油管的燃油通过加油管路和加油活门进入相应油箱。在人工加油过程中，加油人员需要密切关注油箱的油量，当油量达到需求时，通过操作电门关闭相应的加油活门。

B737加油控制面板

A320加油控制面板

图 6-34　加油控制面板

（2）自动加油。为了减少人员的工作量，可以使用自动模式加油，在自动加油前，通过加油面板上的油量预选器输入每个油箱所需油量，预选器可以是拨杆电门、旋钮电门拇指转轮。设置完成后，预选值发送给计算机，计算机控制需要加油油箱的活门打开，并监视传感器反馈的油量信号，当油箱达到所需的加油量时，自动控制相应的加油活门关闭。在某些机型上，计算机还具备油量分配计算功能，在加油前只需输入飞机加油总量，计算机自动完成各油箱的油量分配计算。

（3）超控加油。加油活门通常为电控液动式，即电门或计算机向活门电磁线圈通电，接通内部油路后，依靠油车供油压力克服弹簧力，作动活塞，将活门打开。如果加油活门电磁线圈失效导致活门无法打开，可以在加油时人工按压超控按钮，加油活门依然可以打开，此时加油人员需实时监视油箱油量，达到需求油量后松开超控按钮，完成加油（图 6-35）。需要注意的是，执行超控加油时，系统无法完成加油安全关断功能。

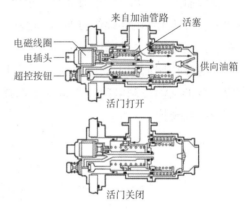

图 6-35　典型电控液动式加油活门

■ 6.4.2　应急放油、抽油系统、交输传油

1.应急放油

应急放油系统的主要目的是确保即使飞机在起飞时出现故障的极端情况，也具有足够的爬升能力，以保证其应急返场着陆。配备应急放油系统，既能保证飞机的全重着陆能力，也能使飞机在紧急情况下（如单发失效）拥有快速爬升跃障的能力。另外，设置应急放油系统可使飞机以较少的燃油量着陆，减少飞机着陆后起火爆炸的危险（图 6-36）。

为了确保安全，《运输类飞机适航标准》（CCAR-25-R4）中对应急放油系统有以下要求：

（1）应急放油系统及其使用无着火危险；

（2）放出的燃油应避开飞机的各个部分；

（3）燃油和油气不会进入飞机的任何部位；

（4）应急放油对飞行操纵性没有不利影响；

（5）对于涡轮发动机飞机，必须具有措施，防止将起飞着陆所用油箱内的燃油应急放到小于从海平面爬升到 3 000 m（10 000 ft），然后以最大航程速度巡航 45 min 的需用油量；

（6）应急放油活门（应急放油阀）的设计，必须允许飞行人员在应急放油过程中的任何时刻都能关闭放油活门；

（7）应急放油系统的设计，必须使系统中任何有合理可能的单个故障，不会由于不对称放油或不能放油而造成危险。

配备应急放油系统的飞机，加油和应急放油共用一条主管路，即加油/应急放油总管，如图 6-37 所示。当飞机处于应急放油模式时，加油活门关闭，应急放油隔离活门、应急放油活门打开，应急放油泵、超控/应急放油泵将油箱中的燃油供向加油/应急放油总管，并经应急放油喷嘴排出机外。

通过控制面板上的应急放油预位电门、应急放油活门控制电门和剩余油量选择旋钮完成系统操控。

图 6-36　应急放油

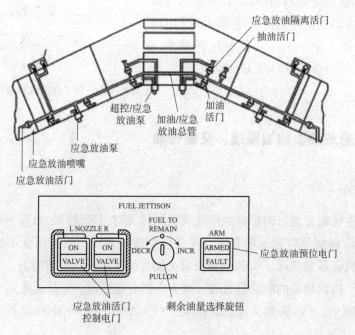

图 6-37　应急放油系统

2. 抽油系统

飞机抽油系统的工作与加油相反。在执行某些维护工作，需要将油箱内的燃油排空时，可以使用抽油系统将油箱内的燃油通过加油站排出飞机。

抽油活门安装在加油总管和供油总管之间，打开活门可以将两条管路连通，以完成抽油工作。飞机抽油有压力抽油和吸力抽油两种方式。

压力抽油依靠油箱燃油泵提供动力完成，可以确保快速抽油。如图 6-38 所示，油箱内的燃油被燃油泵送至供油总管，再通过抽油活门进入加油总管，最终通过加油口排出机外，主要操作程序如下：

（1）把油管连接到加油口；

（2）打开抽油活门；

（3）打开需要抽油油箱的燃油泵；

（4）按需打开交输活门；

（5）当油箱的燃油抽空后，关断燃油泵；

（6）关闭抽油活门；

（7）把油管从加油口脱开。

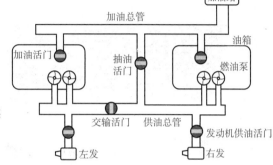

图 6-38　抽油系统

吸力抽油利用地面油车产生吸力，从飞机油箱中抽走燃油。除不需要使用飞机燃油泵外，其余操作程序与压力抽油相同。吸力抽油的主要缺点包括很难控制对单一油箱进行吸油、吸油花费时间更长并且不是所有油箱都可以进行吸力抽油，所以飞机通常不使用吸力抽油。

3. 交输传油

为了防止燃油被微生物污染，一般在飞机所有油箱都需排空时使用抽油系统，如果只有单一油箱需要排空，通常使用交输传油系统，将此油箱内的燃油传输至其他油箱内。

交输传油的工作原理与压力抽油类似，打开需要排空油箱的燃油泵，燃油被油泵送至供油总管（按需视情打开交输活门），通过抽油活门进入加油总管，再打开其他油箱的加油活门，就可以完成油箱间的交输传油工作。

6.5　燃油指示系统

■ 6.5.1　油量指示

油量指示系统的主要功能是为机组和维护人员提供飞机各油箱的载油状况，燃油量通常以千克或磅为单位，显示在加油控制面板和驾驶舱显示器上。油量探测的核心元件为安装在油箱内的油量传感器，由于现代民航飞机油箱较大且形状不规则，为了探测准确，每个油箱通常安装多个油量传感器用于探测油面位置，例如，B737NG 每个大翼主油箱内 12 个油量传感器（油箱组件）、中央油箱内 8 个，A320 每个大翼主油箱内 14 个油量传感器、中央油箱内 5 个。燃油量计算机使用油量传感器探测的体积值与燃油密度相乘得出燃油重量（图 6-39）。有些机型使用专用的密度计探测燃油密度，有些机型使用补偿器探测燃油介电常数，再通过介电常数计算密度值。

除显示之外，燃油量信息还用于燃油泵自动工作逻辑控制、飞行管理系统等。

图 6-39　典型飞机油量显示

常见的燃油量传感器有浮子式和电容式两种（图 6-40）。

浮子式油量传感器也称为机械式，当油箱内油面变化时，传感器浮子随油面浮动，感受油面高度变化，从而把油量变化转换成机械位移信号，计算机使用此位移信号计算油量体积。浮子式油量传感器会因浮子连杆的摩擦、卡滞、运动部件间的间隙和温度波动等原因造成指示不准确，精度较低。

现代飞机更多地使用电容式油量传感器，电容式油量传感器包含两个同心极板，极板面积一定，位置相对固定。因此，其电容量由受极板间物质的介电常数决定，即燃油和空气。极板上有开孔，允许燃油自由进出，因燃油和空气的介电常数不同，极板间的介电常数随着油面的升降发生变化，计算机根据传感器反馈的电容值计算油量体积，此类传感器的探测精度较高。

油尺作为燃油量探测系统的机械备份，当燃油量指示系统失效时使用。大翼油箱由于形状不规则往往需要两个或者更多的油尺，中央油箱形状较为规则，通常只需要一个油尺。

目前较为常见的油尺有滴油油尺和磁力油尺两种（图 6-41）。

滴油油尺通常在较老式的飞机上使用，油尺有一个伸进油箱内的刻度杆，通过锁定销锁定在大翼下表面。当内管开口到达油面之后，燃油进入内管，从滴孔流出，此时进行油量读取。

现代飞机上通常使用的磁力油尺可以在不放出燃油的情况下测量油量。磁力油尺的刻度杆安装在一个密封的管型壳体内。管型壳体的外部环绕一个浮子，浮子随油面上下浮动。浮子内部和刻度杆顶端各有一个磁铁，一旦两个磁铁吸住，就可以进行读数。

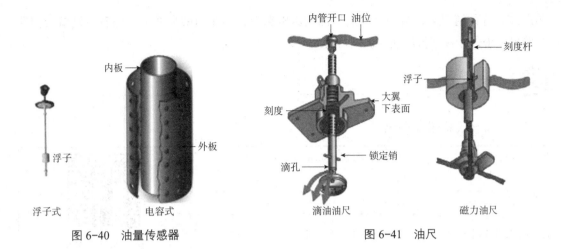

图 6-40　油量传感器

图 6-41　油尺

6.5.2　温度指示

现代民航飞机的巡航高度很高，由于外界低温，油箱内的燃油也有可能降至极低的温度。燃油温度过低时会析出冰晶和石蜡，堵塞供油管路和油滤，同时燃油黏度的增大导致供油阻力增大。由于燃油还具有冷却其他油液或部件的功能（例如，发动机滑油和飞机液压油可以通过燃油冷却），在发生某些故障时，油箱内燃油温度会异常升高，产生爆炸的风险。除此之外，为得到更准确的油箱油量值，也需要燃油温度数据进行补偿计算。

综上所述，燃油系统需要设置温度指示装置，便于监控燃油温度。通常在飞机的主油箱内安装燃油温度传感器，将温度传输给计算机用于驾驶舱显示和系统控制。图 6-42 所示为典型飞机的燃油温度显示。

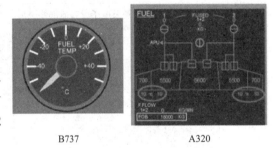

图 6-42　典型飞机的燃油温度显示

6.5.3　压力指示

燃油系统油泵的具体输出压力值通常不需要在驾驶舱进行显示，但是由于油箱中燃油用完或油泵故障等原因导致油泵出口压力降低的情况需要被监控（图 6-43）。

通常在油泵的出口油路上安装压力电门，用于油泵出口低压时在驾驶舱发出警告。对于配置有中央油箱的飞机，最常见的情况是中央油箱内的燃油排空后，中央燃油泵出口低压，此时如果缺少燃油润滑的中央油泵依然在运转，就有可能产生火花引起油

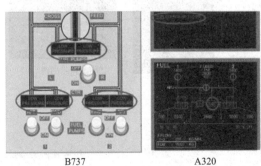

图 6-43　典型飞机燃油泵低压指示

197

箱爆炸。这种情况下，某些机型的供油逻辑电路会自动关断中央油泵，还有些机型会在驾驶舱发出警告，提示机组或维护人员关断油泵。

【任务工卡】

🛠 工卡 6—飞机燃油系统

工卡标题	飞机燃油系统部件识别与检查		
版本	R1		
工时	30 min		
工具/设备/材料	手电筒、螺钉旋具、反光背心、清洁布		

（二维码）飞机燃油系统（737NG）

1. 工作任务		工作者	检查者
依据工艺规程与技术条件，环绕飞机找出飞机燃油系统各部件			
2. 工作准备		工作者	检查者
（1）准备相关资料			
（2）准备好跳开关、地面插销			
3. 工作步骤		工作者	检查者
打开相关盖板，进入飞机相关位置，识别操纵部件			

步骤 1：飞机燃油系统驾驶舱及电子设备舱部件识别

①燃油控制面板

②燃油指示CDS

③CDU

④FQIS

检查结果：

步骤2：飞机燃油系统油箱部件识别

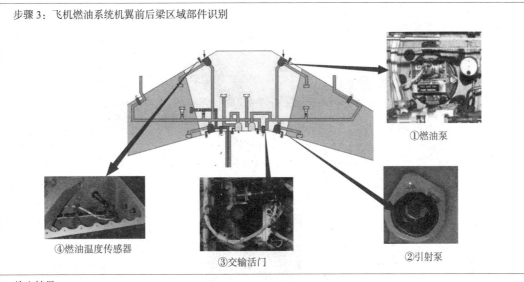

⑥释压活门　　①油箱接近面板

⑤机械油尺　④加油控制面板　③抽油活门　②燃油关断活门

检查结果：

步骤3：飞机燃油系统机翼前后梁区域部件识别

①燃油泵

④燃油温度传感器　③交输活门　②引射泵

检查结果：

步骤 4：飞机燃油系统接近面板及油箱内部部件识别

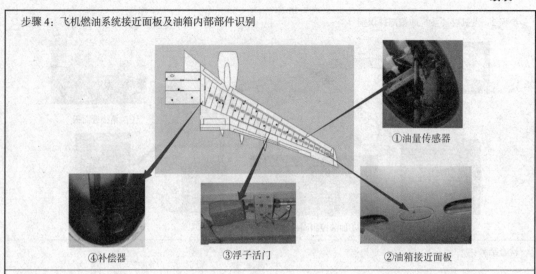

④补偿器　　　③浮子活门　　　②油箱接近面板

①油量传感器

检查结果：

步骤 5：飞机燃油系统排水活门部件识别

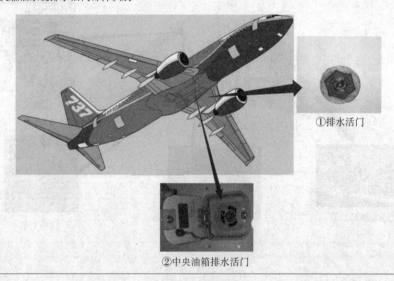

①排水活门

②中央油箱排水活门

检查结果：

步骤6：飞机燃油系统NGS部件识别

①ASM空气分离组件

⑤可用性指示器　④BDU自检组件　③高流活门　②气滤

检查结果：

对照工作单逐个检查，填写检查结果

4.结束工作	工作者	检查者
（1）清点工具设备等		
（2）清理工作现场		

07 飞机气源系统

项目 7

【学习目标】

知识目标

熟悉民用飞机气源系统组成；

掌握飞机气源系统工作原理。

技能目标

能识别气源系统部件；

能对飞机气源系统进行操作测试；

能分析排除典型气源系统故障。

飞机引气系统（A320）

素质目标

培养自主学习能力、团结协作与安全规范意识，以及热爱祖国、热爱航空和责任担当、敬重装备的机务工匠精神。

【任务描述】

阅读任务，在工作手册中完成任务

查找、了解运输航空中航线运营的主要飞机类型。以 B737 飞机为例，查找飞机气源系统各元件类别，阐述各工作系统原理。

【知识链接】

7.1 气源系统的作用和分类

7.1.1 气源系统的主要作用

气源系统使用增压空气作为动力源，并对增压空气的压力、温度进行调节后送向飞机的气源用户（图7-1）：

（1）发动机启动；

（2）空调和增压；

（3）机翼防冰；

（4）水箱增压；

（5）液压油箱增压。

气源系统的用户可以更为广泛。例如，某些机型液压系统中的气动液压泵、飞控系统中的缝翼气动马达。气源系统主要利用气源的高压特性和高温特性，所以压力和温度应尽可能保持恒定，以确保用户系统工作稳定。

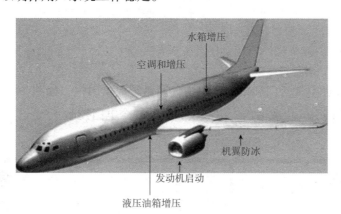

图7-1　气源系统

■ 7.1.2　气源系统的类别

现代客机的气源有发动机压气机引气、辅助动力装置（APU）引气，以及地面气源等。多种供气来源确保了气源系统的可靠性。

发动机压气机不仅可以为燃烧室提供压缩空气，还能供气给气源系统［这路供气称为发动机引气（EBA）］。飞机在空中时除发动机外，辅助动力装置（APU）也可以在一定高度下为气源系统提供引气。飞机在地面时，可以通过地面高压接头，连接外部高压气源车给气源系统供气。部分飞机还使用了电动离心增压器作为气源。

1. 发动机

现代民航客机上涡轮发动机的高压压气机都是由若干级组成的，引气级数越大，引气压力越高。发动机普遍采用两级引气的布局，以保证发动机在高低功率时引气压力均能符合需求，同时降低发动机的油耗。

发动机在低功率时，压气机低压级不能产生足够高压的引气来供用户使用，所以从高压级引出气体保证压力充足；而发动机在高功率时，低压级引气已经足以满足用户需求，此时如果仍然使用高压级引气，将导致燃油消耗高而且难以调节压力与温度，因此需要转换为低压级供气。一般将这两级命名为低压级（LP）和高压级（HP），有的机型也称为中压级（IP）和高压级（图 7-2）。

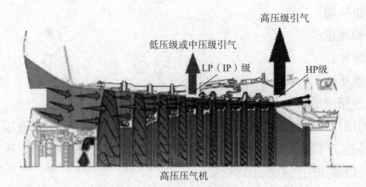

图 7-2 发动机引气

2.APU 引气

APU 通过 APU 引气活门和单向活门为气源系统提供引气，如图 7-3 所示。APU 引气活门也被称为 APU 引气负载活门，由驾驶舱中的一个电门控制。

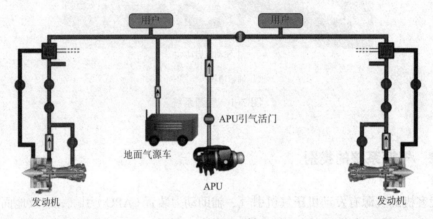

图 7-3 APU 引气

3. 高压地面气源

当飞机自身气源不可用时，在地面可以连接地面气源车供气。地面气源车通过 3 in 高压接头连接到飞机（3 in 是地面气源接头的国际标准尺寸）。

4. 电动离心增压供气

波音公司 B787 飞机取消了传统的发动机引气系统，采用电动离心增压器作为空调系统的增压气源。外界空气经过电动离心增压器之后，压力和温度都会升高，再经过系统的调节，最终对下游空调系统供气。

■ 7.1.3 气源系统的主要部件

飞机气源系统一般包括活门、控制计算机、管路、传感器等部件。气源系统通过这些部件实现压力调节、温度控制及故障监控等功能。

1. 引气压力调节部件

大部分现代飞机的气源系统设计类似（图7-4），图中可以看到发动机、APU和高压地面接头均可以通过管路供气到各个用户。

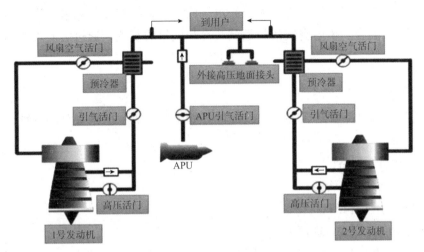

图7-4　气源系统的主要部件

正常飞行时由发动机提供引气。不同阶段，发动机的功率会不断变化，而功率变化将导致发动机引气压力和温度的变化，为了保证压力和温度的相对恒定，发动机气源系统会在管路上安装压力调节装置来保持恒定压力，这种调节装置称为引气活门或者压力调节活门。

两级供气的发动机一般在高压级安装可以控制的高压活门（HPV），在低压级安装单向活门防止引气反流。因为高低压引气的压力不同，只要高压活门打开，就会导致低压级单向活门关闭，反之，高压活门关闭后，低压级单向活门即可打开供气（图7-5）。

部分发动机的HPV带有调压或限压能力，而低压级的单向活门没有调压功能，所以当低压级供气时，引气压力依靠单向

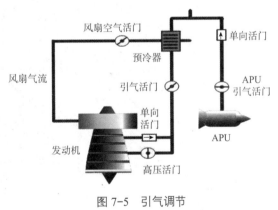

图7-5　引气调节

活门下游的引气活门进行调节。HPV出现故障后，一般可以人工锁定在关位放行飞机。

因为APU工作转速恒定，所以大部分APU引气系统不需要专用的压力调节活门，只需安装关断活门（称为APU引气活门）用于打开或关闭APU引气，关断活门的下游还有一个单向活门用于阻止发动机或地面气源车供气时的反流。

部分机型的APU引气同样可以进行调节，如A320飞机的131-9A型APU，虽然引气活门只有开位与关位，但APU负载压气机的进口导向叶片角度是可调节的，通过控制

导向叶片角度调整 APU 的引气量。

2．温度调节

气源系统的温度必须控制在可接受的范围。如果发动机推力增加，那么引气温度就会升高；反之降低。预冷器可以通过热交换的方式来降低发动机引气温度，预冷器的冷却空气来自发动机风扇气流（也称为外涵道气流），最终的冷却效果取决于风扇冷却空气的流量和环境温度。风扇空气活门是调节冷却气量的装置，通过它实现热引气温度的调节。

3．引气分配

引气通过气源管路输送至各用户或部件。如图 7-6 所示根据管路的位置，分别命名如下：

（1）吊架引气管路；

（2）左右机翼引气管路；

（3）APU 引气管路；

（4）交输引气管路（总管）。

交输引气总管通常位于机身内，连接左右机翼的引气管。交输引气总管上安装有交输引气活门，用于隔离或连接左、右机翼气源管路。

渗漏探测系统负责监控引气管路的渗漏情况。

图 7-6　引气分配管路

4．交输引气系统

发动机直接将引气供给相应侧的机翼管路，左、右侧的引气管路再通过交输引气系统连接在一起。

交输引气系统不仅包含交输引气管路，而且还包括一个或多个交输引气活门。交输引气活门通常以电动马达作动活门，无须依靠引气压力即可开关。大部分机型的交输引气活门既可以人工操作，也可以自动操作。A320 飞机采用两个电动马达，分别用于自动控制和人工控制；B737 飞机只有一个电动马达，通过电路方式实现自动控制与人工控制，在 B737 中称为隔离活门，如图 7-7 所示。为了提高飞机的放行裕度，交输活门同样可以人工锁定，根据放行需要，可以将交输活门锁定在开位或者关位。

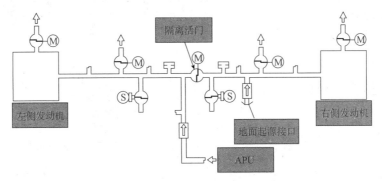

图 7-7　B737 的交输引气系统

7.2　气源系统的控制与监控

气源系统的控制可以通过驾驶舱气源控制面板人工控制，但是现代民航客机一般通过气源控制器自动控制。

每个发动机引气系统都有独立的气源控制器，其作用是接收引气压力、温度及渗漏探测器的信号，从而监视气源系统的状态并控制气源系统的活门开关，例如，根据引气压力高低控制 HPV 开关，根据飞机状态控制交输活门的自动开关等（图 7-8）。

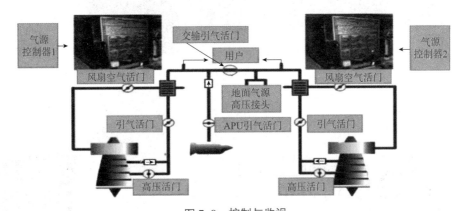

图 7-8　控制与监视

1. 压力与温度监控

通常在引气活门下游安装压力传感器，在预冷器下游安装温度传感器，气源控制器可以据此给出超压或者超温保护，同时机组也可以在驾驶舱显示组件上读取实时的压力与温度值（图 7-9）。

2. 渗漏探测

引气管道的渗漏将会导致过热情况出现，引气过热探测传感器可以对此予以监测。监测的区域如下：

（1）吊架；

（2）机翼引气管路；

（3）机身引气管路；

（4）APU 引气管路。

如果检测到由于渗漏引起的过热，则通过气源控制器向驾驶舱发送信号，并点亮相

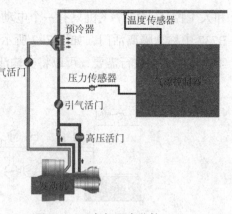

图 7-9　压力与温度监控

关引气系统的故障灯。渗漏发生后，受影响的引气系统将通过气源控制器自动关闭或人工关闭（图 7-10）。

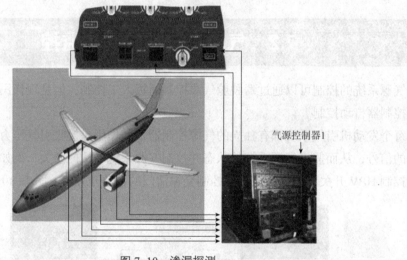

图 7-10　渗漏探测

3. 指示

气源系统的信息显示在驾驶舱内。A320的相应信息可以显示在 ECAM 上（图 7-11），所有气源系统性能参数都显示在 BLEED 页面（引气页面），有的机型将这个页面称为 ECS 页面（环境控制系统页面）。对于B737，压力指示是显示在 P5 空调面板压力表上。

图 7-11　引气指示

【任务工卡】

工卡7—飞机气源系统

工卡标题	飞机气源系统部件识别与检查	
版本	R1	
工时	30 min	
工具/设备/材料	手电筒、螺钉旋具、反光背心、清洁布	飞机引气系统（737NG）

1. 工作任务	工作者	检查者
依据工艺规程与技术条件，环绕飞机找出飞机气源系统各部件		
2. 工作准备	工作者	检查者
（1）准备相关资料		
（2）准备好跳开关、地面插销。		
3. 工作步骤	工作者	检查者
打开相关盖板，进入飞机相关位置，识别操纵部件		

步骤1：飞机气源系统发动机部件识别

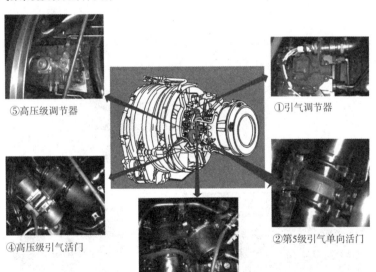

⑤高压级调节器　　　　①引气调节器

④高压级引气活门　　　　②第5级引气单向活门

③压力调节与关断活门

检查结果：

步骤2：飞机气源系统吊架部件识别

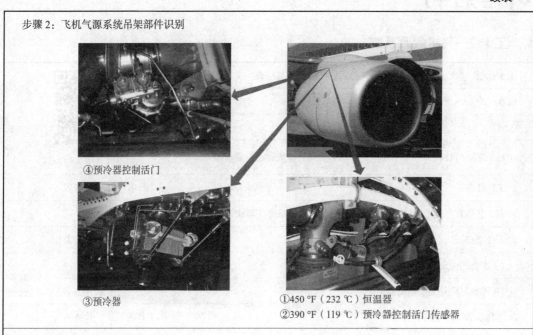

④预冷器控制活门

③预冷器

①450 °F（232 ℃）恒温器
②390 °F（119 ℃）预冷器控制活门传感器

检查结果：

步骤3：飞机气源系统机身部件识别

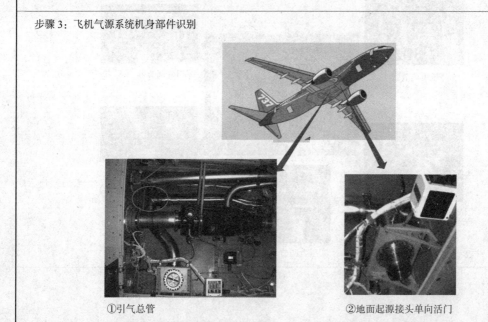

①引气总管

②地面起源接头单向活门

检查结果：

步骤 4：飞机气源系统驾驶舱部件识别

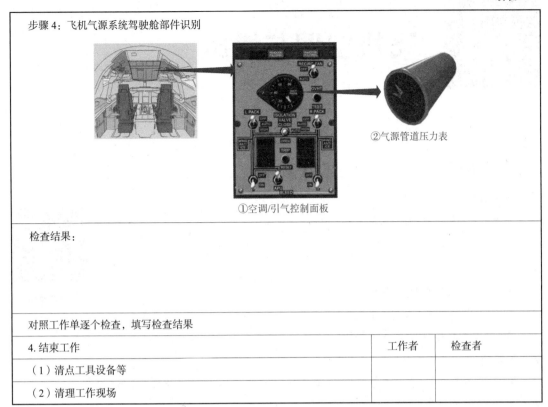

②气源管道压力表

①空调/引气控制面板

检查结果：		
对照工作单逐个检查，填写检查结果		
4. 结束工作	工作者	检查者
（1）清点工具设备等		
（2）清理工作现场		

08 飞机空调与增压

项目 8

📖 【学习目标】

💡 知识目标

熟悉民用飞机空调与增压系统组成；

掌握飞机空调与增压系统工作原理。

🎓 技能目标

能识别飞机空调与增压系统部件；

能对飞机空调系统进行操作测试；

能分析排除典型空调系统故障。

空调系统概述

🔶 素质目标

培养自主学习能力、团结协作与安全规范意识，以及热爱祖国热爱航空和责任担当、敬重装备的机务工匠精神。

📋 【任务描述】

阅读任务，在工作手册中完成任务

　　查找、了解运输航空中航线运营的主要飞机类型。以 B737 飞机为例，查找飞机空调系统各元件类别，阐述各工作系统原理。

◎ 【知识链接】

8.1 飞机空调与增压概述

■ 8.1.1 系统功用

　　如今，出于经济性考虑，飞机主要在高空飞行。但这也带来了一些问题，人类是无法在这种环境中生存的。在海拔 12 000 m（40 000 ft）的高度，温度大约为 –56 ℃ 且空气压力极低，以至于没有足够的氧气保证人类生存。因此，必须有相关系统保护机组和乘客抵抗严寒和死亡的威胁。

空调系统确保客舱内有合适的压力以维持生命，为客舱提供通风，并使其温度保持在舒适的范围。

例如，在一个炎热、晴朗的日子，一架没有空调的飞机停放在地面上，对于机上的乘客来说，高温不仅影响舒适性，而且有可能会威胁到他们的生命。同时，飞机上的设备也有出现过热的风险。

综上所述，空调系统主要用于调节温度，给整个机舱提供通风，并在高飞行高度时对相关区域进行增压，空调系统功能如图 8-1 所示。

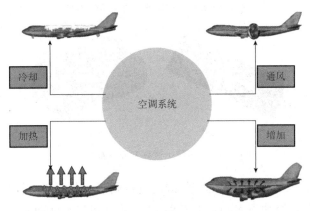

图 8-1　空调系统功能

1. 空调系统的功能

空调系统调节后的空气必须满足以下条件（图 8-2）：

（1）新鲜；

（2）清洁；

（3）舒适的温度；

（4）合适的湿度；

（5）合适的压力。

民航法规对机上空气质量以及客舱新鲜空气供应量的最低限度都有明确要求。在《运输类飞机适航标准》（CCAR-25-R4）中规定了飞机设计的基本要求为每人可接受的新鲜空气供应量至少为每分钟 250 g（标准海平面高度）。因此，依据此规定，必须根据飞机上的人数，在每 3 ～ 5 min 更换一次整个机舱内的全部空气。这意味着，在一架客舱容量接近 800 m³、500 个乘客座位的大型客机上，1 min 内至少需要更换 160 m³ 的空气。

空气必须是清洁的，不能含有任何有害气体。空调系统安装有空气过滤器用于保持空气清洁，并内置有臭氧转化器，用于在高飞行高度时滤除臭氧。

空气温度必须在一个舒适的范围内。大多数飞机的温度调节范围为 18 ～ 30 ℃（图 8-3）。

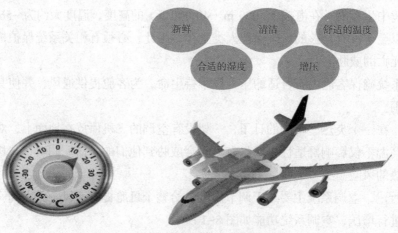

图 8-2　空调系统调节后的空气条件

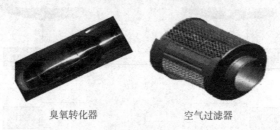

臭氧转化器　　　　　空气过滤器

图 8-3　空气过滤器和臭氧转化器

　　飞机空调系统也需要对机舱内的空气湿度进行调节。湿度与空气温度关系密切，温暖的空气比寒冷的空气能容纳更多的水（图 8-4）。当飞机接近地面时，外界空气的湿度大，温度也较高，空调将温度调低就会产生水滴，为了防止部件和活门结冰，以及座舱内产生雾和水滴，需要将这些水与空气分离。然而，在高空飞行时，飞机周围的空气又会非常干燥，使人们在长途飞行时感到不适。

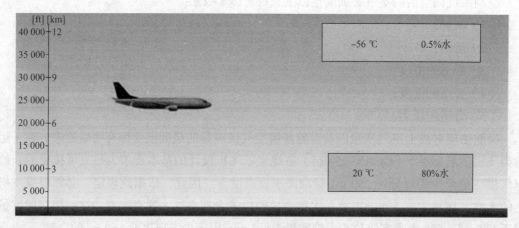

图 8-4　空气的湿度

　　空调系统还负责座舱增压控制。增压系统需要在乘客舒适度和飞机结构设计之间达到一个平衡（图 8-5）。让乘客舒适的最佳条件是将座舱增压到与地面状况相似的值，这就要求飞机结构承担非常大的内外压差。对于飞机结构，最佳的状态是完全无增压，即内外

214

压力一致，这对乘客来说显然是不可能的。

法规规定，将机舱增压至 2 400 m（8 000 ft）的压力高度是合理的，称该压力高度为座舱高度。为了进一步提高舒适性，B787 与 A350，以及部分公务机都设计巡航飞行时座舱高度仅为 1 900 m（6 000 ft）。

图 8-5　增压系统

2. 增压区域

空调系统为整个客舱、驾驶舱、货舱以及电子设备舱提供增压。

部分机身区域使用压力气密框隔开，无须空调系统提供增压；未增压的区域包括起落架舱、雷达罩和机尾。增压区与非增压区如图 8-6 所示。

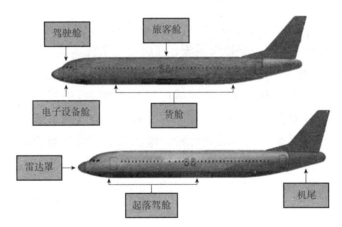

图 8-6　增压区与非增压区

民航客机的机舱分为客舱和机组工作的驾驶舱（图 8-7）。

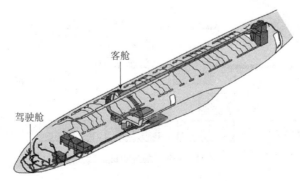

图 8-7　客舱与驾驶舱

215

通常情况下，驾驶舱与客舱的温度可以分别进行调节。驾驶舱有大量电子设备工作产生热量，机组又需要在此长时间工作，所以需要较低温度的空调气。

飞机客舱一般会分为几个不同区域单独调温，越大的客机分区越多。例如，B737NG和A320飞机只分为前、后客舱区域单独调温；而在某型宽体飞机的客舱中，有多达6个客舱区域，以字母命名，相比上层客舱U/D区，主客舱包含的A、B、C、D、E五个区域中乘坐的旅客更多，通常温度会设置得更低（20 ℃左右）（图8-8）。

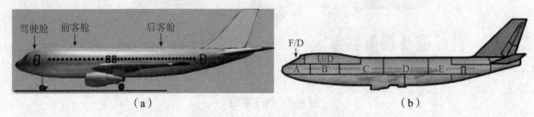

（a）　　　　　　　　　　　　　（b）

图 8-8　大/小飞机分区调节温度

（a）B737NG 和 A320 飞机分区调节温度；（b）某型宽体飞机分区调节温度

8.1.2　空调系统组成

气源系统向空调系统提供需要的空气。空调系统的组成包括温度控制系统、座舱空气分配系统、通风与加热系统、设备冷却系统、座舱增压系统。

如图 8-9 所示，进入空调系统的空气首先经过组件活门，通过组件活门后，空气被两个或多个相同的组件冷却，并在此区域进行温度和湿度的基本调节，空调组件为本系统的核心。然后，空调系统将经过处理后的冷却空气与气源系统的热空气混合，为机舱提供调温空气。空调系统也为驾驶舱面板、电瓶和电子设备架的冷却提供必要的通风空气。

空调气进入座舱后，通过调节外流活门开度确保飞机在整个飞行包线内，其座舱压力均符合要求。

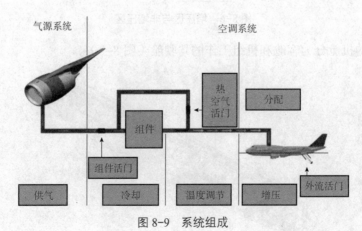

图 8-9　系统组成

8.2 座舱温度控制

■ 8.2.1 温度控制系统工作

影响座舱温度控制的参数如下：

（1）外界温度；

（2）太阳辐射；

（3）座舱隔热；

（4）来自设备的热量；

（5）来自乘客的热量；

（6）提供给座舱的空气温度和速率。

区域温度控制系统可以补偿上述参数对飞机各区域温度的影响。各区域的供气来源往往不同。驾驶舱通常直接从空调组件中获得新鲜的冷空气，而客舱区域的供气来自空调组件和再循环系统的空气。由于使用了客舱再循环空气，混合组件及客舱供气温度往往比驾驶舱供气温度更高。系统温度布局如图8-10所示。

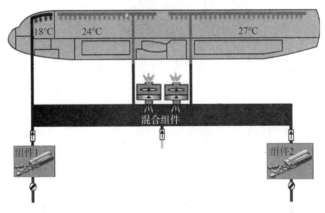

图8-10　系统温度布局

1.温度调节

空调系统的组件活门用于调节来自气源系统的空气流量，因此也被称为流量控制活门。空气通过组件活门后进入空调组件，空调组件对热的引气进行冷却和除水。冷却后的空气流入混合组件。混合组件将来自空调组件的冷空气与客舱再循环空气混合。使用再循环空气主要是考虑到经济因素。因为在同样的客舱流量下，使用再循环空气后，需要的空调组件流量将更低，以此减少发动机的供气量，达到节省燃油的目的。

离开混合组件后，冷却空气与未经冷却的"热路"空气混合，通过"热路"上的配平空气活门可以对最终输送至座舱的空气温度进行调节。

在地面时，也可以通过一个外部空调装置向混合组件提供调温空气，这个装置通过地面低压接头与混合组件连接。此时即使不使用空调组件也能完成座舱温度调节功能。

空调组件通过两步调节输送到客舱区域空气的温度：组件控制器调节离开空调组件的冷空气温度；区域温度控制器调节与冷空气混合的配平空气流量。区域控制器通过比较客舱的实际温度和机组人员选择的区域温度来完成温度调节。每个客舱区域都有自己的控制回路（图8-11）。

区域温度控制器计算冷空气的温度命令，并将此信息发送给组件控制器。在某些机型，区域温度控制器与组件控制器集成为一部计算机。

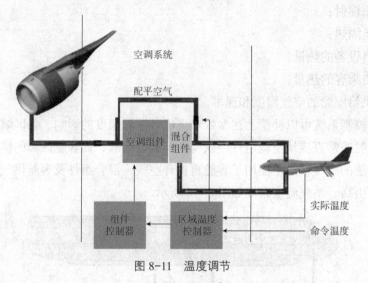

图 8-11　温度调节

2. 配平空气系统

由配平空气系统实现座舱的分区温度调节功能。

如图8-12所示，每个区域有一个或多个电动配平空气活门，该活门控制热空气的流量。配平空气活门开度的变化导致热空气流量变化，从而控制区域供气管道内的温度。

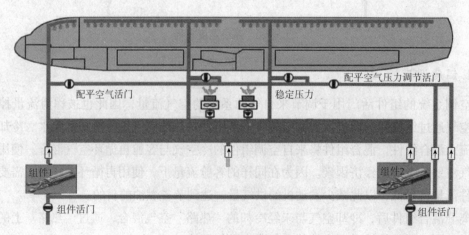

图 8-12　配平空气系统

配平空气流量的变化不仅会改变温度，还会改变配平供气管道内的压力，从而影响通过其他配平空气活门的流量。为了减少这种影响，配平空气系统有一个压力调节活门。配平空气压力调节活门在配平供气管道内维持一个稳定的压力，它还具有关断功能以隔离配平空气系统。例如，当系统出现故障时，调压活门关闭以关断系统。当配平空气压力调节活门关闭时，所有配平空气活门也关闭。

组件活门负责系统流量调节和关断控制，当所有组件活门都关闭时，配平空气系统也停止工作，此时座舱失去温度调节功能。

8.2.2　主要部件位置

如图 8-13 所示，空调组件位于机腹整流罩内；混合组件位于前货舱后壁板；空调控制面板位于驾驶舱头顶面板；在驾驶舱头顶板上也有相应的系统指示；组件和区域控制器位于电子设备舱（电子舱）内；地面低压接头位于机身下部的一个盖板内。

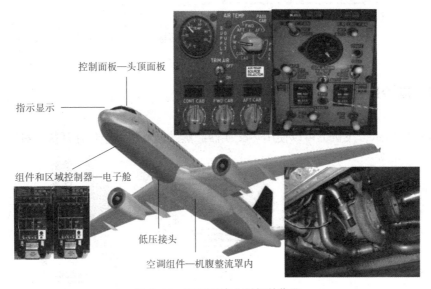

图 8-13　空调系统主要部件位置

8.2.3　控制与监控

机组通过空调控制面板控制空调系统。空调控制面板一般包含组件电门、区域温度选择旋钮、空调流量控制电门和热空气控制电门（图 8-14）。部分机型还安装有通风控制面板，用于控制通风系统和再循环系统等。空调系统的供气管道、客舱及组件出口的温度等参数可以通过面板上的指示器来监控。当相应座舱区域温控系统出现故障时，相应的区域温度灯点亮，为机组提供警告。

B737-700   B737-800

图 8-14   空调控制面板

8.2.4   制冷系统工作及部件

如图8-15所示，飞机上可以使用热交换器、蒸发循环机和空气循环机三种冷却装置。

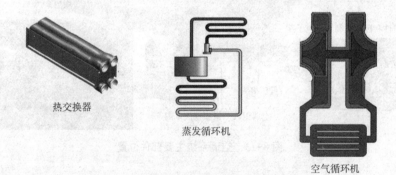

热交换器   蒸发循环机   空气循环机

图 8-15   热交换器、蒸发循环机和空气循环机

1. 冷却原理

航空蒸发循环制冷系统与地面制冷设备中的蒸发压缩式制冷循环机工作原理一致，是利用制冷剂的相态变化来带走空气中的热量，它可使系统中的空气温度在进入座舱前显著地降低。

早期蒸发循环制冷系统采用氟利昂作为制冷剂，后来人们发现氟利昂对环境破坏较大，现在采用对臭氧没有破坏作用的四氟乙烷作为氟利昂的替代品。

蒸发循环制冷系统的主要部件包括压缩机、冷凝器、制冷剂容器、热膨胀阀和蒸发器等，压缩机是蒸发循环制冷系统的核心元件，其作用是将来自蒸发器的低压气态制冷剂增压，变为高压气态，高压制冷剂经管道流入冷凝器，通过冷凝器向外散热液化成高压液体；高压液态制冷剂流向热膨胀阀，经膨胀后，变为低压液态制冷剂，流入蒸发器；在蒸发器内，低压液态制冷剂蒸发吸热，变为低压气体，将热空气降温为冷空气，供向座舱。

这样，制冷剂在蒸发循环系统内往复循环，利用其相态的变化，不断从蒸发器吸收热量，然后将热量输送到冷凝器散发出去。

在螺旋桨飞机、没有安装 APU 的飞机和其他老旧飞机上安装有蒸发循环机，蒸发循环机结构如图 8-16 所示。

空气循环机使用来自引气系统的空气。如图 8-17 所示，热的增压空气流入压气机，并通过压气机增加其压力和温度。热交换器接收来自压气机的热空气，并与流过热交换器的环境空气进行热交换，使来自压气机的空气温度降低，但保持其压力不变。空气通过热交换器后流入涡轮，热的高压空气通过涡轮膨胀和冷却。涡轮和压气机安装在同一根轴上，因此空气循环机是由涡轮驱动的。最后，冷空气被送入混合组件。空气循环机被应用在大多数喷气式飞机上。

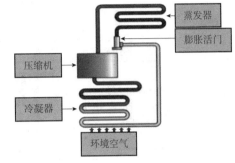

图 8-16 蒸发循环机结构

2. 冷却组件概述

冷却组件的功能是将引气冷却到组件控制器给出的命令值。冷却组件如下：

（1）组件活门。它是整个组件的开关。

（2）臭氧转换器。它安装在组件活门上游。

（3）热交换器。它通常有两个单元，即初级热交换器和主级热交换器。

（4）空气循环机。它是整个系统的核心部件。

（5）旁通活门。它也叫作温度控制活门。

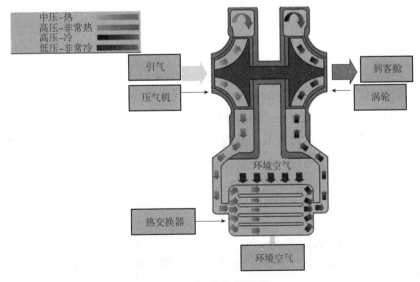

图 8-17 空气循环机

冷却组件还包括一个冲压空气系统，该系统包括冲压空气管道、冲压空气进口和出口门等（图8-18）。

冷却组件传感器感应组件内的温度，确保对组件进行控制和监控。防冰活门用于组件防冰功能，打开活门可以消除水分离器中的结冰情况。在水分离器的下游，安装一个组件单向活门，防止空气反流进入组件。每个组件都由一个组件控制器进行控制。

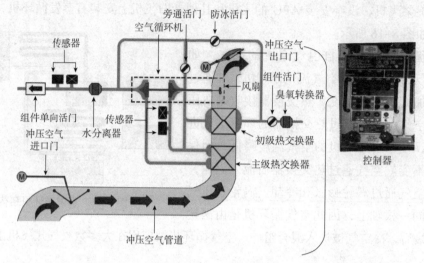

图8-18　冷却组件部件

3. 空气循环机及旁通活门

空气循环机的主要部件是压气机、涡轮和风扇。热空气首先从组件活门流向初级热交换器进行冷却，然后空气进入压气机进行压缩，以增加空气的压力和温度；接着，空气流向主级热交换器，空气温度再次被降低，但压力保持不变；随后，空气进入涡轮膨胀，降低压力和温度；最后空气进入座舱。

为了调节组件的温度，其内部安装有一个涡轮旁通活门。在一些机型中该活门也称为温控活门。这个活门决定了进入涡轮的空气流量，流入涡轮的空气越多，涡轮转速越高，冷却效果越好。

在有些飞机上，有专门的涡轮旁通活门，其目的是当飞机飞行高度较高时，将一部分空调气绕过涡轮，这样可以避免空调气过冷，也能更有效地对客舱增压。

还有的飞机空调系统设置了压气机旁通单向活门（图8-19），当空调系统接通时，压气机转速较低，故其下游压力较低，此时部分气流就可以旁通压气机供向涡轮，从而让涡轮更快地带动整个空气循环机，实现空调系统的快速启动。

也有部分飞机，整个空气循环机可以被旁通活门旁通。

4. 冲压空气

冲压空气系统如图8-20所示。

冷却组件内的温度可以通过旁通活门来调节。另外，调节流过热交换器的冲压空气流量可以影响热交换器的效率，从而影响冷却组件的温度。

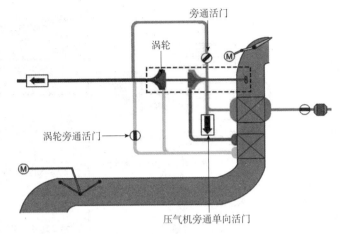

图 8-19　空气循环机及旁通单向活门

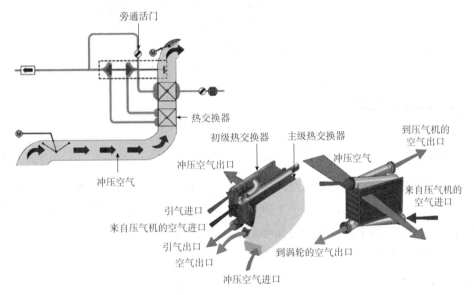

图 8-20　冲压空气系统

　　热交换器有一个冷却空气进口和一个冷却空气出口。冲压空气被当作冷却空气使用，进气口被称为冲压空气进口，而出气口被称为冲压空气出口。

　　冲压空气通过管道引入，在其进口和出口都装有可以调节开度的门，其开度将会影响热交换器的冷却效果，当门全开时，热交换器的冷却效果最好。

　　组件出口温度由冲压进气门、冲压排气门和旁通活门的位置决定。

　　冲压空气进口是 NACA 型进气道。冲压进气门的移动增加或减少了 NACA 工作区域的大小，进而增加或减少了通过热交换器的冷却气流。冲压排气门也是可调的。

　　冲压空气进气门和出气门由电作动器驱动。在作动器上通常集成有电位计和限位电门，为组件控制器的控制和指示功能提供数据（图 8-21）。

　　当飞机静止在地面或低速飞行时，冲压效应较弱，此时组件内的风扇可以增加冷却空气的流量，以保障热交换器的冷却效率。风扇通常与压气机和涡轮安装在一个轴上，当组件工作时，风扇就会运转。

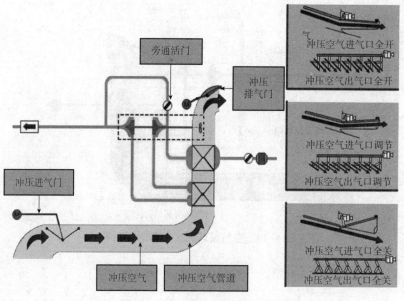

图 8-21　冲压进气 / 排气门

8.2.5　座舱空气分配

1. 混合组件

来自空调组件的冷空气进入混合组件腔（也称增压室），然后分配到飞机的不同区域。

混合组件是一个大腔室，像是一个带有多个进气口和出气口的大管道。混合组件将来自空调组件的冷空气与来自客舱的再循环空气混合，并将混合空气通过主供气管道输送到不同的飞机区域，如图 8-22 所示。

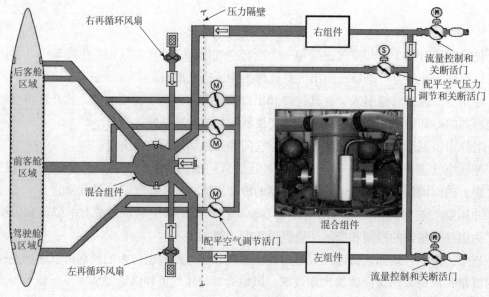

图 8-22　混合组件

客舱区域需要供气。来自混合组件的空气沿着水平布置在机身上的主供气管道流动，然后通过垂直布置在机身上的立管，最终通过相应舱内的出口进入座舱。驾驶舱通过单独的管道供气（图 8-23）。

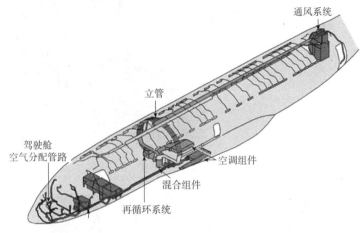

图 8-23　混合组件的位置

2. 客舱空气分配

客舱空气分配管道（图 8-24），空气首先进入位于客舱地板下两侧的主供气管道。从主供气管道出来后，位于窗户之间的立管将空气从行李架的上方和下方送出。

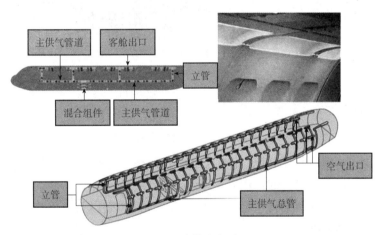

图 8-24　客舱空气分配

另一种分配设计（图 8-25），空气首先通过大的立管送入客舱顶部，然后通过主供气管道进行分配。

如图 8-26 所示，在一些飞机上，旅客有独立的供气系统通常位于机身的特定区域。在这个系统中，可以通过调整空气出口来改变空气的流量和方向，空气来自正常座舱供气或单独的供气管道。

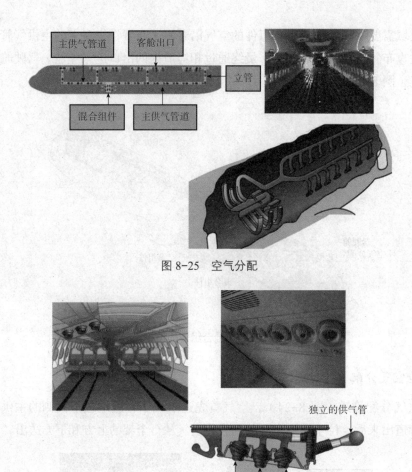

图 8-25　空气分配

图 8-26　旅客独立出气口

3. 再循环系统

　　除空调组件外，混合组件还接收一部分客舱排出的空气，这个系统称为再循环系统（图 8-27）。该系统对来自空调组件的气流提供补充，因此空调组件不需要每次都运行在高流量模式，从而降低飞机的工作成本。

　　典型的再循环系统主要部件包括气滤、电动再循环风扇以及防止空气反流到地板下部区域的单向活门（图 8-28）。

4. 驾驶舱供气

　　由于驾驶舱内人员负责整个飞行安全，必须确保它们工作在更好的环境条件下。驾驶舱区域主要从空调组件获得新鲜空气（图 8-29）。有两种不同的方法来确保驾驶舱只接收新鲜空气：第一种方法是在空气进入混合组件之前直接从空调组件中抽取空气；第二种方法是驾驶舱的空气来自混合组件，但通过调整驾驶舱供气管道的位置，确保其只能得到新鲜空气。

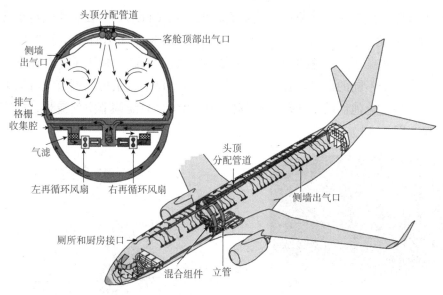

图 8-27 某型飞机再循环系统

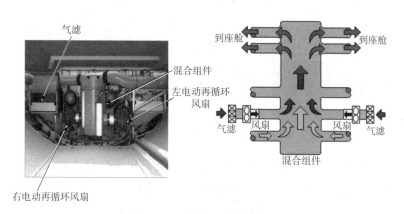

图 8-28 再循环系统部件

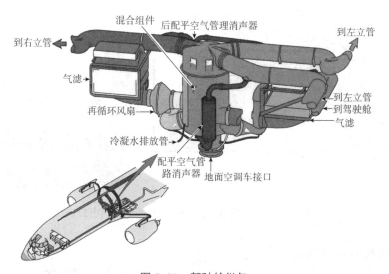

图 8-29 驾驶舱供气

驾驶舱有许多窗户并且同蒙皮的接触面较大。在飞行中，驾驶舱会变得很冷，在地面上，有时驾驶舱又会变得很热。因此驾驶舱内需要一个带有许多空气出口的空气分配系统以减少这些影响。驾驶舱的空气由主供气管道分配，主供气管道被分成更小的立管。立管为多个不同的出气口提供空气。在一些出口，机组可以调节气流的方向和流量，以尽可能地优化他们的工作环境；其他一些出气口只能调节空气流量，如窗户上方的空气出口（图 8-30）。

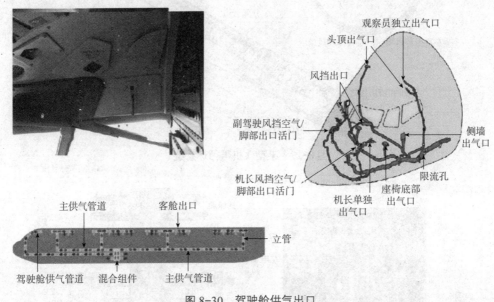

图 8-30　驾驶舱供气出口

对于部分驾驶舱出气口，可以使用单独的电加热器以提高舒适度。客舱的部分区域也安装有电加热器，防止在飞行中这些区域温度过低，例如在登机门的地板上装电加热板，避免巡航时门的封严条结冰（图 8-31）。

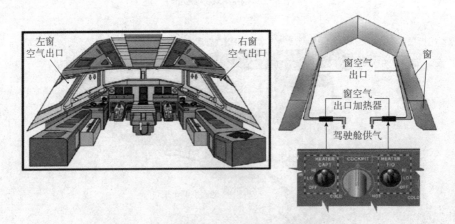

图 8-31　带有电加热器的驾驶舱侧窗空气出口

5. 冲压空气和地面供气

在部分飞机上，安装有一个应急冲压空气进口。在飞行中，当所有空调组件失效时，它能提供新鲜的外界空气到混合组件。当应急冲压空气进口打开时，通过一个单向活门将外界新鲜的空气引入混合组件。在混合组件内，新鲜空气与再循环的客舱空气混合并分配到不同的飞机区域。应急冲压空气进口有一个电作动筒，它使进口挡板伸入外界气流中［图 8-32（a）］。

当飞机在地面时，可以通过地面接口从外部空调车向混合组件提供空调空气，以减少对飞机空调组件的使用［图 8-32（b）］。

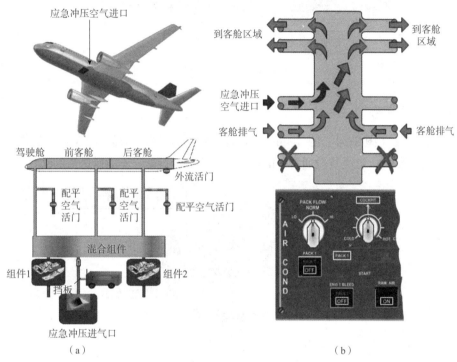

图 8-32　应急冲压空气进口和地面供气
（a）应急冲压空气进口；（b）地面供气

■ 8.2.6　座舱通风与加热

在飞机上有厨房和厕所通风系统、货舱通风系统、设备冷却系统三种不同类型的通风系统。厨房和厕所通风系统可以散热、除湿和移除污浊的空气；货舱通风系统可在必要时完成换气功能，如货舱运送活物；此外，还有一个独立的设备冷却系统。

对于货舱通风，不同的货舱可分为四种不同的通风类型（图 8-33）：

（1）无通风的货舱；

（2）没有加热的通风货舱；

（3）通风并加热的货舱；

（4）空调货舱。

图 8-33　货舱通风类型

1. 无通风的货舱

无通风的货舱（图 8-34）是密闭的，客舱内空气无法进入货舱，于是这种货舱在飞行中会非常冷，正因如此，这类货舱通常只能用于运输货物和行李，不能运送活的动物。

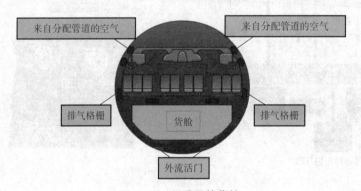

图 8-34　无通风的货舱

2. 通风的货舱

在货舱通风系统中，客舱空气通过排气格栅进入货舱。空气通过压差或风扇从货舱内抽出，然后通过活门排出机外，如图 8-35 所示。

在一些飞机上，前货舱还可以通过设备冷却系统排气进行通风。

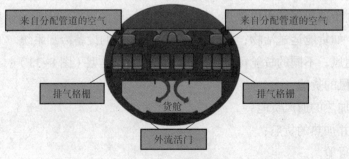

图 8-35　通风的货舱

波音飞机的货舱通风系统中安装有两个电动马达驱动的隔离活门（图 8-36）。通常隔离活门是打开的，客舱空气可以通过货舱流向外流活门。如果货舱出现火警，必须关闭这些活门以阻隔气流。为了增加空气流动，可以安装供气扇和排气扇。这种类型的通风系统应用于大多数货舱。

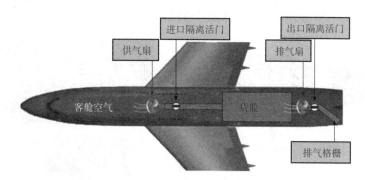

图 8-36　波音飞机上通风的货舱

空客飞机上的货舱通风系统如图 8-37 所示。供气扇吸入客舱空气，然后空气通过进口隔离活门和左侧壁上的空气进口进入货舱。货舱排气由排气扇和出口隔离活门吸出，通过后壁板上的两个顶部出口排出。

对于加热并通风的货舱，引入客舱配平空气加入进口隔离活门之前的通风管路，对货舱进行辅助加热。

对于调温货舱，直接引入空调组件出口冷空气到进口隔离活门之前的通风管路，对货舱提供冷空气进行温度调节。

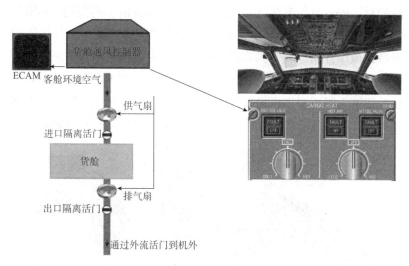

图 8-37　空客飞机上通风的货舱

3. 货舱通风控制

为了控制货舱通风系统，驾驶舱内有一个货舱通风控制面板，位于头顶板。机组或维护人员可以通过隔离活门电门控制货舱隔离活门和风扇，按入电门后，关闭灯熄灭，系统被激活并且货舱通风控制器打开隔离活门。当控制器接收到来自两个隔离活门的全开信号时，风扇开始工作。

货舱通风控制器监控隔离活门的位置（图 8-38）。如果隔离活门与电门位置不一致，控制器关闭两个活门，并停止供气扇，点亮隔离活门按钮上的故障指示灯。货舱通风控制器也发送数据到 ECAM 显示器，以便机组监控故障。

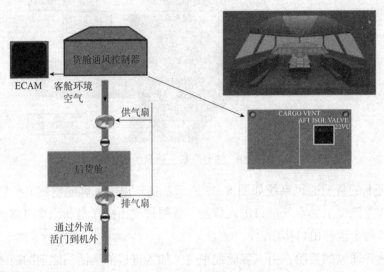

图 8-38　货舱通风控制器

4.厕所和厨房通风

因为厕所和厨房内的空气有异味，所以必须将异味排出。典型的厕所和厨房通风系统包括一个通风管道和排气扇。排气扇将空气从厕所和厨房中抽走，并输送到外流活门区域。整机通电后，风扇开始运转，当客舱和机外的压差足够大时，风扇自动停转。客舱内的空气通过厕所门上的格栅进入厕所，之后，空气通过顶板上的管道被抽出。客舱分配系统中一个单独的管道为厕所提供少量新鲜的空调空气。厨房通风系统与之类似（图 8-39）。

在部分飞机上，还安装有备用风扇，以防止正常风扇故障后导致客舱异味。

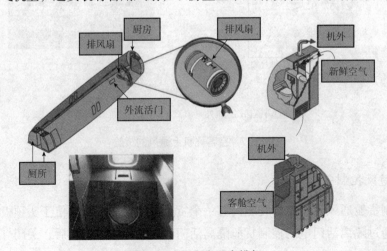

图 8-39　厕所和厨房排气

8.2.7 设备冷却

现代飞机使用许多计算机、电子显示系统和其他电子系统，且大多数设备位于驾驶舱和电子设备舱内。这种集中式的电子和电气部件工作时会产生大量的热量。因此，在飞机上需要设备冷却系统，用于保持这些部件的温度在一个可接受的范围内，防止其损坏。

典型的设备冷却系统是通过一个管道和若干小孔将空气吹向电子部件周围并贯穿电子部件（图 8-40）。可以使用客舱空气、来自组件的空调空气或从飞机外部来的空气冷却电子设备。电子设备的热量被冷却空气直接输送到机外或地板下部区域，地板下部区域的热气通过外流活门排到机外，有的飞机还可将其用于前货舱辅助加热，提高经济性。

综上所述，热空气可以直接排到机外、输送到地板下部区域或用于加热前货舱。有的飞机设备冷却系统还可以将冷却空气保持在一个封闭环路内，并由蒙皮热交换器冷却后重复使用。

设备冷却系统可由计算机自动控制，也可通过驾驶舱控制面板上的电门人工控制。

1. 系统部件

通过电控活门，可以使设备冷却系统工作在不同的模式，这些活门负责系统的关断控制，在部分飞机上，它们的开度也可以调节。

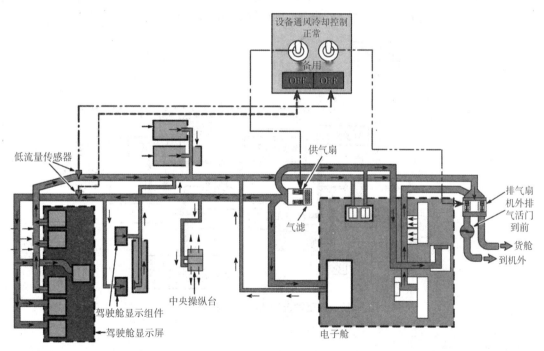

图 8-40　设备冷却系统

在冷却系统中有两个风扇用来输送空气。即使一个风扇不工作，另一个风扇也能保证系统正常运行。有的系统还安装有蒙皮热交换器，以提高冷却效率。蒙皮热交换器是一个位于飞机蒙皮下的管道或管道系统，本质为空气–空气热交换器。当飞机在高空飞行时，热气通过这个管道并通过寒冷的蒙皮进行冷却（图 8-41）。

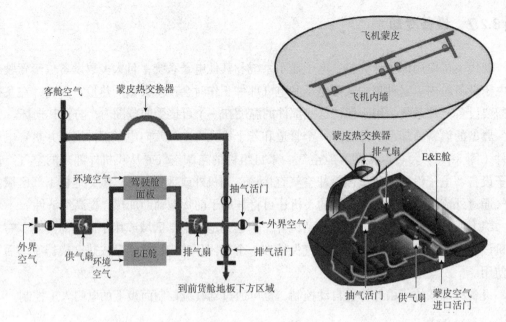

图 8-41　蒙皮热交换器

在设备冷却系统中，安装有若干活门，以处理烟雾等异常情况。图 8-42 所示系统安装有一个超控活门，当它打开时，舱内和机外的压差迫使面板和设备附近的冷却空气迅速排出机外。在部分飞机上，还有一个空调进口活门，可以提供空调气来冷却设备。

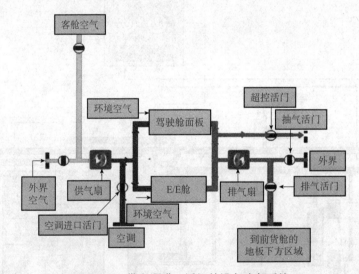

图 8-42　带空调进口活门的设备冷却系统

2. 自动操作

设备冷却系统通常自动工作在两种不同的模式，工作在哪种模式取决于环境温度和飞机的空地状态等。第一种模式被称为机内排气模式，即排气进入地板下部区域或进入前货舱；第二种模式称为机外排气模式，即排气到机外。

机外排气模式通常在地面使用，电子设备由飞机外部的空气冷却，两个风扇通过蒙皮进口活门送入空气，之后，空气由抽气活门排出飞机，所有其他活门关闭。当外部温度很低时，设备可能会被冰或湿气损坏，此时蒙皮进口活门关闭，舱内空气将会代替外界空气冷却设备（图8-43）。

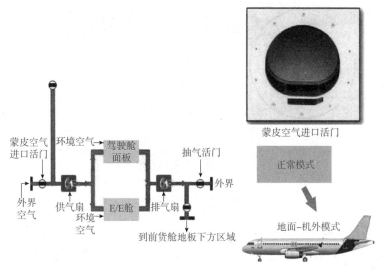

图 8-43　设备冷却—机外排气模式

机内排气模式通常用于巡航、起飞和降落期间。在这种模式下，蒙皮进口和抽气活门关闭，使用客舱空气完成设备冷却。空气流经电子设备，然后进入地板下部区域或到前货舱（图8-44）。

在自动操作模式下，设备冷却系统计算机接收所有必要的数据，以确保设备冷却系统以最佳和最安全的方式运行。

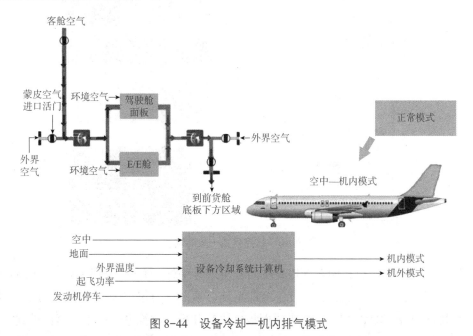

图 8-44　设备冷却—机内排气模式

3. 超控操作

当设备冷却系统出现部件故障或探测到烟雾时，就需要超控操作（图8-45）。在这些异常情况下，驾驶舱机组人员从控制器得到指示，人工操作冷却系统。

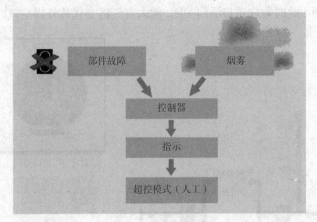

图 8-45　超控操作

如果出现部件故障，如一个风扇损坏，那么低流量探测器就会探测到冷却空气低流量状态。探测器向设备冷却系统计算机发送信号，之后，驾驶舱机组人员在 ECAM 或 EICAS 显示器上获得一个告警信息。某些型号的飞机上还会点亮故障指示灯。

遇到进气系统故障后，可以按压供气超控电门，此时将关闭蒙皮空气进口和抽气活门，同时供气扇停止工作。设备通风冷却气流将仅由排气扇驱动，依靠内部循环来散热和通风（图 8-46）。

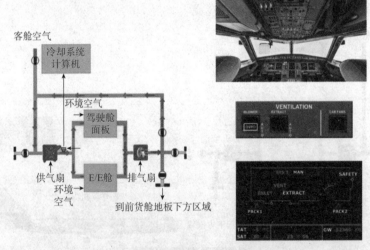

图 8-46　超控模式—故障情况

如果烟雾探测器探测到烟雾，驾驶舱内发出烟雾警告，有的飞机还会点亮故障灯。当发生这种情况时，为了安全起见，设备冷却系统必须设置为超控排烟模式，用以将带有烟雾的空气排出机外（图 8-47）。将头顶面板的供气和排气超控电门按压到超控模式。这种模式下供气风扇关闭、排气风扇继续运转并打开抽气活门，有的飞机还会打开空调进口活门便于更好地吹除烟雾。其余活门关闭，避免烟雾进入其他区域。客舱压差及排气风扇使含有烟雾的空气排出机外。如果两个风扇均故障，系统也需以同样的方式运行。飞机在地面，当冷却空气太热或供气扇不能正常工作时，地面人员呼叫喇叭会向地面人员发出警报。

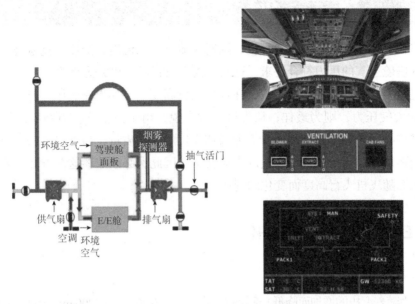

图 8-47　超控模式—烟雾情况

4.液体冷却系统

在多电飞机中，很多部件需要较大的电力驱动，如中央油箱增压泵马达，液压泵马达等。电网电源无法满足它们的工作，因此一些部件就使用专用的变压整流组件产生所需要的电力进行部件驱动，这些变压整流组件通常称为公共马达启动控制器（CMSC）或自动变压整流组件（ATRU），这些组件工作时会产生大量的热，使用传统的气流冷却已无法满足要求，因此在这些多电飞机上，就需要使用效果更好的液体冷却系统。图 8-48 所示为新一代飞机使用的液体冷却系统。

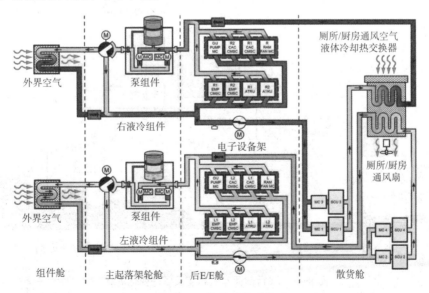

图 8-48　液体冷却系统

8.3 座舱增压

为给飞机提供一个舒适的座舱环境，除对座舱空气的温度、湿度、流量进行调节外，还必须保证座舱空气的压力符合要求，这对于高空飞行的飞机尤为重要。

从满足机上人员的生存需要来说，在任何飞行高度上，如果座舱压力能始终保持相当于海平面的大气压力，则为最佳；从飞机结构来说，由于高空飞行时座舱内外的压差很大，座舱结构必须十分牢固，因而会大大增加飞机的结构质量，另外，气密座舱一旦在空中损坏，会形成爆炸减压而危及人员的生命安全。因此，必须兼顾这两方面的要求，合理选择座舱压力随飞机飞行高度而变化的规律。

8.3.1 压力控制系统工作及部件

1. 压力控制系统工作

大气压力随着海拔的增加而降低。现代喷气式飞机在 9 200 ~ 12 000 m（30 000 ~ 40 000 ft）的高度飞行，而人类通常只可以承受 3 000 m（10 000 ft）高度以下的压力。因此，飞机需要增压座舱来满足人在高空中的正常活动。

座舱压力通常用座舱压力高度或座舱高度表示。民用飞机的航空法规将飞行过程中最大的座舱高度限制在 2 400 m（8 000 ft）。这是可接受的环境条件和由于座舱增压而施加在机身上的结构应力之间的折中方案。

大气压力通常以百帕斯卡为计量单位。但是通常情况下，习惯使用 psi 作为计量单位。例如，座舱内的绝对压力和外界环境压力之间的压力差，称为压差或 Δp，以 psi 为单位，压差是表征座舱增压产生结构应力的参数（图 8-49）。

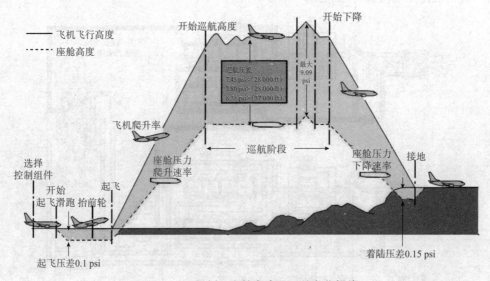

图 8-49　飞行剖面座舱高度及压差变化规律

238

当飞机在地面且舱门打开时，环境压力和机舱压力是相同的。

假定飞机在 20 min 内爬升到 12 000 m（40 000 ft），表明飞机的平均爬升速率为 600 m/min（2 000 ft/min），这也被称为垂直速度。与此同时，座舱高度只需爬升到 2 400 m（8 000 ft），表明座舱高度平均变化率为 120 m/min（400 ft/min），这称为座舱速率或座舱垂直速度（图 8-50）。如图 8-50 所示，座舱以 120 m（400 ft/min）的正爬升速率爬升，表示座舱内的压力同步降低；当座舱变化率为负时，代表座舱压力增加。

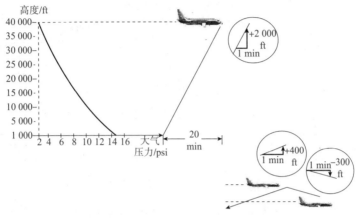

图 8-50　座舱速率

座舱压力在飞行中一直在变化，而人的耳朵需要一定时间才能补偿内耳的压力，所以座舱高度变化率必须限制在一定范围。通常来说，正座舱速率不应超过 150 m/min（500 ft/min），负座舱速率不应超过 90 m/min（300 ft/min）（图 8-51）。

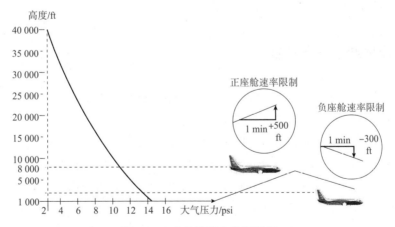

图 8-51　座舱高度变化率限制

2. 压力控制系统部件

如图 8-52 所示，增压座舱从空调系统中获得恒定的气流。座舱内的压力由一个或多个外流活门通过调节排气量进行控制，大部分飞机的外流活门位于后部机身下方，也有部分飞机在机身前部和后部各有一个外流活门。客舱内的空气还会通过余水孔和机外通风口离开座舱，如厕所通风口等。当进入座舱的空气量和离开座舱的空气量相同时，座舱压力和座舱高度是稳定的。

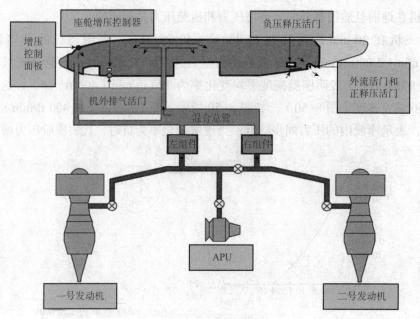

图 8-52　压力控制系统部件

　　影响座舱压力的另一个参数是飞行高度，因为它决定了外流活门处的压差。为了保证座舱高度不超过人体舒适的 2 400 m（8 000 ft），飞机飞得越高，座舱内外的压差也就越大。如果外流活门保持在同一开度，就会增加排出外流活门的空气流量。因此，要保持座舱高度在同一水平，随着飞行高度的增加，必须驱动外流活门逐渐关小。

　　在某些机型上，当只有一个组件工作时，即使完全关闭外流活门，也不能保持舒适的座舱高度，故需降低最大飞行高度。

■ 8.3.2　座舱增压安全装置

　　民用航空法规要求增压系统必须具有保护功能。当系统出现故障或出现极端环境条件时，增压系统必须防止飞机损坏并且避免对机上人员造成伤害；当座舱高度过高、压差过大或压差为负时，增压系统必须启动保护功能（图 8-53）。

　　当座舱高度超过正常值时，根据不同的高度，将会产生三种效应：

　　（1）在座舱高度将近 3 000 m（10 000 ft）[（例如在座舱高度为 2 900 m（9550 ft）]时，驾驶舱会发出警告提醒机组人员戴上氧气面罩；

　　（2）在座舱高度为 4 300 m（14 000 ft）时，客舱氧气面罩会自动释放；

　　（3）在座舱高度为 4 600 m（15 000 ft）时，外流活门会自动关闭。

　　当压差增大时，飞机结构承担的应力也随之增大。为了防止结构损坏，飞机必须带有座舱压力保护装置，包括正释压活门、负释压活门和压力均衡活门等。正释压活门可以安装在后承压隔框区域，也可以位于后部机身。当压差超过最大允许值时［飞机类型不同，允许的最大值也不同，但一般在 58.6 kPa（8.5 psi）以上］，活门克服弹簧打开。当压差低于这个值后，活门可以再回到关闭状态。

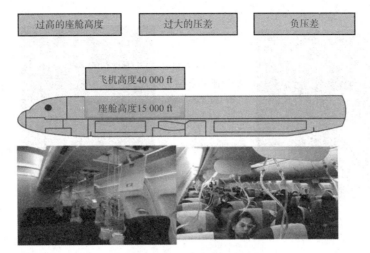

图 8-53　座舱高度过高

　　负压差意味着座舱内的压力低于环境压力，负释压活门可以防止这种情况发生。当环境压力高于机舱压力时，活门打开。在某些没有单独负释压活门的飞机上，一般也会有安全活门完成此功能。

　　在飞机内部不同的增压区域之间也可能出现压差。例如，在密封的货舱和地板之间，为了防止壁板损坏，在这些舱内装有均衡活门。这些活门是弹簧加载的挡板活门，当出现一个小的压差时，均衡活门将打开。当压力快速变化（例如出现爆炸减压）时，较小的均衡活门无法完成均压功能，因此，这时整个面板框架被爆破以均衡压力（图 8-54）。

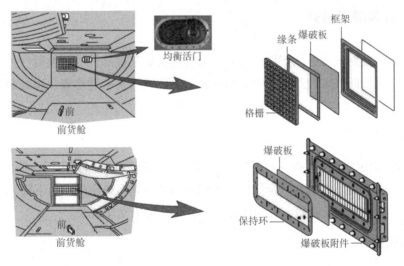

图 8-54　压力均衡活门和压力均衡爆破板

■ 8.3.3　指示与警告

　　在驾驶舱可以监控增压系统的相关参数，图 8-55 所示为某型飞机增压系统相关面板，可以显示增压系统的压差、变化率和座舱高度数据，同时还显示了外流活门的状态。

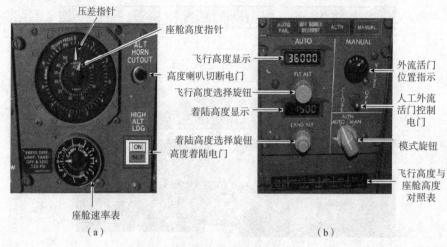

图 8-55 增压面板

（a）座舱高度面板；（b）座舱压力控制面板

正常飞行时民航飞机的座舱高度一般控制在 2 400 m（8 000 ft）以下［部分机型如 B787 客机会把座舱高度控制在 1 900 m（6 000 ft）以下］，如果出现增压系统故障，座舱高度可能会意外升高，也就意味着座舱内压力下降，空气稀薄，此时需要机组尽快予以处理。座舱高度警告系统可以在座舱高度大于 3 000 m（10 000 ft）［有的机型为 2 900 m（9 550 ft）］时给出警告信息。

8.3.4　座舱增压检查

飞机需要定期对机身的气密性做检查，另外在完成某些部件的更换后，如风挡、门封严等可能会对机身的气密性产生影响的部件，也需要进行气密性检查。检查的方法一般有以下两种。

1. 动压试验

整个机身结构气密性检查一般采用此方式。将飞机所有舱门关闭后，使用 APU 引气通过空调组件将座舱压力增到一定值后，关闭空调并计算飞机座舱压力下降率，与手册标准进行比对。这种方式下座舱压力会逐渐变化，因此称为动压试验。

2. 静压试验

更换完可能对气密性产生影响的部件后一般采用此方式进行试验。将飞机所有舱门关闭并增压到某个压力值后，调节外流活门的状态让飞机座舱压力保持不变，然后对相关区域进行检查，观察是否有漏气现象。这种方式下座舱压力会保持恒定，因此称为静压试验。

工卡 8—飞机空调系统

工卡标题	飞机空调系统部件识别与检查
版本	R1
工时	30 min
工具 / 设备 / 材料	手电筒、螺钉旋具、反光背心、清洁布

飞机空调系统（737NG）

1. 工作任务	工作者	检查者
依据工艺规程与技术条件，环绕飞机找出飞机空调系统各部件		
2. 工作准备	**工作者**	**检查者**
（1）准备相关资料		
（2）准备好跳开关、地面插销		
3. 工作步骤	**工作者**	**检查者**
打开相关盖板，进入飞机相关位置，识别空调部件		

步骤 1：飞机空调与增压系统驾驶舱部件识别

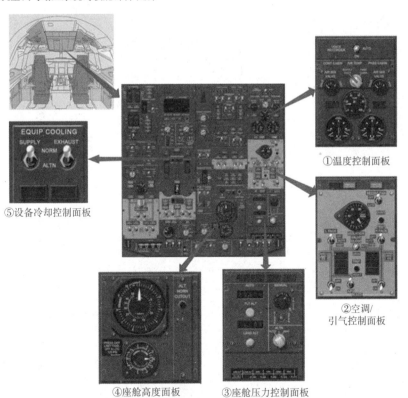

①温度控制面板

⑤设备冷却控制面板

②空调/引气控制面板

④座舱高度面板　③座舱压力控制面板

检查结果：

步骤2：典型飞机空调与增压系统电子设备舱部件识别

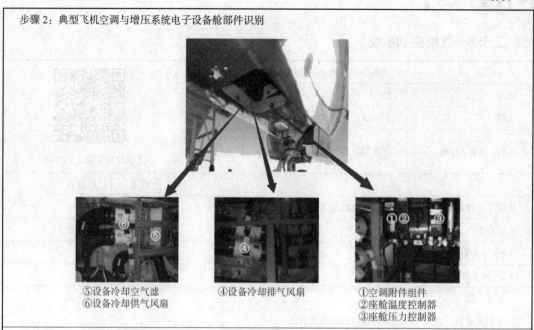

⑤设备冷却空气滤
⑥设备冷却供气风扇

④设备冷却排气风扇

①空调附件组件
②座舱温度控制器
③座舱压力控制器

检查结果：

步骤 3：典型飞机空调与增压系统空调舱部件识别

⑨流量控制与关断活门

①再循环风扇
②空调分配总管

⑥水分离器
⑦冲压空气进气控制器
⑧低温限制（35 °F）控制器

③热交换器
④集气/扩压组件

⑩压气机出口过热电门

⑤空气循环机

⑪涡轮进口过热电门

检查结果：

步骤4：典型飞机空调与增压机身部件识别

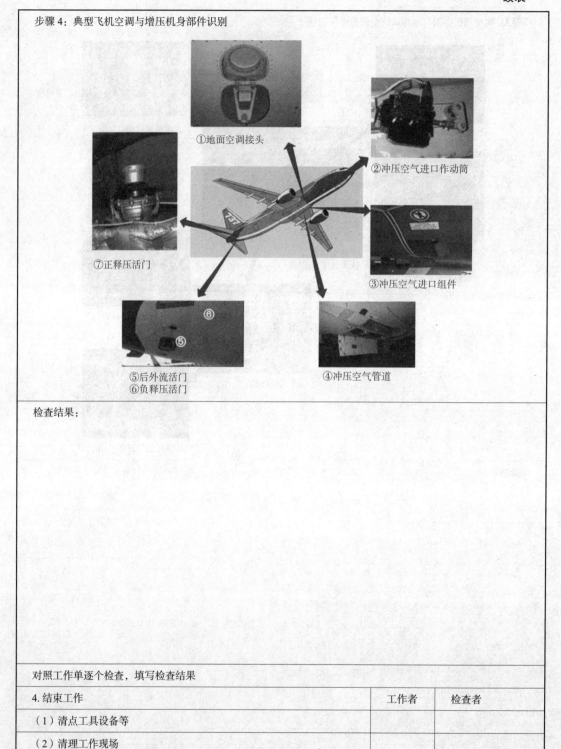

①地面空调接头

②冲压空气进口作动筒

③冲压空气进口组件

④冲压空气管道

⑤后外流活门
⑥负释压活门

⑦正释压活门

检查结果：

对照工作单逐个检查，填写检查结果

4.结束工作	工作者	检查者
（1）清点工具设备等		
（2）清理工作现场		

项目 9

9

飞机氧气系统

📖 【学习目标】

💡 知识目标

　　熟悉民用飞机氧气系统组成；

　　掌握飞机氧气系统工作原理。

飞机氧气系统 A320

🎓 技能目标

　　能识别飞机氧气系统部件；

　　能对飞机氧气系统进行操作测试；

　　能分析排除典型氧气系统故障。

⬠ 素质目标

　　培养自主学习能力、团结协作能力与安全规范意识，以及热爱祖国、热爱航空和担当责任、敬重装备的机务工匠精神。

📋 【任务描述】

阅读任务，在工作手册中完成任务

　　查找、了解运输航空中航线运营的主要飞机类型。以 B737 飞机为例，查找飞机氧气系统各元件类别，阐述各工作系统原理。

◎ 【知识链接】

■ 9.1.1　氧气系统的作用、类型及安全要求

　　1.氧气系统的作用

　　（1）不同高度用于呼吸的空气参数变化。现代飞机普遍飞行在高空中，这是飞机最经济的飞行方法。但是大气的基本组成（以体积来计算）：78%的氮气、21%的氧气、1%的其他气体，在这些气体成分中氧气最为重要。当飞机飞行高度不断增加时，海拔高度也随之增加，大气气压和密度逐渐变小，空气中维持生命必需的氧气量也随之下降。然而对

247

于更适合在地表大气环境中生活的人类，必须确保正常呼吸量保持不变。假如在 5 000 m 高度时进行正常呼吸，由于大气内可用的氧气量比在海平面的可用氧气量大约减少一半，在这个高度人类很难活下去；如果是在 10 000 m 的高空正常呼吸，吸入的可用氧气将更少，只有海平面的四分之一。现代飞机一般在最大设计巡航高度 12 000 m（约 39 000 ft）飞行，因此必须给客舱增压，否则任何人在飞行时都得穿太空服。

（2）客舱失压对人体的影响。当飞机在空中飞行时，座舱增压系统始终维持座舱高度在无须使用供氧设备也能使机舱内所有人员有一个较舒适的环境，客舱高度一般控制在不高于 2 400 m（8 000 ft）。飞机一旦在高空中出现释压，高度越高，对人体产生的负面影响越严重，甚至可能造成无法存活：

1）在 3 000 m 的高空，可以通过加快呼吸频率来弥补氧气量的不足。

2）在 4 000 m 的高空，会出现高原反应，例如感到疲惫和困倦。

3）在 4 500 ～ 6 000 m 的高空，会使人失去注意力及部分记忆并出现幻觉。持续一段时间后，肌肉发麻并且意识模糊。

4）在超过特定临界点（30 000 ft）之后，人体将在极短时间内失去意识。

海拔高度越高，人体出现上述状况所需时间越短。例如：当飞机在 12 000 m 高度飞行时，座舱突然快速减压，人体出现上述不良状况反应的时间大约只需要 15 s。

（3）飞机氧气系统的作用。为了确保机组成员和旅客的生命安全，当飞机座舱增压系统在空中飞行中失效时，飞行员会选择快速下降至安全高度以弥补氧气量的供应，在这期间则由飞机氧气系统提供必要的氧气以防止人员失能。飞机氧气系统还可以在其他紧急情况、医疗急救或有特殊运行及需求时按需提供氧气。

2. 氧气系统的类型

飞机氧气系统包含机组氧气系统、旅客氧气系统和手提便携式氧气系统，这三部分在大多数飞机上都是各自独立的系统。机组氧气系统采用高压氧气瓶单独为驾驶舱区域提供氧气，并确保驾驶舱内机组人员可以按需随时使用氧气。旅客氧气系统采用化学氧气发生器制氧或高压氧气瓶供氧，在客舱、厕所、乘务员工作区和机组休息区（如有）都安装有氧气面罩，当出现飞机释压、氧气面罩自动脱落或人工超控放下后，该系统向客舱的乘务人员和旅客提供氧气。但有些大型客机也采用高压氧气瓶调压后由分配管路同时为飞行机组和旅客供氧。便携式手提氧气瓶分布于整个飞机的不同地方，由乘务员向有需要的人员提供氧气（图 9-1）。

3. 氧气系统的安全要求

日常生活中气态纯氧的种类很多，但在飞机上适用的纯氧只有一种，即"航空呼吸用氧"。"航空呼吸用氧"是一种非常干燥、基本没有水分、纯度至少为 99.5% 的特殊氧气；医用氧气也是一种纯氧，但由于该类型的氧气通常含有水分会在高空低温状态下结冰并阻塞氧气系统的管路，因此不能在飞机上使用；工业氧气通常存在杂质且容易被污染，所以禁止用于呼吸。

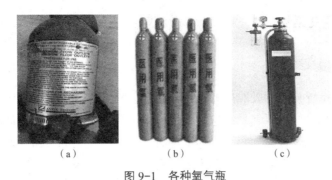

图 9-1　各种氧气瓶

（a）航空氧气瓶；（b）医用氧气瓶；（c）工业氧气瓶

（1）氧气是一种危险气体，本身无色、无味、不可燃烧，但是它会助燃，而且随着浓度的提高助燃效果会更加剧烈，如果发生氧气火灾，则很难扑灭。在对氧气系统进行日常维护和勤务过程中，维护人员必须严格遵循安全规章。任何带有侥幸心理的违规操作都有可能造成飞机和机载设备的损坏，进而导致财产的损失，甚至造成人员伤亡等非常严重的后果。

（2）在维护氧气系统，打开氧气瓶上的人工关断活门时时刻牢记速度要非常缓慢，否则，快速释放出来的氧气沿着空的氧气管道快速流动，遇到关闭的阀门会导致局部压力增加，压力能会迅速转化为热能，如果压力持续增加，将会产生更多的热量，导致爆炸等严重后果；在关闭氧气瓶关断活门时用手拧紧即可，牢记不要大力关闭。

（3）从事氧气系统工作时要先洗手，确认氧气系统工作区域内没有易燃物（如燃油、滑油、液压油、润滑脂等碳水化合物），确保工作人员的衣服、鞋、帽以及设备工具均无油脂。滑油、润滑脂和其他碳氢化合物是可燃物。当高纯度的氧气与滑油和润滑脂等碳水化合物相互接触时将引起爆炸，最终可能造成非常严重的后果。

（4）在维护氧气系统时应禁止使用清洁液和防冰液等易燃易爆材料，严禁通断地面电源，停止燃油和液压系统的加油和维修工作，停止周围机加工作业，禁止开启产生电磁波的设备。维护氧气系统时的禁止操作如图 9-2 所示。

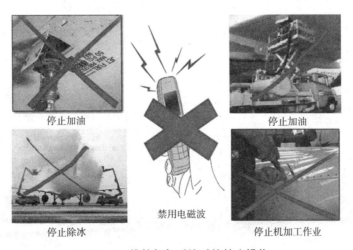

停止加油　禁用电磁波　停止加油

停止除冰　停止机加工作业

图 9-2　维护氧气系统时的禁止操作

9.1.2 机组氧气系统

1. 机组氧气概述

飞行机组氧气系统只向驾驶舱内的机组人员提供氧气，并且保证驾驶舱机组人员根据需要可随时使用氧气。机组氧气系统包括一个或多个高压氧气瓶，气瓶通常储存在驾驶舱地板下方、电子设备舱或货舱。每个瓶体上都有一个氧气压力调节器，调节器将高压氧气调压后输送给分配总管，再通过面罩本体上的稀释供氧调节器为机组供氧（图9-3）。

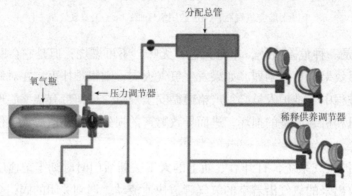

图9-3 机组氧气系统

2. 机组氧气系统的组成

机组氧气系统主要由高压氧气瓶、人工关断活门、压力调节器、压力直读表、低压供氧活门、分配总管、稀释供氧调节器、面罩以及用于瓶内超压安全释放的高压易碎片和机外释放指示器等组成（图9-4）。有些飞机还加装了充氧面板组件。

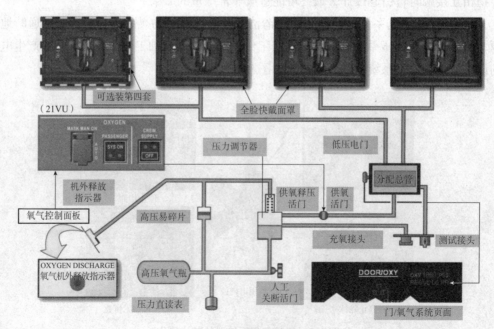

图9-4 机组氧气系统的组成

250

3. 机组氧气瓶

航空高压氧气瓶为具有不同规格的深绿色瓶体，使用合金钢或复合纤维材料缠绕铝合金内胆制造技术制成。供飞行机组使用的高压氧气瓶一般安装在电子设备舱或货舱特定的架位，机组氧气瓶组件由下列部件组成（图 9-5）：

（1）人工关断活门；

（2）压力直读表；

（3）超压安全释放装置和排放管（通往机身蒙皮处）。

通常每个气瓶在常温 21 ℃下储存的氧气压力高达 12.8 MPa（1 850 psi），容量最大为 3 200 L。每个机组氧气瓶都有人工关断活门和压力直读表。人工关断活门用于缓慢开启或关闭氧气瓶，氧气瓶上的压力直读表指示气瓶内的实际氧气压力。

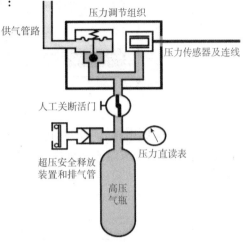

图 9-5　机组氧气瓶组件

4. 机组氧气超压释放

为了防止氧气瓶超压爆炸，瓶体的安全释压装置会在压力超过门槛值后打开，通过连接到飞机外部蒙皮的释压排放管将氧气排到机外。安全释压装置主要是由一个安全易碎释压盘来实现，在温度或压力过高并超过门槛值时安全易碎释压盘将破裂。这种情况一般在瓶内压力大约为 18 MPa（2 600 psi）时发生，以防止造成氧气部件和飞机严重损伤。当瓶体的安全释压装置被打开时，飞机蒙皮表面的绿色释放指示器也将被吹掉（图 9-6）。

对于有选装多个氧气瓶的氧气系统，每个氧气瓶都连接在同一排放管道上。如果绿色释放指示器被吹掉，必须读取每个瓶子的压力表，以确定是哪一个气瓶发生了超压释放。

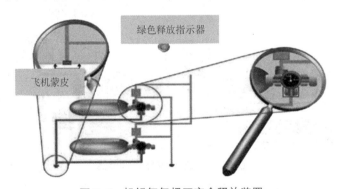

图 9-6　机组氧气超压安全释放装置

5. 机组氧气分配

机组氧气分配如图 9-7 所示。

（1）机组氧气通过总管送到驾驶舱。整个氧气供气系统的氧气压力由供氧活门和压力调节器来调节并保持恒压。为了减小高压管道的长度，压力调节器通常装在氧气瓶附近。

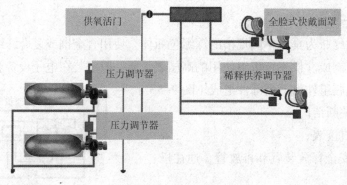

图 9-7　氧气分配

（2）机组使用氧气时的减压和调压可以通过一步完成。例如在有些空客飞机上，机组氧气系统减压调节器通常直接安装在氧气瓶上（图 9-8）。

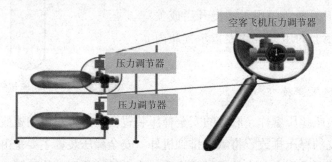

图 9-8　压力调节器

（3）机组使用氧气时的减压和调压也可以通过两步来完成。例如，有些波音飞机机组氧气系统，首先由安装在每个瓶子上的减压器将压力降低到一个中间水平，然后由压力调节器将压力再进一步调节到可用的压力（图 9-9）。

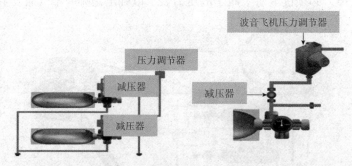

图 9-9　减压器和压力调节器

通常情况下，波音飞机的机组氧气系统的激活无须额外操作，而空客飞机必须操作控制整个机组氧气系统的供氧电门才能打开供氧活门将氧气输送到驾驶舱。图 9-10 所示构型的机组供氧活门由驾驶舱氧气控制面板的机组供氧电门控制。

6. 机组氧气指示系统

（1）每个氧气瓶上各有一个机械式压力直读表用于实时指示瓶体氧气压力，氧气瓶出口压力传感器将感受的管道压力发送给驾驶舱。另外，部分机型在充氧面板附近还会有一个压力表，用于显示气瓶压力传感器提供的氧气压力（图9-11）。

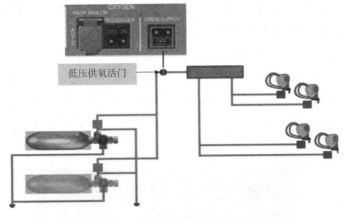

图 9-10　电磁线圈控制的供氧活门

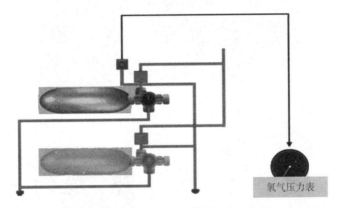

图 9-11　机组氧气瓶压力指示（单一气瓶）

（2）如果装有多个氧气瓶，每个气瓶的压力可能不同。在这种情况下，每个氧气瓶的压力信号通过电压平均组件转换为平均值，驾驶舱的机组氧气压力指示数据源于压力传感器或电压平均组件所收集的平均压力信息。现在大多数飞机的氧气压力值在EICAS状态页或ECAM门/氧气页上显示，正常情况下指示为绿色，低压时变为琥珀色（图9-12）。

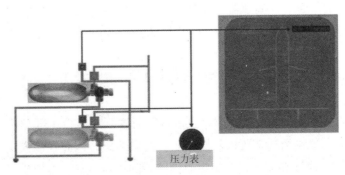

图 9-12　机组氧气瓶压力指示（多个气瓶）

7. 机组氧气面罩

（1）机组氧气面罩本身就是一个全脸快戴式面罩（图 9-13）。机组人员可以在 5 s 内单手将面罩罩在头部，可以覆盖眼睛、鼻子和嘴巴，并且即使佩戴眼镜也不会影响面罩的使用。面罩由系紧 - 供气气管、面罩、稀释供氧调节器、麦克风部件组成。

当机组人员需要使用氧气面罩时，拇指和食指同时压住面罩的红色释放手柄，将其从存储盒中取出。在氧气压力的作用下，面罩系紧，供气气管充气膨胀方便机组人员佩戴。用于面罩头带流量指示的黄十字在其充气时会瞬时显示。将氧气面罩充气并戴在头上，调整合适的头部及面部位置后松开手柄。当松开红色释放手柄后，系紧气管立即卸压，面罩紧紧地套在机组人员的头部。

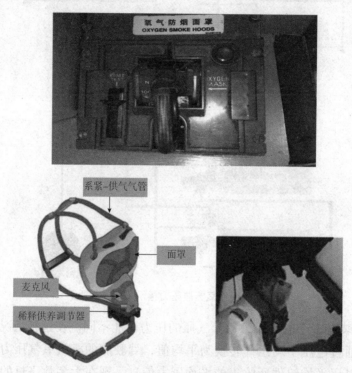

图 9-13　全脸快戴式面罩及存储盒

（2）稀释供氧调节器（图 9-14）有正常供氧、100% 纯氧供氧、应急供氧三种工作模式。

1）正常供氧工作模式。调节器在正常位时，使用者可在一定的客舱的高度（不同机型略有差异）以下呼吸驾驶舱空气与氧气的混合气体，超过这一客舱高度，调节器就提供 100% 纯氧。

2）100% 纯氧供氧工作模式。调节器选择在 100% 位，使用者可在所有的客舱高度范围内呼吸到纯氧气。

3）应急供氧工作模式。人工将应急供氧按钮设置到应急位（部分构型还需设置调节器至 100% 位等），这种情况下可以持续正压力提供纯氧，因此在该模式下机组呼气会感到有点不适应。旋转测试和应急过压旋钮时面罩瞬间过压供氧，过压供氧的气流声音也可用于测试面罩麦克风。

当飞机过高度飞行，或驾驶舱出现烟雾及其他有害气体时，需要使用过压供氧模式给机组人员供氧。存储盒内装有快速脱开装置的话筒缆线，以便与相应的面罩话筒相连。

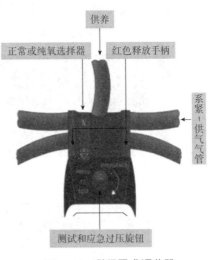

图 9-14　稀释需求调节器

■ 9.1.3　旅客氧气系统

1. 旅客氧气系统概述

旅客氧气系统向客舱旅客座椅、厨房、乘务员座位、顶部机组休息区和洗手间供氧。但只能在座舱增压失效、氧气面罩自动脱落或人工超控时，旅客氧气才被允许使用。飞机在正常巡航高度时，假设客舱突然释压，人体通过正常呼吸是无法完全弥补在 4 300 m（14 000 ft）以上高空的氧气损失，所以当客舱高度超过 4 300 m（14 000 ft）时，旅客氧气系统将被激活使氧气面罩自动放出，用于旅客吸氧。正常速率的客舱释压无须额外供氧（图 9-15）。

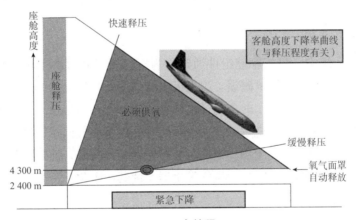

图 9-15　客舱释压

在大多数飞机上，旅客氧气系统的激活启用方式是相同的，但供氧方式可能不同。旅客氧气系统的供氧方式主要有两种形式：一种是化学氧气发生器供氧；另一种是与机组氧气系统类似的高压氧气瓶供氧。旅客氧气面罩安装在旅客活动区域上方的旅客服务组件（Passenger Service Unit，PSU）内。当旅客氧气系统被激活时，氧气面罩就会从头顶的氧气存储盖板上掉落下来，供旅客使用。如旅客氧气系统已自动启动但部分旅客服务组件面罩存储盖板并未打开时，可人工作动驾驶舱释放电门使面罩掉出。旅客氧气系统简图如图 9-16 所示。

对于民航客机，在紧急情况时必须确保客舱内每个人都有氧气面罩可用。这就意味着在每个旅客座位、所有的洗手间内、厨房区域以及每个乘务员工作站都会有氧气面罩。由于可能会存在成人携带儿童一同乘机，因此部分旅客座位上方的氧气面罩数量要比座位数量多一个。存放在服务组件里的氧气面罩被放出后,由其拉绳悬吊着。当拉下面罩戴在脸上时,面罩拉绳会带动释放绳,使服务组件开始供氧(化学式系统则开始制氧反应)。

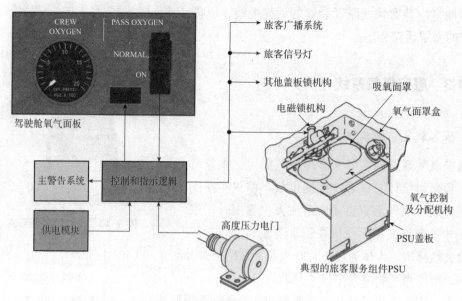

图 9-16　旅客氧气系统简图

2. 化学式氧气系统

在化学供氧系统中,氧气存储组件通常称为应急氧存储盒,存储盒的盖板由电控打开。每个盖板都有自己的控制电磁锁。当飞机座舱高度上升到 4 300 m(14 000 ft)(不同飞机的压差电门设置值会不同)时自动通电解锁,或者在机组接通驾驶舱氧气系统控制面板上的旅客供氧电门时也会通电解锁,使盖板打开并放下氧气面罩。每个应急氧存储盒内都装有氧气面罩和化学氧气发生器。当应急氧存储盒盖板打开、面罩脱落后,还需要旅客用力拉动面罩上的释放绳,激发化学氧气发生器,使其产生化学反应并生成氧气,供给面罩使用(图 9-17)。

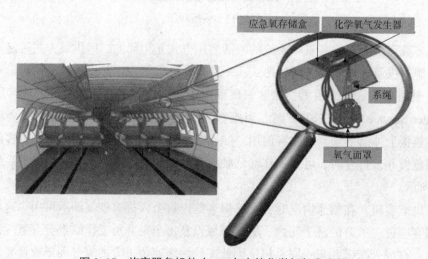

图 9-17　旅客服务组件(PSU)中的化学氧气发生器

化学式氧气系统在驾驶舱一般没有压力指示。每个氧气发生器上的热敏指示器正常颜色为橙黄色，用来指示其处于正常状态和检查氧气发生器是否已启用。一旦化学氧气发生器开始工作，由于所产生的热量使橙黄色变为黑色，则表明整个组件需要完成更换工作（图9-18）。

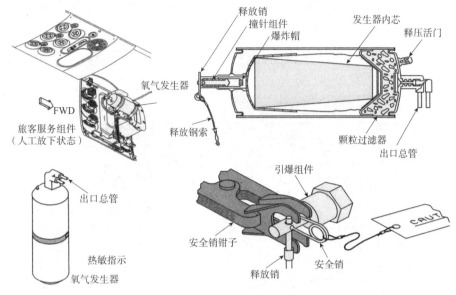

图9-18　化学式氧气组件

3. 气体式氧气系统

在所有旅客气体式氧气系统中，氧气源储存在高压氧气瓶中，与机组氧气系统相类似。每个旅客上方的氧气存储组件依然被称为旅客服务组件（PSU）面板，氧气面罩盖板的打开与放下控制原理跟化学氧气系统类似。部分飞机的氧气面罩盖板还可以被氧气压力作动，这种构型的面罩盖板作动压力和面罩的氧气压力来自同一氧气接头（图9-19）。

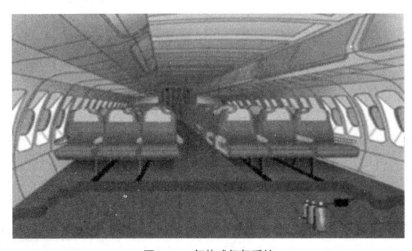

图9-19　气体式氧气系统

（1）气体式系统通过使用流量控制组件将高压氧气降低到一个可用的水平。该系统通常安装一个或多个流量控制组件（图 9-20）。以安装三个流量控制组件的氧气系统为例，这些控制组件主要有四个用途：

1）提供关断功能，如果系统不工作，就会切断氧气；

2）可以激活系统，自动激活的信号来自集成在流量控制组件中的压力电门；

3）在系统激活时，产生氧气压力打开 PSU 盖板；

4）将氧气压力降低，调节至适合呼吸的水平。

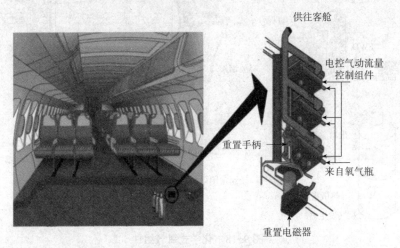

图 9-20　流量控制组件

（2）客舱内的氧气分配环管将每个 PSU 与流量控制组件连接起来。环管还将输送来自流量控制组件启动的氧气，气动打开 PSU 盖板。这点与之前的氧气系统不同，不过大多数飞机氧气系统的 PSU 盖板依然是由电磁线圈控制打开的（图 9-21）。

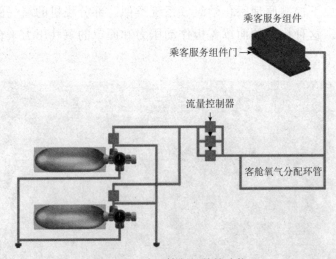

图 9-21　流量控制组件的功能

（3）当系统被激活时，从流量控制组件流出的高压氧气推动气膜，将活塞向下推动。带有挂钩的锁板向左移动使 PSU 盖板解锁打开，氧气面罩掉下。PSU 盖板打开后，流量控制组件将氧气流量调节到可用的水平（图 9-22）。

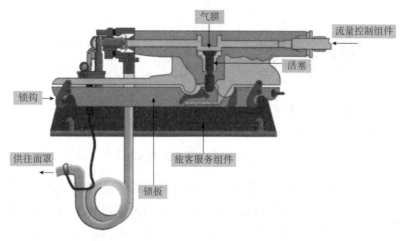

图 9-22　系统激活开门

（4）在氧气面罩刚掉落时，面罩内并没有供氧，直到至少一位旅客用力拉动面罩拉绳，拖动与之连接的释放钢索，使安全销拔出后，流量控制组件才开始为氧气面罩提供氧气（图 9-23）。

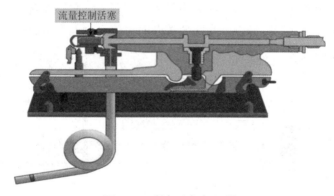

图 9-23　供气至氧气面罩

（5）当用力推动面罩上方的任一关断活门手柄到 UP 时（关断活门关闭），可关闭相应面罩的供氧。

（6）当客舱发生紧急释压时，机上所有旅客和乘务员都必须迅速获得氧气。在一些大型飞机上，座位离氧气瓶很远的旅客获取氧气的时间会出现延迟。因此，在环管管道上安装一个或多个放气释压活门。当管道内的气压达到一定值时，放气释压活门会被推开几秒，排出管道内原有的气体或积聚的气体，确保在旅客使用时供氧管道内氧气的清洁。在分配管路上还有另一个活门（通风活门）。这种活门可以防止由于意外造成管路局部压力积聚，如果流量控制组件出现轻微的泄漏，通风活门还可以防止面罩意外打开。在正常情况下，通风活门由弹簧加载在开位。当气体压力增加时，将克服弹簧力关闭活门（图 9-24）。

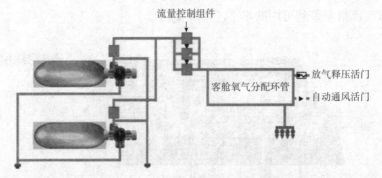

图 9-24　放气释压活门与自动通风活门

（7）旅客气体式的氧气系统（图 9-25）装有多个高压氧气瓶，每个氧气瓶的关断活门各自独立控制。电压平均组件接收来自每个瓶体压力传感器的压力信息，并将平均压力信息发送到驾驶舱氧气控制面板上显示。并联的两个流量控制组件（FCU）控制到旅客氧气管路的氧气流速，也可确保在一个独立装置失效时依然有氧气流动。FCU 由高度压力电门自动控制，将驾驶氧气面板的 PASS OXY 电门放到 ON 位可人工控制 FCU 打开。重置电磁线圈可在客舱高度低于安全限度时设定 FCU 到关闭位置，也可将氧气面板上的 PASS 电门放置到 RESET 位置以重置 FCU。两个 FCU 都有高度补偿机构，如果客舱高度增加，则可相应增加氧气气压和气流。每个服务组件内的气态氧气总管设置有关断活门，其手柄通常位置是向下（关断活门打开）。当需要关断时可将手柄向上扳起使关断活门保持关闭切断供向面罩的氧气气流。

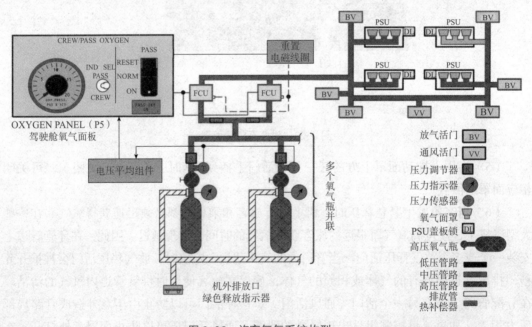

图 9-25　旅客氧气系统构型一

（8）目前飞机旅客氧气系统还有一种构型（图 9-26），由储存在旅客服务面板、乘务员工作站和厕所特定位置的 21 MPa（3 000 psi）铝制高压氧气瓶供氧。氧气瓶有小、中、大 3 种尺寸，每个氧气瓶可以给 1～6 名旅客提供氧气，选用哪种尺寸的氧气瓶取决于该区域需要用氧的旅客数量。每个旅客服务组件内的氧气面罩可供该区域内旅客使用；旅客服务组件旁边的绿色 LED 灯亮时指示氧气供向氧气面罩；氧气瓶由易碎密封片密封，易碎密封片还能起到超压保护功能。当用力拉动掉落的氧气面罩，面罩此时并没有立即被供氧，直到至少一位旅客戴上面罩并呼吸时，激发装置击穿易碎密封片的密封，氧气瓶的氧气才开始流动。压力调节器将 21 MPa（3 000 psi）减少到 110.3 kPa（16 psi），然后供到低压总管。氧气控制器再根据呼吸传感器控制低压总管下游的控制活门，让氧气供向氧气面罩。氧气瓶只能单次使用，一旦使用后必须更换。

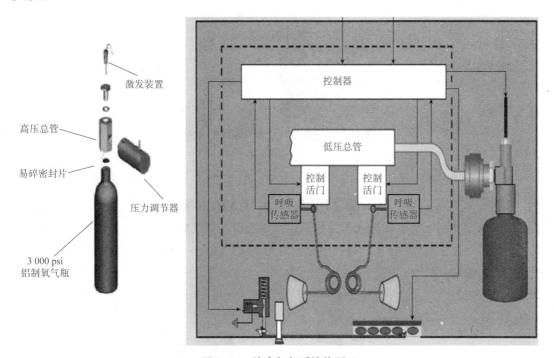

图 9-26　旅客氧气系统构型二

■ 9.1.4　便携式氧气系统

1. 便携式氧气概述

现代飞机上除了机组氧气系统和旅客氧气系统外，还有另一种氧气系统——便携式氧气系统（图 9-27）。便携式氧气设备通常储存在驾驶舱和客舱出口附近，提供独立于固定系统的便携氧气，用于紧急情况、急救和一些有特殊要求的人员。此外，便携式氧气设备除了能提供氧气外，还能为使用者的眼睛提供保护。当客舱出现烟雾或有害气体时，使用者戴上便携式氧气设备便可以安全地进出烟雾区域进行相关急救操作。

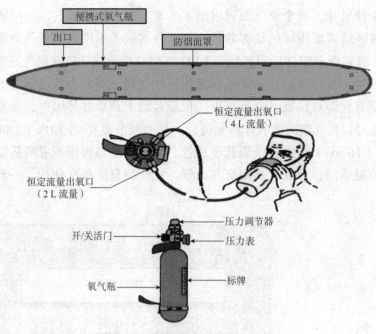

图 9-27　飞机便携式氧气系统的布局

2. 便携式氧气瓶

便携式氧气瓶（图 9-28）也叫手提氧气瓶，存放在客舱的不同位置，氧气瓶配有可随意使用的面罩用于急救救护或作为便携式设备携带。氧气瓶包括气瓶本体和头部设备。氧气瓶的容量通常为约 310 L，最大灌充压力为 12.41 MPa（1 800 psi）。下列是气瓶头部设备的基本组成：

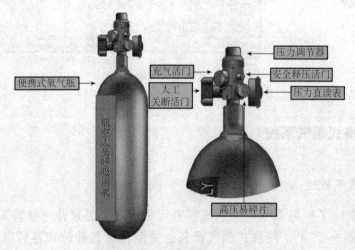

图 9-28　便携式氧气瓶

（1）人工关断活门，用于控制氧气流量；

（2）气瓶压力直读表；

（3）高压易碎片（如果温度升高导致压力增加，高压易碎片裂开，氧气通过释放管道释压）；

（4）压力调节器，将高压氧气的压力调节降低到一个合适呼吸使用的水平；

（5）安全释压活门，当压力调节器调压失效时提供保护；

（6）充氧活门，可以对氧气瓶灌充氧气。

3. 保护式呼吸设备（PBE）

保护式呼吸设备（PBE）（图9-29）类似防烟面罩，真空包装的PBE存放于驾驶舱和客舱专用储存盒内，储存盒上有可用性指示器来显示PBE的可用状态。PBE由面罩本身、内口罩和氧气发生器组成。存储盒上的指示器对湿度敏感，如果发现指示器的颜色发生改变，必须拆下该PBE送修并更换新件。如果出现烟雾、火焰和有毒气体，可以使用保护式呼吸设备（PBE）提供15～20 min的氧气（具体参见储存盒上PBE制造商的使用指南标牌）。其主要用途包括：

（1）保护使用者的眼睛和呼吸系统；

（2）防止缺氧（直到客舱高度7 620 m/25 000 ft）；

（3）可以让使用者通过发声薄膜进行通话。

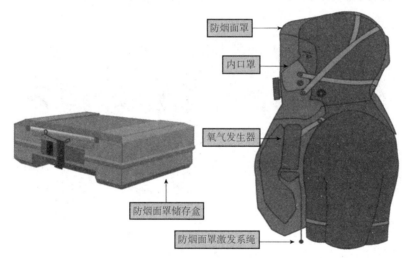

防烟面罩

内口罩

氧气发生器

防烟面罩储存盒

防烟面罩激发系绳

图9-29　保护式呼吸设备（PBE）

4. 便携式氧气瓶面罩

便携式氧气瓶有两种面罩（图9-30）：一种是全脸防烟面罩，这种面罩有一个需求调节器确保使用者呼吸时只吸入氧气，防止吸入烟雾或有毒气体。但全脸防烟面罩在应急时不方便使用；另一种面罩是连续流量氧气面罩，主要用于急救。氧气瓶头部组件装有面罩的接头，如需使用时，在连接好面罩与瓶的接头后打开氧气瓶关断活门就可使得氧气瓶向面罩供气。

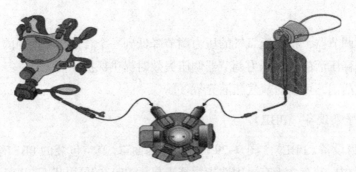

图 9-30　全脸防烟面罩和连续流量氧气面罩

5. 其他构型

目前 B787 飞机的手提便携式氧气系统（图 9-31），使用间断供氧系统。控制电源由 3 节 AA（1.5 VDC）电池供电，电磁线圈活门控制从调节器到面罩的氧气流量，氧气控制器根据呼吸传感器控制电磁线圈活门。人工打开手提氧气瓶关断活门后，只有当使用者吸气时才能让电磁线圈活门打开，氧气开始流向面罩；如果停止吸气，间隔一定时间后活门会自动关闭，下一次吸气时活门再打开供氧，直到手提氧气瓶的氧气用完。

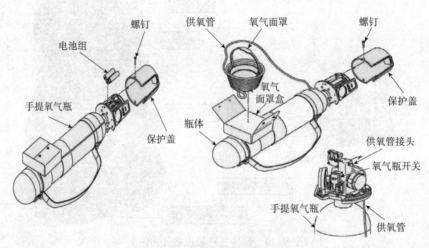

图 9-31　手提便携式氧气系统

【任务工卡】

 工卡 9- 飞机氧气系统

工卡标题	飞机氧气系统部件识别与检查	
版本	R1	
工时	30 min	
工具/设备/材料	手电筒、螺钉旋具、反光背心、清洁布	飞机氧气系统（737NG）

1. 工作任务	工作者	检查者
依据工艺规程与技术条件，环绕飞机找出飞机氧气系统各部件		
2. 工作准备	工作者	检查者
（1）准备相关资料		
（2）准备好跳开关、地面插销		
3. 工作步骤	工作者	检查者
打开相关盖板，进入飞机相关位置，识别氧气部件		

步骤1：飞机机组氧气系统部件识别

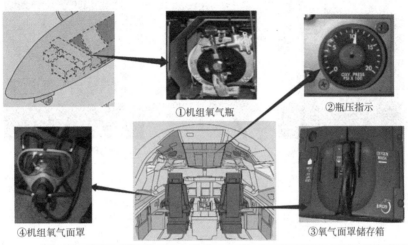

①机组氧气瓶　②瓶压指示　④机组氧气面罩　③氧气面罩储存箱

检查结果：

265

步骤 2：飞机旅客氧气系统部件识别

①氧气发生器

E1/E5
MOISTURE
SHROUD

E2/E3/E4
MOISTURE
SHROUD

CREW/PASS OXYGEN

④旅客氧气面罩　　　　③压力电门　　　　②旅客氧气控制电门

检查结果：

步骤3：飞机应急氧气系统部件识别

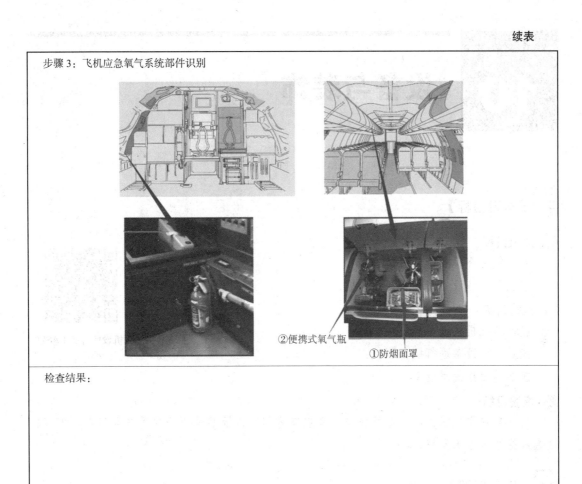

②便携式氧气瓶

①防烟面罩

检查结果：

对照工作单逐个检查，填写检查结果

4.结束工作	工作者	检查者
（1）清点工具设备等		
（2）清理工作现场		

10 设备与装饰

项目 10

【学习目标】

知识目标

熟悉民用飞机各设备与装饰；

掌握飞机各设备功能及使用方式。

飞机设备分布（A320）

技能目标

能识别飞机各设备；

能对飞机设备进行操作测试；

能准确操作使用设备。

素质目标

培养自主学习能力，团结协作与安全规范意识，以及热爱祖国热爱航空和责任担当、敬重装备的机务工匠精神。

【任务描述】

阅读任务，在工作手册中完成任务

查找、了解运输航空中航线运营的主要飞机类型。以 B737 飞机为例，了解飞机设备，各客舱装饰的使用及功能。

【知识链接】

10.1 主要设备概述

飞机上的设备和设施主要位于飞机的驾驶舱、客舱及货舱（图 10-1）。机舱设备和设施可以为机组和乘客提供全舒适的工作生活环境，并且用于装卸和存放货物，以及在紧急情况下保证乘员和机组的安全。

268

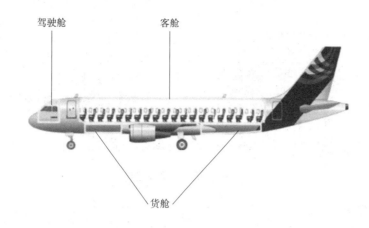

图 10-1　设备设施主要位置

驾驶舱

客舱

货舱

10.1.1　驾驶舱座椅及主要设备

驾驶舱设备设施的设计需要重点考虑机组人员操控飞机时的安全性、便捷性及舒适性等特点。驾驶舱座椅的基本构型：一个正驾驶座椅、一个副驾驶座椅和一个第三观察员座椅，部分机型还可以选装可折叠的第四观察员座椅（图 10-2）。

正驾座椅

副驾座椅

第一观察员座椅

第四观察员座椅

图 10-2　驾驶舱座椅位置

1. 驾驶员座椅

正驾驶和副驾驶座椅安装固定在驾驶舱地板之上，两个座椅采用镜像对称设计，可通过相同的电动或手动方式进行垂直、水平、俯仰等调节（图 10-3）。另外，为了进一步提高舒适性，还可以对驾驶员腰垫的前、后、上、下方向，以及内外扶手角度进行手动调节。座椅上一般采用高强度的五点式安全带，以确保机组人员承受得住飞行过程中产生的任何过载。座椅后背上有一个控制手柄，可用于锁定安全带伸缩装置。

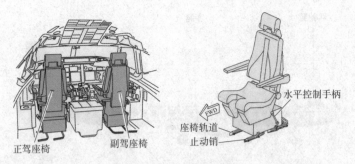

图 10-3　正、副驾驶座椅

2. 观察员座椅

观察员座椅通常采用可收纳式设计，可以向上折叠以及水平移动（图 10-4）。从收藏位打开座椅时，需要按压座椅解锁手柄。若要检查头枕后部跳开关面板，首先要解锁头枕，并将其向下折叠。座椅下部存放有救生衣。

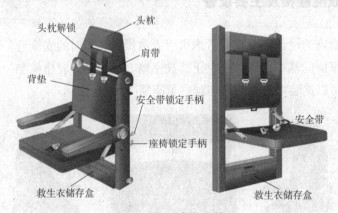

图 10-4　观察员座椅

■ 10.1.2　客舱主要设备与装饰

客舱设备设施主要分布在公共区域和座位区域。公共区域设备设施包括客舱乘务员座椅、厨房、卫生间及一些辅助设备。座位区域设备设施主要包括头等舱旅客座椅、经济舱旅客座椅、头顶行李箱、旅客服务信息组件。现代飞机客舱布局可以根据航空公司需要选用不同构型。国内航空公司选用最多的构型：一种为客舱前部为头等舱，客舱后部为经济舱（图 10-5）；另一种全部为经济舱构型（图 10-6）。另外，国际航线宽体客机一般采用三舱布局构型，包括头等舱、商务舱和经济舱。

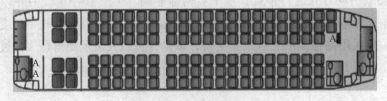

图 10-5　两舱构型示意

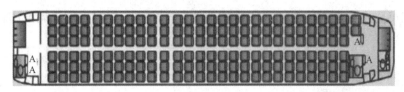

图 10-6　全经济舱构型示意

1. 乘务员座椅

乘务员座椅包括铝制结构、坐垫、背垫、头枕、储物盒和安全带（图 10-7）。当不使用乘务员座椅时，弹簧可将其收起。座椅坐垫可以被拆卸下来作为漂浮设备使用。座椅下方的储存盒内有救生衣和应急手电筒。

2. 厨房

飞机上的厨房用于为机组和旅客提供食物和饮料。根据飞机所选构型的差异，厨房的位置和数量也不相同。厨房通常装有烤箱、热水器、咖啡机、冰柜、储物柜、餐车和垃圾桶等（图 10-8）。

图 10-7　乘务员座椅

图 10-8　厨房

3. 卫生间

不同的机型因载客量不一样，卫生间数量设置也不一样。厕所内通常设有马桶、洗手池、镜子、烟雾探测器、垃圾桶、自动灭火瓶、氧气面罩等（图 10-9）。

4. 旅客座椅

旅客座椅安装在客舱地板结构的座椅轨道上。旅客座椅主要包括座椅结构架、坐垫、靠垫、头枕、扶手、安全带、折叠小桌板、书报夹和救生衣存放袋。每个座椅下方有一个救生衣，储存在救生衣存放袋里。座椅下方安装有行李挡杆，当座椅下方存放行李时，挡杆可防止行李向前滑动。座椅扶手处有座椅调节按钮，用于调节座椅靠背角度（图10-10）。

图10-9　卫生间

图10-10　旅客座椅

5. 头顶行李箱

头顶行李箱为蜂窝复合结构，位于旅客座椅上方，由松紧螺套将箱子固定在飞机结构上（图10-11）。不同位置的头顶行李箱的长度和宽度不同。每个头顶行李箱有一个向上或向下开启的门。要打开此门，按压锁手柄。每个铰链组件上有一个机械作动器协助门操作，并将门保持在打开位。

6. 旅客服务组件

每排座椅上方都有对应的旅客服务组件，当客舱布局调整时，必须同时调整旅客服务组件与座椅位置相对应。每个旅客服务组件包含阅读灯、服务呼叫面板、空调出风口、安全带指示、旅客氧气面罩和氧气发生器（图10-12）。

图10-11　头顶行李箱

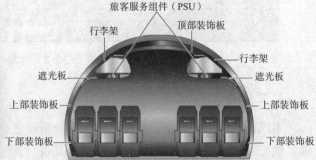

图10-12　旅客服务组件位置

■ **10.1.3　货舱主要设备与设施**

现代飞机货舱一般位于客舱地板下方，通常分为前货舱、后货舱和散货舱（图10-13）。

前、后货舱可以装载标准集装箱和货盘打包货物；散货舱一般装载旅客行李箱以及小件打包货物。部分机型还可以在前、后货舱选装半自动货舱装载系统（图10-14），地面勤务人员可通过货舱门旁的控制面板进行操作。除此以外，货舱还有固定散装货物的货网、绳索和固定点等设备。

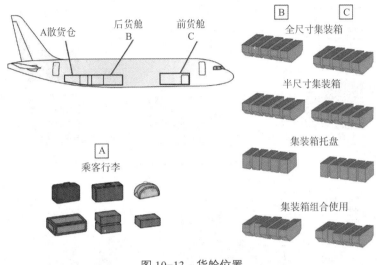

图 10-13　货舱位置

图 10-14　半自动货舱装载系统

10.2　应急设备

当飞机发生紧急情况时，应急设备可为机组人员和乘客提供有效的救助和自救，保障人员安全。应急设备分布在驾驶舱和客舱的不同位置，主要包括驾驶舱和客舱逃生设备、疏散信号设备、应急医疗设备、漂浮和救生设备、消防设备和其他杂项设备（图10-15和图10-16）。

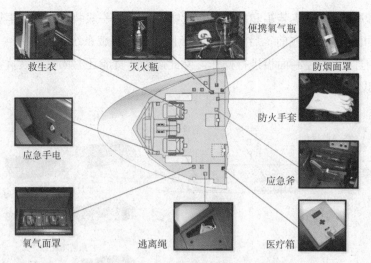

图 10-15　驾驶舱应急设备分布

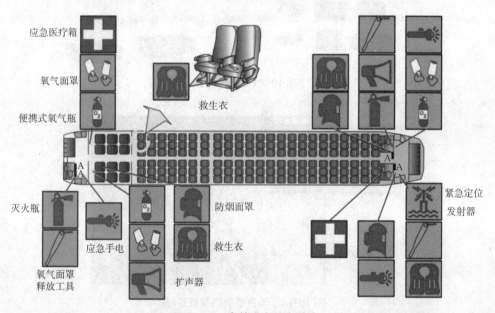

图 10-16　客舱应急设备分布

10.2.1　驾驶舱和客舱逃生设备

驾驶舱和客舱的应急出口包括正常登机口、翼上紧急出口、驾驶舱逃离窗、驾驶舱逃生口。逃离滑梯是客舱应急出口逃生设备，逃生绳是驾驶舱逃生的设备。当逃生设备有故障时，影响飞机撤离效率，将影响运行（售票数和值机座舱安排）。

在驾驶舱需要紧急疏散时，机组可以打开滑动窗，使用位于其上方的逃生绳进行撤离。而部分现代飞机取消了滑动窗设计，采用固定方式安装曲面玻璃，以减小风阻。通常，此类飞机会在驾驶舱右侧的头顶设置一个应急出口，用于飞行员逃生，如 A350、B787、C919（图 10-17）等。

图 10-17　C919 逃生出口

客舱每个舱门都配有一个逃离滑梯（图 10-18）。滑梯表层为尼龙材料，内部装有气瓶。气瓶内灌充二氧化碳和氮气的混合物。飞机关门后，乘务员会预位滑梯，当飞机发生紧急情况时，可以直接打开舱门，此时系留组件被拉扯，使滑梯包自动跌落，继而自动展开充气。

当滑梯预位手柄设置在预位状态时，梯带杆将滑梯包组件连接到地板固定件上。一旦发生紧急情况需要撤离时，将客舱门手柄提起，舱门在阻尼以及应急释放作动筒的作用下快速打开，逃生滑梯会自动展开并自动充气。逃生滑梯从展开到使用位正常应在 3 s 之内完成。如果逃生滑梯展开后没有自动充气，可以拉一下红色人工充气手柄进行充气。当飞机在水面迫降时，可以拆下滑梯作为救生船使用。逃离滑梯应定期检查充气压力，同时还应定期按照手册要求进行滑梯释放试验，检查活门工作情况及有无切口、撕裂、刺破等现象。

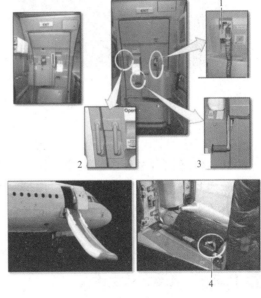

图 10-18　逃生滑梯
1 —滑梯预位手柄；2 —扶手；
3 —开门手柄；4 —人工充气

10.2.2　疏散信号设备

在紧急情况下，为了快速疏散乘客，由机长同步使用旅客广播和应急撤离信号向全机发布撤离指令。

撤离信号系统一般包含撤离信号的发布、灯光提示、音响提示和撤离声响指示的抑制几个模块。机组人员通过驾驶舱应急撤离电门发出撤离信号，撤离指示灯亮，蜂鸣器/扬声器发出警告声响，开始疏散乘客和机组人员。在客舱乘务面板处同样设置有应急撤离指示灯、蜂鸣器/扬声器和声响提示抑制按钮，同样可以发出撤离信号。

客舱地板有荧光指示条，可以在缺少照明的紧急情况下指引乘客安全撤离飞机。

10.2.3 应急医疗设备

1. 应急医疗箱

应急医疗箱由医疗中心配备，用于对旅客或机组人员意外受伤或者医学急症的应急医疗处理，箱内装有抢救药品（图10-19）。

2. 急救箱

急救箱用于对旅客或机组人员受伤的止血、包扎、固定等应急处理（图10-20）。

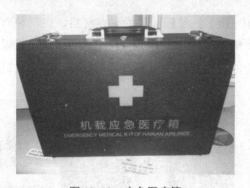

图 10-19 应急医疗箱

图 10-20 急救箱

3. 卫生防疫包

卫生防疫包由医疗中心配备，用于清除、消毒客舱内具有潜在传染性的血液、尿液、呕吐物等，并在护理可疑传染病病人时提供个人防护（图10-21）。

10.2.4 漂浮和救生设备

图 10-21 卫生防疫包

1. 救生衣

救生衣通常放置在座椅下方储存袋内，向下拉动充气拉环，气瓶可以快速释放二氧化碳，给救生衣充气（图10-22）。若气瓶失效或者救生衣气压不足，可以使用嘴往救生衣内充气。救生衣上安装有灯光组件，当救生衣遇水后，灯光会自动点亮。通常机组救生衣为红色，旅客救生衣为黄色。

救生衣应定期检查，检查项目包括印在救生衣或用标签贴在救生衣上的全部使用说明是否清晰；救生衣的外包装有无裂缝、撕开、有孔、接缝开胶和一般变质情况；所有二氧化碳气瓶都是在使用期内的，并且当它们的寿命已到期时必须送回制造厂家进行检查和试验，在气瓶的底座上贴一个说明出厂日期或气瓶生产有效期的标牌，每次检查中，必须检查这个标牌。在运行中，如果旅客座椅下方救生衣出现过期或丢失的情况，则该座椅不能乘坐。

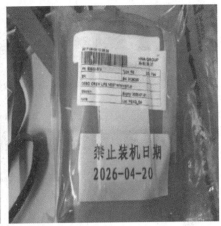

图 10-22　救生衣

2. 救生船

救生船是机组和乘客在海上待救的漂浮救生设备，一般储存在最靠近应急出口的行李架上，某些选装构型会安装在客舱顶板上。救生船（图 10-23）由可充气的船体、充气组件、救生包和尼龙存储包四个系统组成。船体为两个独立的气囊，两个气囊中间夹着织物船甲板。充气组件包含气瓶、充气活门、充气软管、引射泵。

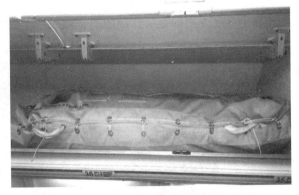

图 10-23　救生船

救生船上还配备有定位装置、浮力装置、锚、救生绳、推进设备、避雨设备、手电筒、呼救信号发生器等装置，救生船可以人工展开并自动充气。根据民航法规要求，执行跨水运行时必须配备足够的救生船。

■ 10.2.5　消防设备

1. 手提式灭火瓶

手提式灭火瓶主要分布在驾驶舱和客舱，方便机组及时取用。如图 10-24 所示，飞机上的手提式灭火瓶有海伦灭火瓶和水类灭火瓶两类。海伦灭火瓶的主要成分是卤代烃，瓶体为红色，执行灭火瓶检查时，应确认压力标识位于绿区，称重标签的有效期未到期；水类灭火瓶的主要成分是水，瓶体为绿色，执行灭火瓶检查时，应确认铅封完好。

图 10-24　手提式灭火瓶

2. 防火手套

防火手套是由耐热材料制成的，如果发生火灾，可以处理过热的设备（图 10-25）。

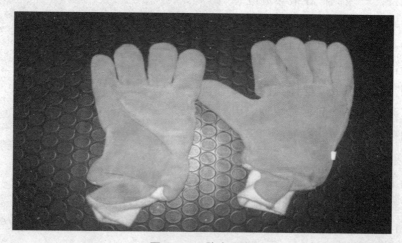

图 10-25　防火手套

3. 防烟面罩（PBE）

在客舱或驾驶舱有烟雾和危险气体时，防烟面罩（又称保护性呼吸装备，英文简称 PBE）可供机组人员使用，防止有害气体吸入人体。防烟面罩存储在专用存储箱内（图 10-26），详细内容参见 9.1.4 "便携式氧气系统"。

图 10-26　防烟面罩

4.应急斧

应急斧（也称消防斧）可以在紧急情况下切开面板、窗户和结构，以便进入客舱和撤离使用。应急斧手柄为绝缘材料（图 10-27）。

图 10-27　应急斧

■ 10.2.6　其他杂项设备

飞机上还有如下设备，用于保障紧急情况下的旅客人身和财产安全。

1.紧急定位发射器（ELT）

紧急定位发射器（ELT）是飞机上的应急通信设备，分为固定式与便携式两种。具有自动向卫星发送定位信号的功能，可用于飞机发生事故后的紧急定位，以帮助完成搜救工作。固定式 ELT 安装在飞机尾部；便携式 ELT 通常安装在客舱内。

ELT 由发射机、电池、天线等组成，电池是一个氯化银或氯化镁原电池，正常情况下电池是一个干燥的惰性电池，不会触发电路工作，ELT 的天线沿着发射机方向折叠并用水溶性的绑带固定。当飞机遭遇剧烈撞击或触水时 ELT 装置会自动开启，绑带松脱使天线展开，继而发射 121.5/243 MHz 信号，持续时间一般不少于 24 h，国际卫星搜救组织的卫星系统可以接收到该应急信号（图 10-28）。

图 10-28　便携式 ELT

2. 便携式氧气瓶

便携式氧气瓶内充有氧气，安装在客舱不同位置，以便为机组和乘客提供氧气和急救治疗，如图 10-29 所示。检查时应确认压力指示位于标准范围内。例如，指针位丁红区。详细内容参见 9.1.4 "便携式氧气系统"。

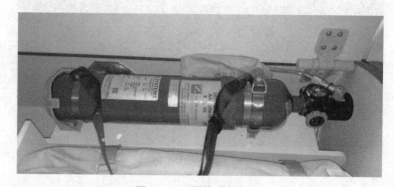

图 10-29　便携式氧气瓶

3. 应急手电

驾驶舱和客舱均设有应急手电筒。应急手电由电池供电，当出现紧急情况时，只需要拿出手电筒，手电筒会自动点亮。当放回手电筒到支架上时，会自动熄灭（图 10-30）。

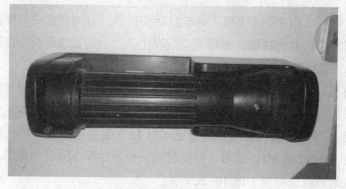

图 10-30　应急手电

4. 扩声器

扩声器一般用夹子固定在行李架上，由电池供电，用于紧急情况下指挥旅客撤离（图 10-31）。

图 10-31　扩声器

5. 旅客氧气面罩释放工具

当客舱氧气面罩无法自动放出时，乘务员可以使用氧气释放工具释放氧气面罩（图 10-32）。

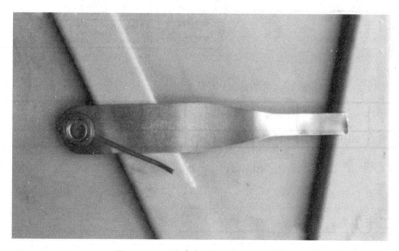

图 10-32　旅客氧气面罩释放工具

■ 10.2.7　应急设备清单

客舱内存放有应急设备清单，用于维修人员和乘务员进行应急设备的检查，图 10-33 所示为某公司波音飞机配备应急设备清单。

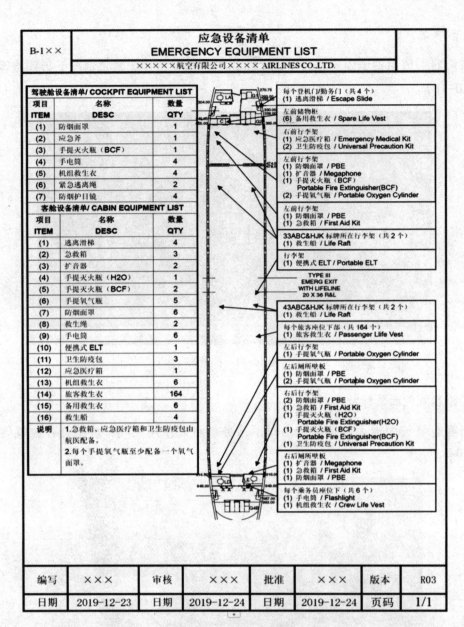

图 10-33　应急设备清单

【任务工卡】

工卡 10—飞机设备

工卡标题	飞机设备部件识别与检查
版本	R1
工时	30 min
工具/设备/材料：	手电筒、螺钉旋具、反光背心、清洁布

飞机客舱设备（C919）

1. 工作任务	工作者	检查者
依据工艺规程与技术条件，环绕飞机找出飞机各设备部件		
2. 工作准备	工作者	检查者
（1）准备相关资料		
（2）准备好跳开关、地面插销		
3. 工作步骤	工作者	检查者
打开相关盖板，进入飞机相关位置，识别各设备部件		

步骤1：飞机驾驶舱设备与装饰识别

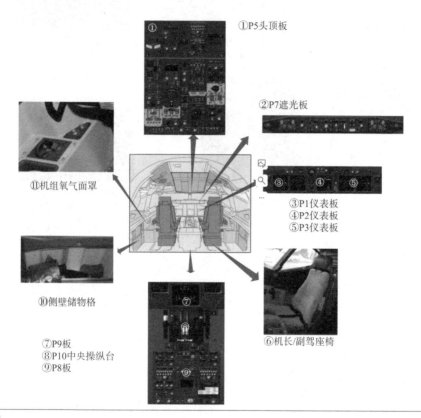

①P5头顶板

②P7遮光板

③P1仪表板
④P2仪表板
⑤P3仪表板

⑪机组氧气面罩

⑥机长/副驾座椅

⑩侧壁储物格

⑦P9板
⑧P10中央操纵台
⑨P8板

检查结果：

步骤2：飞机驾驶舱设备与装饰识别

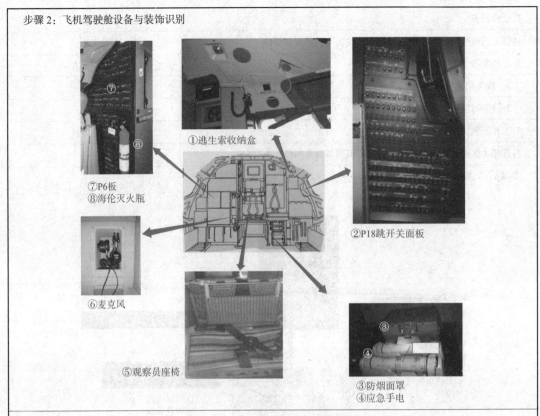

①逃生索收纳盒

⑦P6板
⑧海伦灭火瓶

②P18跳开关面板

⑥麦克风

⑤观察员座椅

③防烟面罩
④应急手电

检查结果：

步骤3：飞机客舱设备与装饰识别

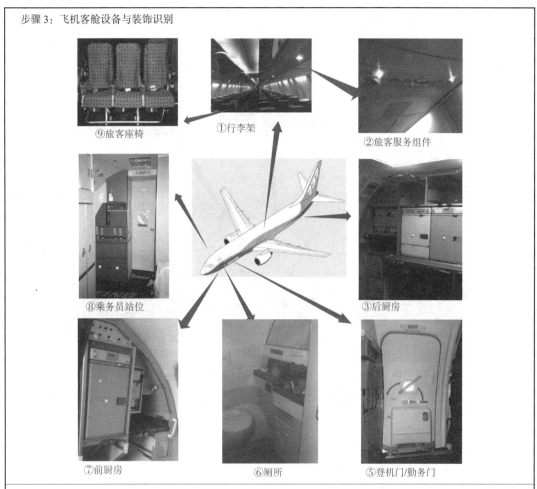

⑨旅客座椅　①行李架　②旅客服务组件

⑧乘务员站位　③后厨房

⑦前厨房　⑥厕所　⑤登机门/勤务门

检查结果：

步骤4：飞机客舱设备与装饰识别

①救生筏

②海伦灭火瓶
③便携式氧气瓶
④防烟面罩
⑤扩声器

⑥急救箱
⑦卫生防疫包
⑧应急医疗箱
⑨水灭火瓶

⑩逃生滑梯

检查结果：

步骤 5：飞机货舱设备与装饰识别

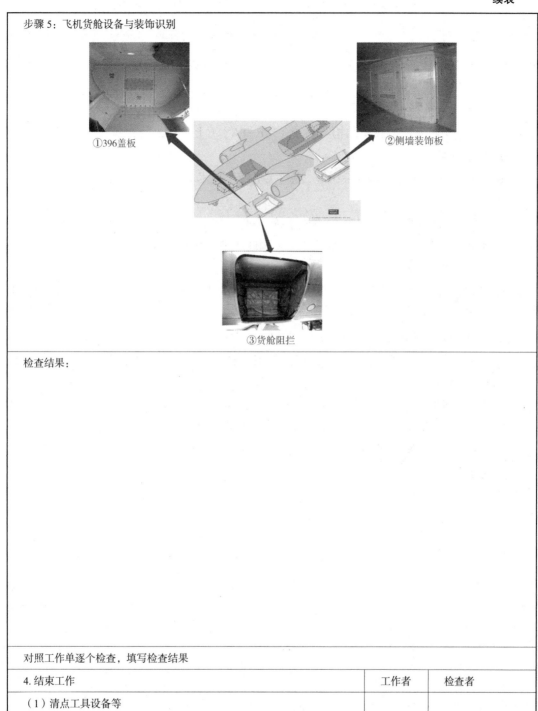

①396盖板

②侧墙装饰板

③货舱阻拦

检查结果：

对照工作单逐个检查，填写检查结果

4.结束工作	工作者	检查者
（1）清点工具设备等		
（2）清理工作现场		

参 考 文 献

［1］张铁纯.涡轮发动机飞机结构与系统（ME-TA）（上）［M］.2 版.北京：清华大学出版社，2017.

［2］欧阳小平，杨华勇，郭生荣，等.现代飞机液压技术［M］.杭州：浙江大学出版社，2016.

［3］宋静波，李佳丽.波音 737NG 飞机系统［M］.北京：航空工业出版社，2017.

［4］陈闵叶，么娆.飞机系统［M］.北京：国防工业出版社，2013.

［5］吴森堂.飞行控制系统［M］.2 版.北京：北京航空航天大学出版社，2021.

［6］胡良谋，曹克强，任博，等.飞机液压系统使用故障统计分析［M］.北京：国防工业出版社，2014.

［7］任仁良.维修基本技能（ME、AV）［M］.北京：清华大学出版社，2010.

［8］《航空制造工程手册》总编委会.航空制造工程手册［M］.2 版.北京：航空工业出版社，2010.

［9］杜来林，宋晓军.飞机附件检修［M］.北京：航空工业出版社，2006.

［10］王海宇.飞机装配工艺学［M］.西安：西北工业大学出版社，2012.

［11］赵迎春.飞机维修专业英语——飞机系统［M］.2 版.北京：中国水利水电出版社，2022.